ここから
スタート
物理学

為近和彦 著
Kazuhiko TAMECHIKA

裳 華 房

INTRODUCTION TO BASIC PHYSICS

for

BEGINNING STUDENTS

by

Kazuhiko TAMECHIKA

SHOKABO

TOKYO

序　　文

本書は，高校課程において物理を履修しなかった方，履修はしたものの物理の考えかたや捉えかたが十分に理解できなかった方を対象に書いたものです．大学の受験科目として物理を履修した方は，公式や法則の意味をつかんだ上で入試問題に挑戦されたことと思います．しかし，大学の受験科目に物理を選択しなかった方は，仮に履修していても，公式などを丸暗記して通り過ぎてしまった方が多いのではないでしょうか．残念ながら，公式や法則の丸暗記では，物理の楽しさや物理の美しさを感じ取ることはできません．物理という科目は，何かと堅苦しい科目と思われがちですが，実際には我々の生活に深く関わっており，本気で学べばとても楽しい科目なのです．

とはいっても，やはり取っつきにくい科目であることも否めません．その堅苦しさ，取っつきにくさを取り除いたのが本書の特徴です．本書では，物理ですから当然のごとく数式が登場しますが（といっても微分・積分は用いず，四則演算のみで解説しています），その数式の意味を言葉で表現し，具体的にどんな現象であるのかを明確に示してあります．特に，力学分野や波動のドップラー効果などでは，公式だけでは理解できない現象をどのようにして数式化し，その数式が何を意味するのかを明確に説明しています．また，電磁気学や熱力学，原子物理学の分野では，言葉の定義を大切にし，丁寧に解説することで，本来目に見えない現象を，あたかも見ているかのごとく感じられるのではないかと思います．これらの３分野では，言葉の意味，定義を明確にしない限り，深く理解することは困難です．少し肩がこるかもしれませんが，言葉で表現された本文の意味と数式を１つにつなげる努力をしながら読んでみてください．

本文を読みながら，例題，問の順に解いていけば，より理解が深まると思います．総合問題には，若干難しい問題も含まれています．解答を読みながら理解するという勉強方法でも構わないので，必ず目を通して下さい．徐々に，物理そのものが手になじんでくるのが実感できると思います．読んでいて苦しいと感じることもあるかと思いますが，諦めず，短気にならずに，ゆっくり，じっくり，確実に読み進めていただけると幸いです．

最後に，本書を執筆，出版するにあたって，企画構成案の段階から多くのご助言をいただき，さらには校正や編集においてきめ細かなご指摘などでお世話になった，裳華房編集部の石黒浩之氏に心からお礼申し上げます．

読者の皆さんが，物理の美しさに触れ，物理を楽しんでいただけることを祈っています．

2018年10月

為近　和彦

目　　次

第 9 講　電磁気学(1)　— 電場と位置 —

第 10 講　電磁気学(2)　— 回路の解析 —

第 11 講　電磁気学(3)　— 磁場と電磁誘導 —

第 12 講　熱力学(1)　— 状態方程式と分子運動論 —

第 13 講　熱力学(2)　— 第 1 法則と状態変化 —

第 14 講　原子物理学(1)　— 粒子性と波動性 —

第 15 講　原子物理学(2)　— X 線と原子核反応 —

この本を読む上で，前もって知っておきたいこと

(1) 有効数字について

有効数字とは，実験・観測などにおける測定値や，その値を用いた計算値に対する精度で決まるものである．何桁まで値として意味があるか，信用できるかの度合いを示すものと考えてもよい．

例えば速さ 1 [m/s] を考えてみる．この場合，有効数字は 1 桁で，0.1 [m/s] の桁の数値は不明もしくは測定不可能，信用できない値ということになる．一方，速さ 1.0 [m/s] では，有効数字は 2 桁となり，0.1 [m/s] の桁の数値も信用できる値であるため，より精度の高い値であることがわかる．このように考えて有効数字を決めると，1 [m/s] と 1.0 [m/s] では意味が異なる値であることがわかる．

物体にはたらく重力の計算を例に，有効数字の乗除法について考える．重力加速度の大きさを

$$g = 9.8\ [\mathrm{m/s^2}]\quad (\text{有効数字 2 桁})$$

とする．質量 $m = 2.0$ [kg]（有効数字 2 桁）の物体にはたらく重力は，

$$F = mg = 2.0 \times 9.8 = 19.6\ [\mathrm{N}]$$

となるが，与えられた数値がいずれも有効数字 2 桁であるから，結果も有効数字 2 桁で答えなければならない．すなわち，

$$F = 19.6 \fallingdotseq 2.0 \times 10\ [\mathrm{N}]$$

となる．仮に与えられた質量が $m = 2$ [kg]（有効数字 1 桁）であれば，

$$F = 19.6 \fallingdotseq 2 \times 10\ [\mathrm{N}]$$

となる．つまり，乗除法では，計算に用いる数値のうち，有効数字の桁数の最も小さい方に合わせて答えなければならない．

加減法では，有効である桁数までを有効数字として扱う．与えられた，すべての数字において，末位が最も高い数字を基準にして有効である桁数を決定する．例えば，102.012 [kg] の物体 A と質量 50.0 [kg] の物体 B を考える．このとき，物体 A の質量は小数第 3 位まで有効であり，物体 B の質量は小数第 1 位までが有効である．したがって，基準となるのは小数第 1 位までであり，これを有効数字として

物体 A と物体 B の質量和　$102.012 + 50.0 = 152.012 \fallingdotseq 152.0$ [kg]

物体 A と物体 B の質量差　$102.012 - 50.0 = 52.012 \fallingdotseq 52.0$ [kg]

となる．しかし，例えば物体 B が 50.00 [kg] と与えられると，小数第 2 位までが有効となり，

物体 A と物体 B の質量和　$102.012 + 50.00 = 152.012 \fallingdotseq 152.01$ [kg]

物体 A と物体 B の質量差　$102.012 - 50.00 = 52.012 \fallingdotseq 52.01$ [kg]

となる．

(2) 物理学で頻繁に用いられる重要な基礎用語

物理学においては，以下のようないいまわしが慣用表現として使われている．

・軽い～　→　質量が無視できる～

・滑らかな～　→　摩擦が無視できる～

・ゆっくり　→　速度がほぼ0で，加速度は0で

・急に　→　所要時間0で

・鉛直面

鉛直面とは水平面と直角な平面のことをいう．もともと鉛直とは，糸で物体を吊り下げたときの糸の方向のことで，重力の方向と一致する．この方向に引いた直線のことを鉛直線といい，鉛直線を含む平面のことを鉛直面という．

(3) ベクトルの表記法と計算方法

物理学では，力や速度，加速度などの向きと大きさを表すのにベクトルを用いる．矢印の向きで向きを，矢印の長さで大きさを表し，文字で表す場合には，文字の上に矢印をつけたり，太文字で表したりする．

ベクトル量の表記例　$\vec{F}$, $\vec{v}$, $\vec{a}$ ($\boldsymbol{F}$, $\boldsymbol{v}$, $\boldsymbol{a}$)

ベクトルはもともと「運ぶ」という意味をもつ．このことを考えると，例えば，以下のようなベクトル和が成立することも容易に理解できる．

すなわち，A点からB点まで運ぶことと，A点からC点を経由してB点まで運ぶことは結果的に同じであると考えて，ベクトルの計算を考えるとよい．

また，ベクトル差についても同様に考えることができる．図において，ベクトル和を用いて表現すると $\vec{u}$ の逆向き $-\vec{u}$ を考えて

$$\vec{s} = \vec{t} + (-\vec{u}) = \vec{t} - \vec{u}$$

となり，ベクトル差は，逆向きのベクトルとの和と考えると容易に理解できる．

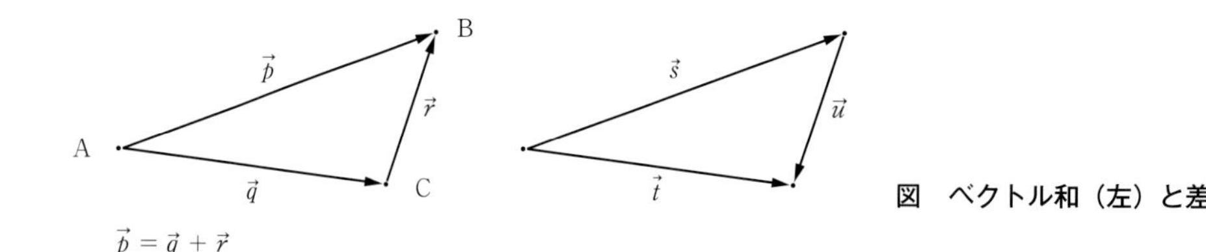

図　ベクトル和（左）と差（右）

(4) 三角比

三角比の $\sin\theta$，$\cos\theta$，$\tan\theta$ は以下のようになる．

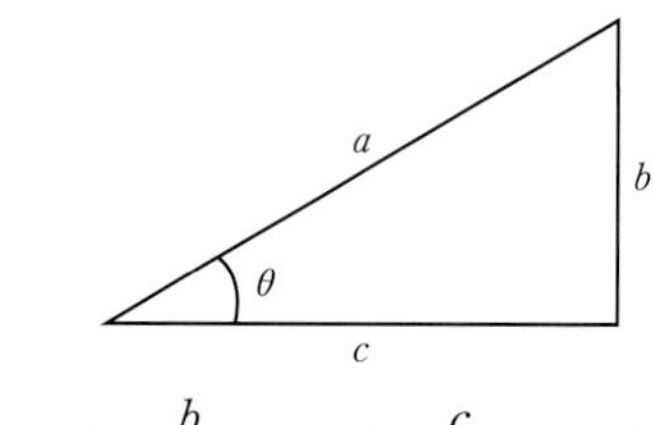

$$\sin\theta = \frac{b}{a},\quad \cos\theta = \frac{c}{a},\quad \tan\theta = \frac{b}{c}$$

第 1 講
力学（1）
―運動の表し方―

§1.1 運動の表し方

物体が運動している状態を具体的に表すためには，どのような物理量を導入すればよいかを考える注1．簡単にいえば，着目している物体が「いつ？，どこで？，どのような？」運動をしているかを明確にすればよい．ここでは，話を簡単にするために質点（本書では物体とよぶ）の運動について考える注2．

注1 物理量とは，物理学において自然体系を表現するために必要な量のことをいう．身近な例では，速度，加速度，電流，電圧などが挙げられる．

注2 質点とは，大きさが無視できる物体のことをいう．

まず，「いつ？」を明確にするためには，時刻 $t = 0$ を決める必要がある．例えば，ストップウォッチをスタートさせた時刻を 0 として，物体の運動を観測し，何秒後にどのようになったかを見ればよい．このとき，ストップウォッチが指している時刻が「いつ？」の答えとなる．このように，まず時刻の原点（時刻 $t = 0$）を決め，そこからの所要時間を測定することで「いつ？」が決定されることになる．

次に，「どこで？」を明確にするためには，時刻の原点と同様に，基準となる位置が必要になるため，一般に座標を用いて表すことが多い．例えば，一直線上（1 次元）を運動する物体を考えるときには，その直線を x 座標（x 軸）とし，原点 $x = 0$ を適当な点に決めれば，物体が原点からどれだけ離れた位置にあるかを観測することで，物体の位置を x 座標で表すことができる（図 1.1）．これが「どこで？」の答えとなる．物体が平面上（2 次元）を運動する場合には xy 直交座標系を考え，座標（x, y）（xy 軸）で，物体が空間（3 次元）を運動する場合には xyz 直交座標系を考え，座標（x, y, z）（xyz 軸）で，それぞれ物体の位置を表現すれ

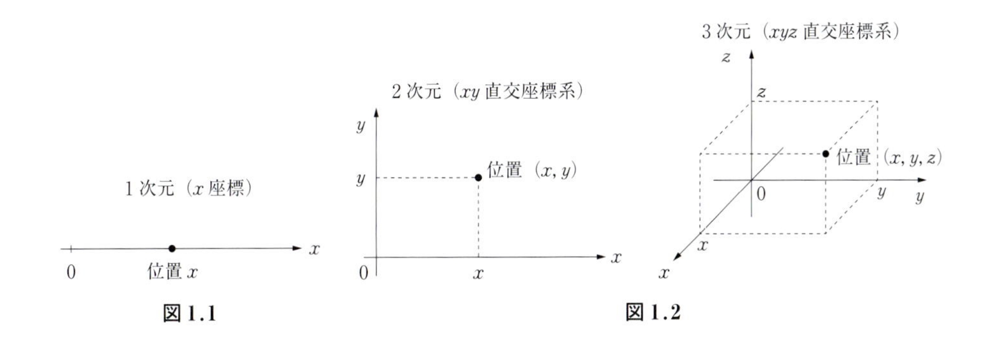

図 1.1　　図 1.2

ばよいことがわかる（前ページの図 1.2）.

さて，次に考えるのが「どのような？」であるが，これに対して正確に答えるために「変位」,「速度」,「加速度」の 3 つの物理量を導入して考える.

（1） 変位

変位とは，

物体がどの向きにどれだけ移動したかを表す量

である．簡単のため，一直線上で考える．物体が移動する方向に x 軸を定め，任意の位置を $x = 0$ の原点に定める．図 1.3 のように，ある物体が，時刻 $t = t_1$ で $x = x_1$ を通過し，その後，時刻 $t = t_2$ で $x = x_2$ に到達したと仮定する．その間（時刻 t_1 から t_2 まで）の変位 Δx は，

$$\Delta x = x_2 - x_1 \tag{1.1}$$

と表される．このとき，$|\Delta x|$ は移動距離を示し，Δx の正負で移動する向きを示している．つまり，$\Delta x > 0$ のときは正方向に，$\Delta x < 0$ のときは負方向に移動していることを表している.

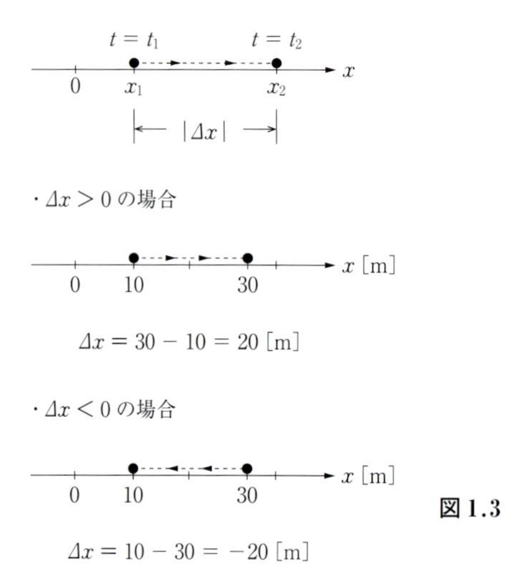

図 1.3

（2） 速度

速度とは，

単位時間当りの変位

のことをいう．簡単にいってしまえば，1 秒間にどれだけ移動したかを表す量であるが，速度と速さの定義の違いを明確にするためにも，ここでは詳しく説明する．まず，単位時間とは，基準となる時間のことであり，一般に「単位時間当り」とは，「1 秒当り」,「1 分当り」,「1 時間当り」…を意味する．先ほどの例で考えると，経過時間 $\Delta t = t_2 - t_1$ の間の変位が $\Delta x = x_2 - x_1$ であるとき，この間の**平均速度** $\bar{v}$ は，

$$\bar{v} = \frac{x_2 - x_1}{t_2 - t_1} = \frac{\Delta x}{\Delta t} \tag{1.2}$$

と表す．時間の単位が [s]（秒）で，変位の単位が [m] の場合には，平均速度の単位は [m/s] となる．例えば，変位 x と時刻 t の関係が図 1.4 のように表される場合には，$\Delta x/\Delta t$ はグラフの傾きを表しており，これが平均速度に等しいことがわかる.

また，t_2 を限りなく t_1 に近づけたとき，すなわち，経過時間 Δt が極めて小さいとき，(1.2) は

時刻 t_1 の**瞬間速度**（単に速度ということが多い）を表す．このとき，瞬間速度は

$$v = \frac{\Delta x}{\Delta t} \tag{1.3}$$

と表すことができ，図 1.5 を見ればわかるように，x-t グラフの時刻 t_1 における接線の傾きが瞬間速度を示していることがわかる．

一方，速さとは，速度の大きさのことをいい，速度がベクトル量であるのに対して，速さはスカラー量である（詳しくは第 2 講で解説）．例えば，x 軸の正方向に 2 [m/s] で移動している物体 A と x 軸の負方向に 2 [m/s] で進む物体 B があるとき，速度は，それぞれ 2 [m/s]，−2 [m/s] であるが，速さは物体 A, B いずれも 2 [m/s] となる．物理学では，どちらもよく用いられる量であるから，明確に区別しておきたい．

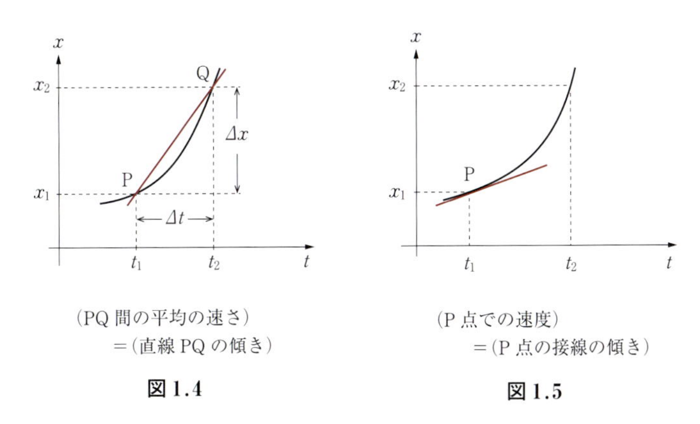

（PQ 間の平均の速さ）
＝（直線 PQ の傾き）

図 1.4

（P 点での速度）
＝（P 点の接線の傾き）

図 1.5

（3） 加速度

加速度とは，

単位時間当りの速度の変化

のことをいう．すなわち，1 秒当りどれだけ速度が変化したかを表す量である．先ほどと同様に，一直線上（1 次元）を x 座標の正方向に運動している物体を考える．時刻 t_1 で物体の速度が v_1 となり，時刻 t_2 で速度が v_2 になったとする．速度の変化を Δv とすると，この間の**平均加速度** $\bar{a}$ は，

$$\bar{a} = \frac{v_2 - v_1}{t_2 - t_1} = \frac{\Delta v}{\Delta t} \tag{1.4}$$

であり，時間の単位が [s]（秒）で速度の単位が [m/s] の場合には，平均の加速度の単位は [m/s^2] となる．例えば，速度 v と時刻 t の関係が図 1.6 のように表される場合には，$\Delta v/\Delta t$

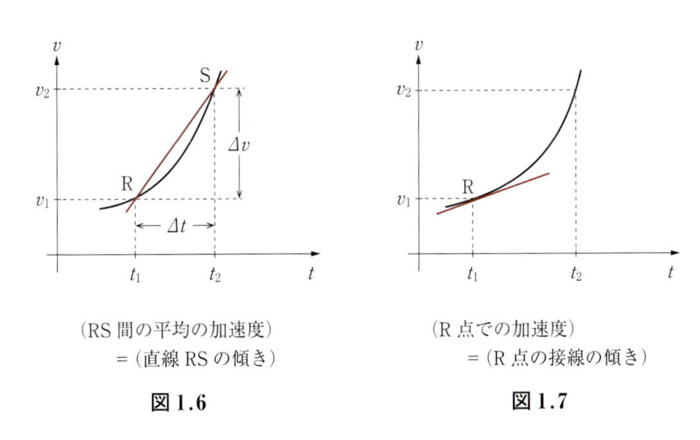

（RS 間の平均の加速度）
＝（直線 RS の傾き）

図 1.6

（R 点での加速度）
＝（R 点の接線の傾き）

図 1.7

は，グラフの傾きを表しており，これが平均の加速度であることがわかる．

また，t_2 を限りなく t_1 に近づけたとき，すなわち，経過時間 Δt が極めて小さいとき，(1.4) は時刻 t_1 の**瞬間加速度**（単に加速度ということが多い）を表す．このとき，瞬間加速度は

$$a = \frac{\Delta v}{\Delta t} \qquad (1.5)$$

と表すことができ，前ページの図 1.7 に示すように，v - t グラフの時刻 t_1 における接線の傾きが瞬間加速度を示していることがわかる．

また，加速度 a が負になるときは，物体は減速していることになる．したがって，a が負でも座標の正方向に進みながら減速することもあり，必ずしも，座標の負方向に進んでいるわけではないので注意が必要である．速度と加速度の定義の類似点と違いを明確にして学ぶことが重要である．

例題 1.1

東西方向に一直線上の道路がある．ある場所を基準（$x = 0$）として，x 軸正方向を東向きとする．

(1)　$x_1 = 20$ [m] の位置を通過した自動車が，しばらくすると $x_2 = 40$ [m] の位置を通過した．自動車の変位はいくらか．

(2)　$x_1 = 20$ [m] の位置を通過した自動車が，しばらくすると $x_3 = -40$ [m] の位置を通過した．自動車の変位はいくらか．

解　(1)　$x_2 - x_1 = (+40) - (+20) = 40 - 20 = 20$ [m]

(2)　$x_3 - x_1 = (-40) - (+20) = -40 - 20 = -60$ [m]　◆

問 1.1　A 君が自動車を運転して，自宅から駅まで移動することを考える．A 君の自宅から駅までの距離は 15 [km] である．駅に到着するまでに 30 [分] を要したとすると，A 君の自動車の平均の速さは何 [km/h] か．また，それは何 [m/s] か．

問 1.2

(1)　x 軸上の原点を時刻 $t = 0$ [s] に速度 0 で出発した．一定の加速度で加速して，時刻 $t = 2$ [s] のとき，速度が 6 [m/s] になっていた．物体の加速度はいくらか．

(2)　x 軸上の原点を時刻 $t = 0$ [s] に速度 10 [m/s] で通過した物体が，一定の加速度で運動して，$t = 5$ [s] で速度が 0 [m/s] になった．物体の加速度はいくらか．

§1.2　等速度運動と等加速度運動

(1)　等速度運動

等速度運動とは，

速度が常に一定である運動

のことをいう．速さが一定なのではなく，速度が一定であることに注意が必要である．速さが一定でも運動の向きが変わるときは，等速運動であるが，等速度運動ではない．したがって，等速度運動のことを**等速直線運動**ということもある．

x 軸上を運動する質点について考える．時刻 $t = 0$ における質点の位置を $x = 0$，質点の速度を v_0 とするとき，任意の時刻における物体の加速度，速度，変位を式で表すと，

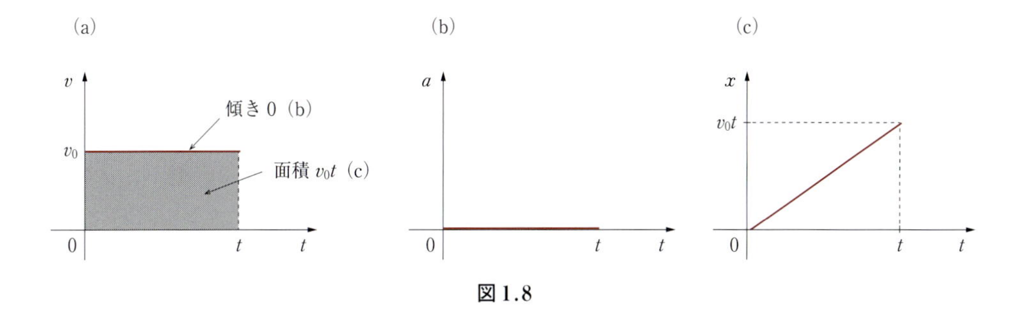

図 1.8

$$\text{加速度}\quad \boldsymbol{a = 0} \tag{1.6}$$

$$\text{速度}\quad \boldsymbol{v = v_0}\ (\text{一定値}) \tag{1.7}$$

$$\text{変位}\quad \boldsymbol{x = v_0 t} \tag{1.8}$$

となる．(1.8) からもわかるように，進んだ距離は v_0t となる．これは，速度が単位時間当りの変位であるから，一直線上では v_0t が移動距離と一致するのは当然である．(1.7) について，時間を横軸に取ってグラフで表すと図 1.8(a)のようになるが，このグラフの傾きが加速度 a を表し，灰色部分の面積が進んだ距離を表していることがわかる．これらも，加速度の定義（単位時間当りの速度の変化）や速度の定義を考えれば当然といえる．したがって，加速度と変位のグラフは，それぞれ図 1.8(b)，図 1.8(c)のようになる．

(2)　等加速度運動

等加速度運動とは

加速度が常に一定である運動

のことをいう．先ほどと同様に，x 軸上を初速度 v_0 で等加速度運動をする質点について考える．任意の時刻 t における加速度，速度，変位は以下の式で表される．

$$\text{加速度}\quad \boldsymbol{a = a}\ (\text{一定値}) \tag{1.9}$$

$$\text{速度}\quad \boldsymbol{v = v_0 + at} \tag{1.10}$$

$$\text{変位}\quad \boldsymbol{x = v_0 t + \frac{1}{2}at^2} \tag{1.11}$$

(1.10) は，加速度の定義より容易に理解できる式である．加速度は単位時間当りの速度変化であるから，時間 t の間に速度は at だけ変化する．一定の割合で加速するので，これをグラフで表すと図 1.9(a)のようになる．また，加速度のグラフも当然，図 1.9(b)のようになる．ここで，変位はグラフの灰色部分の面積であるから，(1.11) のように時刻 t に対して放物線型のグラフになることがわかる（図 1.9(c)）．

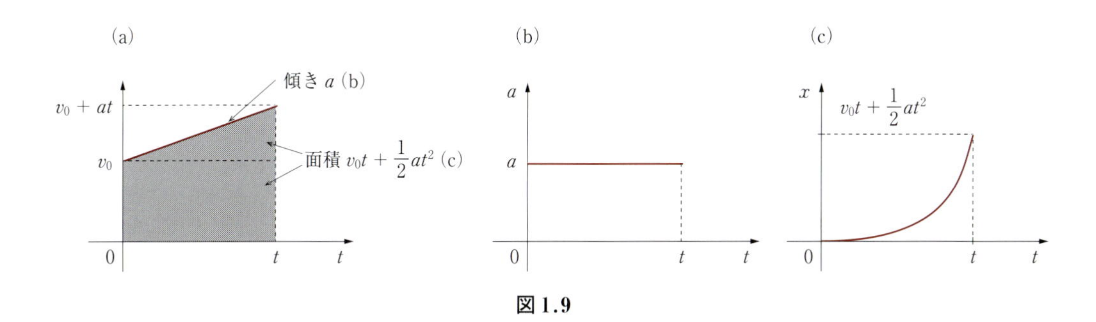

図 1.9

また，(1.10)，(1.11) から t を消去すると，

$$\boldsymbol{v^2 - v_0{}^2 = 2ax} \qquad (1.12)$$

を得る[注3]．これは，等加速度運動をするときの2点間で，時間に関わりなく成立する式である．

注3　(1.10) より $t = (v - v_0)/a$．これを (1.11) に代入して $x = v_0(v - v_0)/a + (1/2)\,a\{(v - v_0)/a\}^2 = (1/a)\{v_0\,(v - v_0) + (1/2)\,(v - v_0)^2\}$．$\therefore\ v^2 - v_0{}^2 = 2ax$．

例題 1.2

x 軸上を正方向に，一定の速度 5.0 [m/s] で運動する物体がある．この物体が，時刻 $t = 6.0$ [s] のときに，x 軸の原点 $x = 0$ を通過した．この物体の，時刻 $t = 1.0$ [s] のときの x 座標を求めよ．

解　$\Delta t = 6.0 - 1.0 = 5.0$ [s] で原点 $x = 0$ まで進んだと考えると，$v\Delta t = 5.0 \cdot 5.0 = 25$ [m] 手前が $t = 1.0$ [s] の位置である．これより，$x = -25$ [m]．◆

問 1.3　ある物体が x 軸上を運動している．図 1.10 は，この物体が，時刻 $t = 0$ [s] に原点を通過した後の速度 v と時刻 t の関係を表している．時刻 $t = 5.0$ [s] と時刻 $t = 9.0$ [s] における物体の x 座標を求めよ．

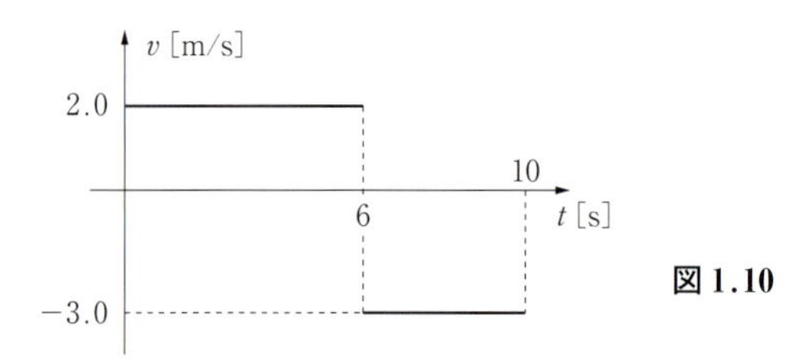

図 1.10

問 1.4　x 軸上を一定の加速度で運動している物体がある．以下のそれぞれの場合について，物体の加速度を求めよ．

(1)　1.0 [m/s] の速度で運動していた物体が，2.0 [s] 後に 5.0 [m/s] の速度になっていた場合．

(2)　初速度が 1.0 [m/s] で，1.0 [s] 後に 3.0 [m] 進んでいる場合．

(3)　7.0 [m/s] の速度で移動していた物体が，6.0 [m] だけ移動した位置では 5.0 [m/s] になっていた場合．

§1.3　落体の運動

物体が，重力のもとで運動する場合を考える．ここでは，話を簡単にするために，空気の抵抗や物体の大きさは無視できるものとする．**重力加速度**は一般に g で表され，およそ 9.8 [m/s^2] の大きさをもつ．もちろん向きは鉛直下向きで，重力加速度の大きさが一定と見なせる範囲内の運動を考える．

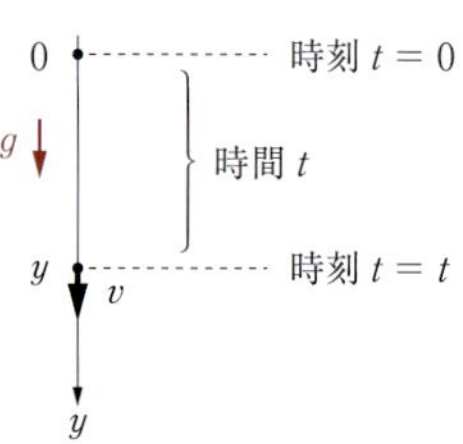

図 1.11　自由落下

(1)　自由落下運動

自由落下とは，図 1.11 に示すように，初速度 0 で物体を重力のもとで静かに手を離すときの落下運動のことをいう．下向きを正方向にした y 軸を考えると，(1.10) ～ (1.12) において $v_0 = 0$，$a = g$

とし，x を y におきかえて以下のようになる．

$$v = gt \tag{1.13}$$

$$y = \frac{1}{2}gt^2 \tag{1.14}$$

$$v^2 = 2gy \tag{1.15}$$

(2) 鉛直投げ上げ運動

鉛直上方に，初速度 v_0 で投げ上げた場合は，鉛直上向きを正方向にした y 軸を考えると，(1.10) ～ (1.12) において，$a = -g$ とし，x を y におきかえて以下のようになる（図 1.12）．

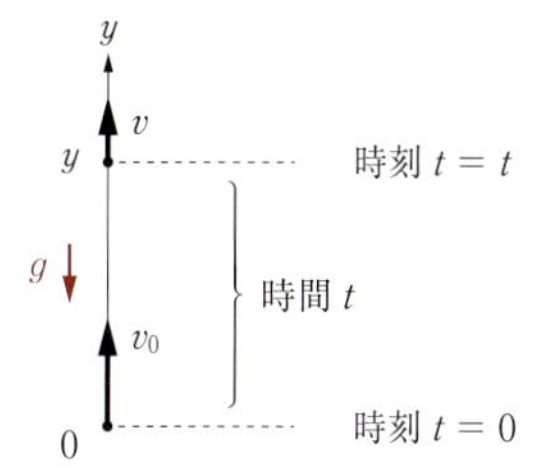

図 1.12 鉛直投げ上げ

$$v = v_0 + (-g)t \tag{1.16}$$

$$y = v_0 t + \frac{1}{2}(-g)t^2 \tag{1.17}$$

$$v^2 - {v_0}^2 = 2(-g)y \tag{1.18}$$

(3) 斜方投射（放物運動）

最後に，図 1.13 のような物体を水平面から斜め方向に投げること（斜方投射）を考える．この場合，座標軸は鉛直方向と水平方向に分けて y 軸と x 軸を定める．軸の決め方は任意であるが，一般的には，物体が最初に進む方向に合わせて設定するとよい．また，重力の方向すなわち鉛直方向と，それに垂直な方向すなわち水平方向に分けて考えると，それぞれの軸上の加速度が $a_y = -g$，$a_x = 0$ となり，等加速度運動と等速度運動に分けて考えることができる．この考え方は，ガリレオが最初に考え出した方法であるが，1 つの運動を 2 つの運動に分けて解析する，大変便利な方法である．つまり，x 軸上，y 軸上への射影を考えて，軸上での影の動きを追いかければよいことになる（図 1.14）．

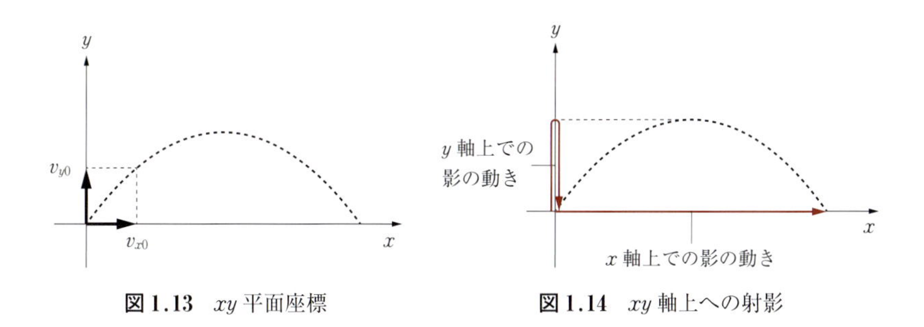

図 1.13 xy 平面座標　　**図 1.14** xy 軸上への射影

x 軸方向は等速度運動である．初速度の x 軸方向の成分を v_{x0} とすると，(1.7)，(1.8) は，

$$v_x = v_{x0} \tag{1.19}$$

$$x = v_{x0}t \tag{1.20}$$

となる．また，初速度の y 軸方向の成分を v_{y0} とすると，加速度 $a = -g$ として，(1.10)，(1.11) は，以下のようになる．

$$v_y = v_{y0} + (-g)t \tag{1.21}$$

$$y = v_{y0}t + \frac{1}{2}(-g)t^2 \tag{1.22}$$

ここで，(1.20) から t を求めると，

$$t = \frac{x}{v_{x0}} \tag{1.23}$$

となる．これを，(1.22) に代入すると

$$y = v_{y0}\cdot\frac{x}{v_{x0}} + \frac{1}{2}(-g)\left(\frac{x}{v_{x0}}\right)^2$$

$$= -\frac{g}{2{v_{x0}}^2}\cdot x^2 + \frac{v_{y0}}{v_{x0}}\cdot x \tag{1.24}$$

となり，この式は原点を通る上に凸の放物線を表している．このように，空気抵抗の無視できる空間で物体を斜方投射すると，その運動の軌跡は放物線になることがわかる．

例題 1.3

高さ 19.6 [m] の位置から，物体を自由落下させた．重力加速度の大きさを 9.80 [m/s^2] とするとき，物体が地面に到達するまでの時間と，そのときの速さを求めよ（有効数字は 2 桁でよい）．

解　$y = (1/2)gt^2$ より，以下のようになる．

$$t = \sqrt{\frac{2y}{g}} = \sqrt{\frac{2\cdot 19.6}{9.80}} = 2.0\ [\mathrm{s}]$$

$$v = 9.80 \times 2.0 = 19.6 \fallingdotseq 20\ [\mathrm{m/s}]$$

◆

問 1.5　水平面から物体を斜方投射した．物体の初速度の x 成分は 3.00 [m/s]，y 成分は 5.00 [m/s] であった（図 1.15）．重力加速度の大きさを 10.0 [m/s^2] に近似して，以下の問に答えよ．

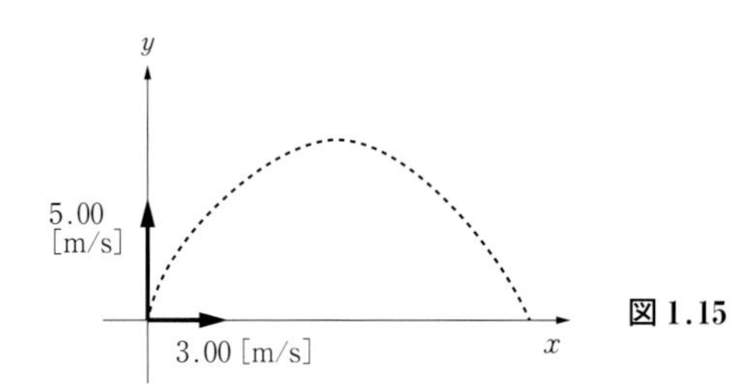

図 1.15

(1)　最高点に達するまでの時間を求めよ．

(2)　物体が最高点にあるときの水平面からの高さを求めよ．

(3)　(2) のとき，投げた点からの水平距離を求めよ．

(4)　再び地面に落ちてくるまでの時間を求めよ．

(5)　(4) のとき，投げた点からの水平距離を求めよ．

総　合　問　題

[1]　時刻 $t = 0$ で物体を鉛直上方に初速度 v_0 で投げ上げたところ，しばらくして再び地面に落ちてきた．重力加速度の大きさを g として以下の問に答えよ．ただし，空気の抵抗や投げた人の身長などは無視して考える．

(1)　鉛直上向きの速度を正として，速度と時間の関係のグラフ（v - t グラフ）の概形を描け．

(2)　最高点に達したときの時刻を求めよ．

(3)　最高点の高さを求めよ．

(4)　地面に落ちたときの時刻を求めよ．

(5)　(4) のときの物体の速度を求めよ．

[2]　ある物体が x 軸上の原点（$x = 0$）に静止している．この物体が，図 1.16 に示すような a - t グラフ（加速度と時間の関係）に従って運動した．以下の問に対して，グラフ中の文字 a，t を用いて答えよ．

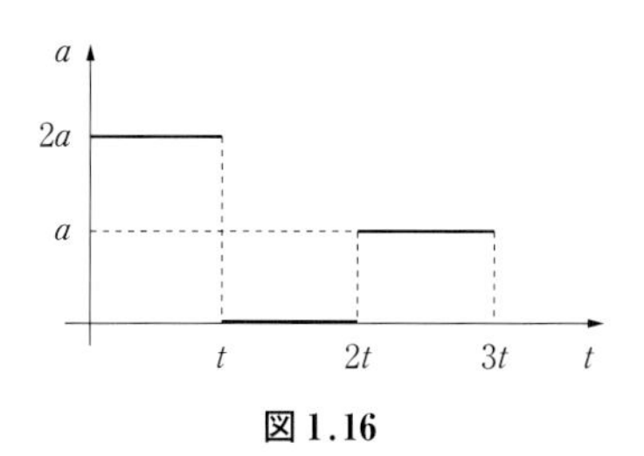

図 1.16

(1)　時刻 t における物体の速度はいくらか．

(2)　時刻 $2t$ における物体の速度はいくらか．

(3)　時刻 $3t$ における物体の速度はいくらか．

(4)　時刻 t における物体の x 座標はいくらか．

(5)　時刻 $2t$ における物体の x 座標はいくらか．

(6)　時刻 $3t$ における物体の x 座標はいくらか．

[3]　時刻 $t = 0$ で x 軸上の原点に静止していた物体が，図 1.17 の速度と時間の関係（v - t グラフ）に従って x 軸上を運動した．以下の問に答えよ．

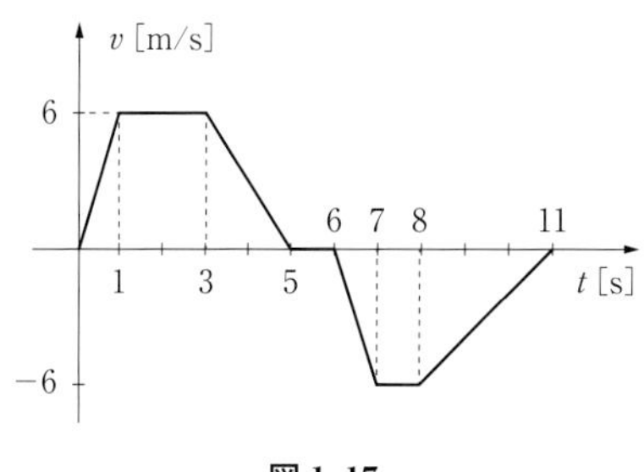

図 1.17

(1)　時刻 $t = 4$ [s] のときの物体の加速度を求めよ．

(2)　時刻 $t = 9$ [s] のときの物体の加速度を求めよ．

(3)　時刻 $t = 5$ [s] のときの物体の x 座標を求めよ．

(4)　時刻 $t = 11$ [s] のときの物体の x 座標を求めよ．

(5)　加速度と時間の関係のグラフ（a - t グラフ）を描け．

(6)　x 座標と時間の関係のグラフ（x - t グラフ）の概形を描け．

[4]　高さ h の位置から，鉛直下向きに初速度 v_0 で物体を投げ下ろした（図 1.18）．重力加速度の大きさを g として以下の問に答えよ．

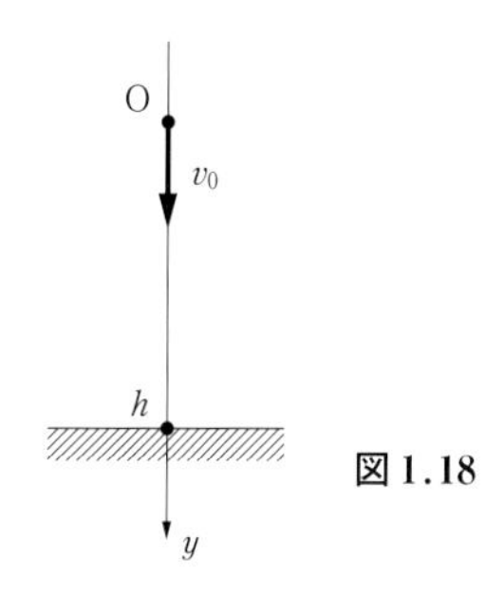

図 1.18

(1)　地面に達するまでの時間は t であった．h を v_0，g，t を用いて表せ．

(2)　地面に達するときの速度 v を v_0，g，t を用いて表せ．

(3)　(1), (2) で求めた式を用いて，

$$v^2 - v_0{}^2 = 2gh$$

が成立することを示せ．

[5]　水平面から任意の角度で物体を斜方投射した（図 1.19）．重力加速度の大きさを g，初速度の y 成分（鉛直方向成分）を v_{y0}，x 成分（水平方向成分）を v_{x0} とする．

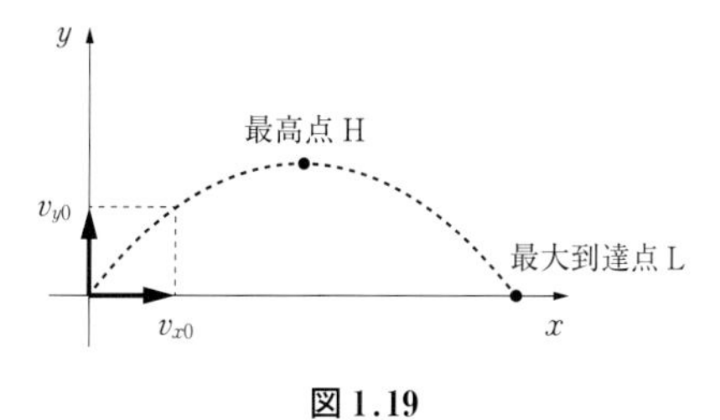

図 1.19

(1)　物体の最高点 H での座標 (x, y) を求めよ．

(2)　物体の落下点 L での座標 (x, y) を求めよ．

(3)　**（発展問題）** 物体を最も遠くに投げるためには，$v_{x0} = v_{y0}$ であればよい．これを示せ．

第 2 講
力 学 (2)
―力と力の関係式―

§2.1 場の力と接触力

我々が日常生活の中で用いる「力」という言葉は，さまざまな意味で使われており，明確な定義のもとで用いられているわけではない．しかし，物理学における力学を学ぶためには，「力」が何であるかをはっきりさせる必要がある．そこで，物体に力を与えたらどのような変化が起こるかを考えることで，「力とは何か？」の答えを見出すことを試みる[注1]．

注 1 物体に力を与えても，物体の様子が変化しない場合は考えないとする．

まず最初に，粘土の塊に力を加えることを考える．例えば，図 2.1 のように指で粘土を押すと，粘土には凹みができ変形することになる．このように考えると，

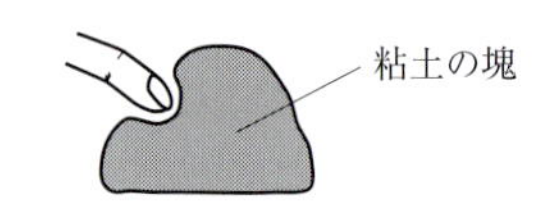

図 2.1 粘土にくぼみができる．

力とは物体そのものを変形させるもの

と捉えることができる．ゴムボールの変形や，ばねやゴムひもの伸び縮みもこれにあたり，力を加えることで，変形させることが初めて可能となる．力を加えない限り物体が変形しないことは明らかである．

次に，水平面上に物体が静止している状態を考える．図 2.2 のような，静止している物体を動かして別の場所に移動させるとき，物体に何らかの力を加える必要があることは容易にわかる．力を加えないで，物体が勝手に動き出すことは考えられないからである．また，動いている物体を減速させたり，加速させたりするときも当然力が必要になる．このことから，

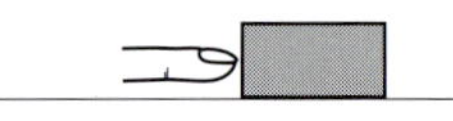

図 2.2 物体が動き始める．

力とは物体の運動を変化させるもの

とも考えることができる[注2]．

注 2 実際に実験を行っていなくとも，粘土の変形や物体の運動の変化を頭の中でイメージすることを「思考実験」といい，物理学にとっては重要な方法論である．

次に，力の種類について例を挙げながら考える．真上に投げたボールは徐々に減速し，最高点に達した後，折り返して加速しながら落ちてくる．明らかに運動形態が変化しており，その原因はボールにはたらく**重力**であることがわかる．このような，いずれも物体と接触していなくてもはたらく力のことを**場の力**とよぶ．場の力には，重力の他に**電気力**や**磁気力**がある[注3]．

力の大きさは **[N（ニュートン）]** という単位で表す．一般に質量 m [kg] の物体にはたらく重力 F [N] は，重力加速度を g [m/s^2] として，

$$\textbf{重力} \quad F = mg \tag{2.1}$$

と書ける．$g = 9.8$ [m/s^2] であり，1 [kg] の物体にはたらく重力の大きさは，9.8 [N] となる（§2.3「運動方程式」を参照）．

注3　それぞれ，重力場，電場，磁場による力である．電気力は，静電気によって埃などを引き寄せる現象が挙げられる．また，磁気力は磁石が金属を引きつける力が挙げられる．

場の力が物体に接触していなくてもはたらく力であることから，それ以外の力を見出すためには，接触することで生じる力を考えればよい．このような力のことを**接触力**という．例えば，静止している物体に糸を取りつけ，この糸を引っ張れば物体の運動を変えることができる（**張力**）．ばねをつけてはじき飛ばすこともできる（**弾性力**）．この他にも面との接触力である**抗力**や，液体中の物体にはたらく**浮力**なども接触力である[注4]．

注4　(2.2), (2.3) を参照．

以上のように考えると，

力には，場の力と接触力の 2 種類ある

ことがわかる．

通常，着目している物体が受けている力を矢印で表す．矢印の向きが力を受けている向きであり，矢印の長さが力の大きさを表す．このように，矢印で表される量（大きさと向きがある量）のことを**ベクトル量**という．ベクトルの始点は力がはたらいている点とし，その点のことを**作用点**という．また，力が作用する方向に引いた線を**作用線**という（図 2.3）．

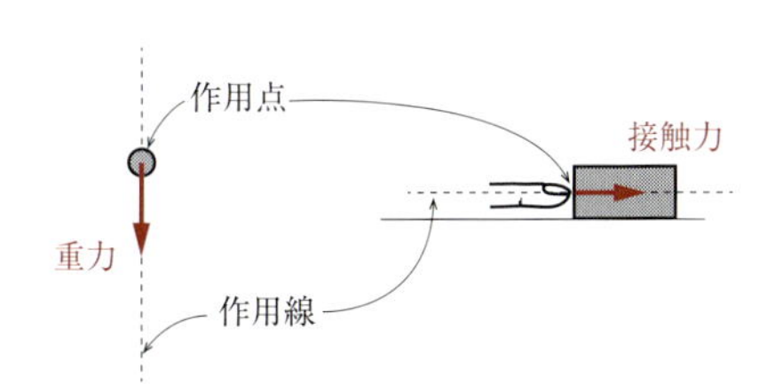

図 2.3　作用点について：場の力の作用点は原則として物体の重心とし，接触力の場合は接触点とする．

場の力，接触力いずれの力に対しても，図 2.4 で示す**作用・反作用の法則**が成立する．これは，

それぞれの物体に対して，互いに逆向き同じ大きさの力が存在する

という法則である．ボールに重力がはたらいているとき，地球にも同じ大きさの力が逆向きにはたらいているのである．また，物体を指先で押したとき，指先と物体それぞれに対して同様に逆向きで同じ大きさの力が存在する．

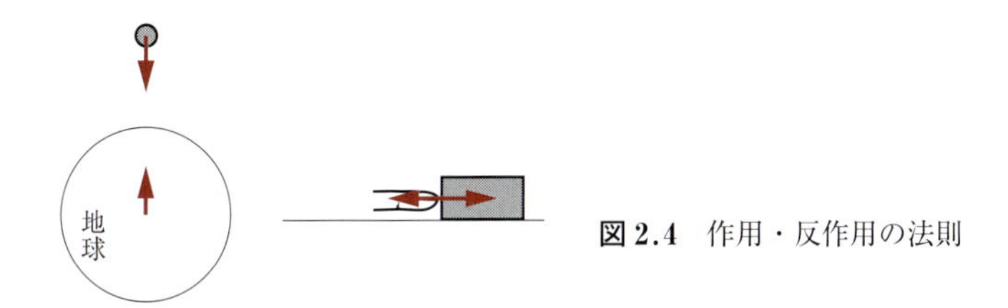

図 2.4　作用・反作用の法則

例題 2.1

次の図に示した力のベクトルを作用と考えたとき，反作用はどのような力になるか説明せよ．

(1)　物体にはたらく重力（図 2.5）．　(2)　物体が机を押す力（図 2.6）．

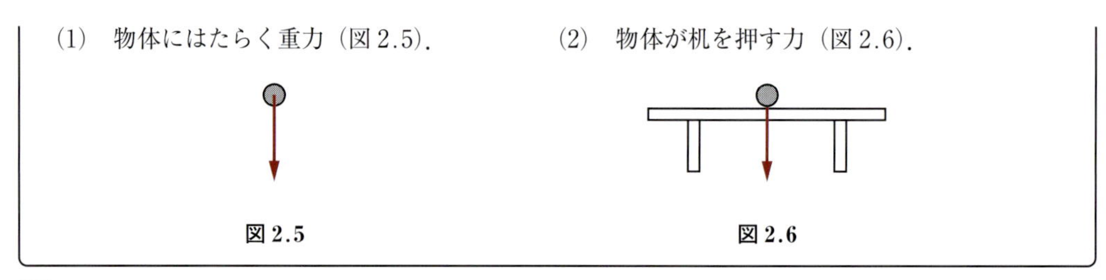

図 2.5　図 2.6

解　(1)　地球の中心が引かれる力（図 2.7）．
(2)　机が物体を押す力（図 2.8）．
赤矢印が答えになる．

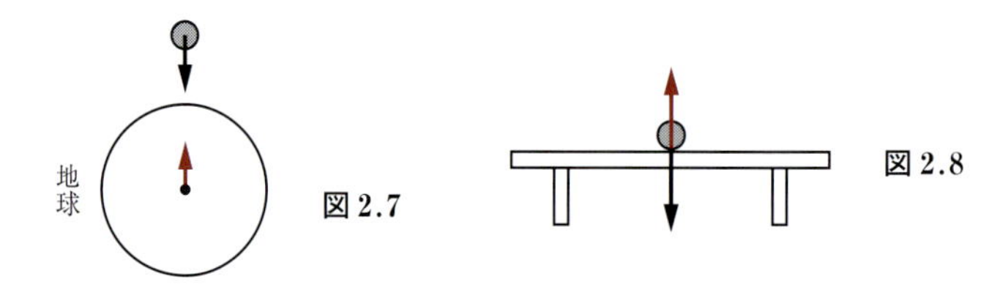

図 2.7　図 2.8

◆

ここで，接触力についてもう少し詳しく議論する．前にも述べたが，面との接触によって物体が受ける接触力のことを抗力という．したがって，抗力は面に垂直な方向に受ける力（**垂直抗力**）と面に平行な方向に受ける力（**摩擦力**）の合力であると考えられる（図 2.9）．この摩擦力には，物体が面に対して静止しているときに受ける**静止摩擦力**と，運動しているときに受ける**動摩擦力**とよばれる力があり，さらに静止摩擦力の最大値は**最大摩擦力**とよばれている．最大摩擦力と動摩擦力は，いずれも垂直抗力 (N) に比例することが実験によってわかっている．この比例定数をそれぞれ，静止摩擦係数 (μ)，動摩擦係数 (μ') とよび，それぞれの力は，

$$\textbf{最大摩擦力}\quad \boldsymbol{F = \mu N}, \qquad \textbf{動摩擦力}\quad \boldsymbol{F' = \mu' N} \tag{2.2}$$

と書ける．一般に，$\mu > \mu'$ であることが知られている．摩擦係数は，接触する両物体の面の状態で決まる．わかりやすくいえば，面の「ざらざらの度合い」を示している定数と考えてよい．また，斜面などでは，角度 θ を徐々に大きくして滑り始める直前の摩擦力が最大摩擦力となる．

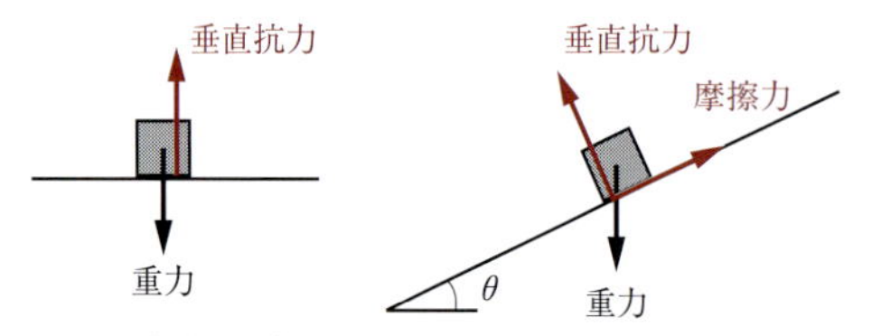

図 2.9　垂直抗力（normal force）と静止摩擦力は，実験式をもたない．

物体が糸やロープから受ける力のことを張力という．糸やロープなどの質量が無視できるときは，単に力を伝えているだけなので，張力は糸やロープのどこでも同じ値をもつと考えてよい．また，ばねから受ける弾性力の大きさは，ばねの伸びや縮みに比例した大きさとなる．その比例定数はばね定数 (k) とよばれ，ばねの伸縮を x とすると，

$$\textbf{弾性力}\quad \boldsymbol{F = kx} \tag{2.3}$$

と表される．図 2.10 にこれらの関係を示した．

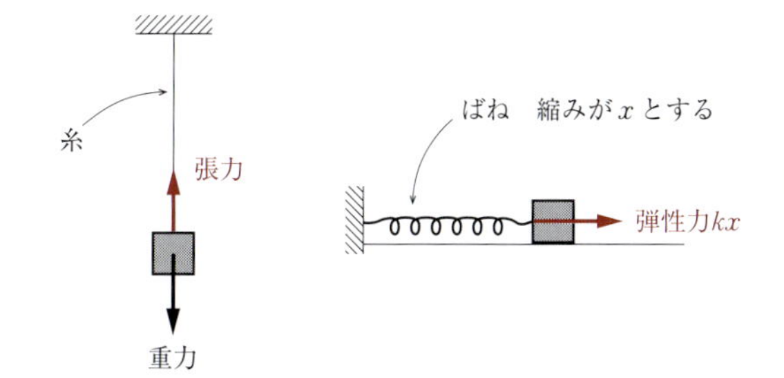

図 2.10　糸の張力（tension）は不定である．ばねによる力は，フックの法則とよばれる．この式は実験式であり，ばね定数 k はばねの強さの度合いを示す．

問 2.1　灰色の物体にはたらく力をベクトルで描け．

(1)　固定された斜面上で静止している物体（図 2.11）．

(2)　滑らかな斜面上でばねにつながれて静止している物体（図 2.12）．

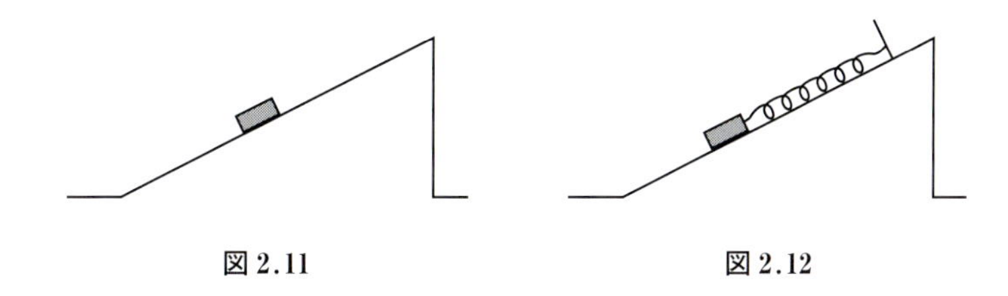

図 2.11　　**図 2.12**

問 2.2　次の問に答えよ．

(1)　粗い水平面上を物体が滑っている．この物体にはたらく垂直抗力が 2.0 [N]，動摩擦力が 1.0 [N] のとき，この物体と水平面の間の動摩擦係数はいくらか．

(2)　自然長が 0.10 [m] のばねの一端を固定し，他端を 2.0 [N] で引っ張ったところ，ばねの長さは 0.12 [m] となった．このばねのばね定数を求めよ．（自然長とは，ばねに何も力を加えていないときのばねの長さのことをいう．）

§2.2　力のつり合い

力とは，「物体の運動を変えるもの」ということを§2.1 で学んだ．このことから，物体に力がはたらかなければ，物体の運動が変わらないことは明らかである．しかし，1 つの物体に 2 つ以上の力がはたらいていたとしても，物体の運動が変わらない場合もある．このとき，「物体にはたらく力がつり合っている」といい，物体にはたらく**合力**（はたらいている力のベクトル和）が 0 であることを示している．

例えば図 2.13 に示すように，物体に対して，同一作用線上で互いに逆向き同じ大きさの力がはたらいているときは，物体は運動を変えない．このときの力の大きさを F_1，F_2 とすると，**力のつり合い**の式は，

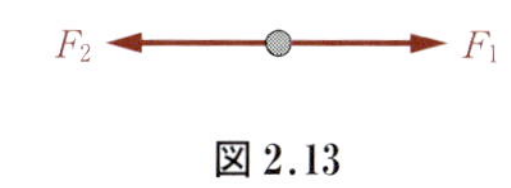

図 2.13

$$F_1 = F_2 \tag{2.4}$$

意味　**F_1 と F_2 は互いに逆向きで同じ大きさである．**

または，以下のように書ける．

$$F_1 - F_2 = 0 \tag{2.5}$$

意味　**右向きの力の合力が 0 である．**

次に，図 2.14 のように 1 つの物体に 3 力 $\vec{F_1}$，$\vec{F_2}$，$\vec{F_3}$ がはたらいており，つり合って静止

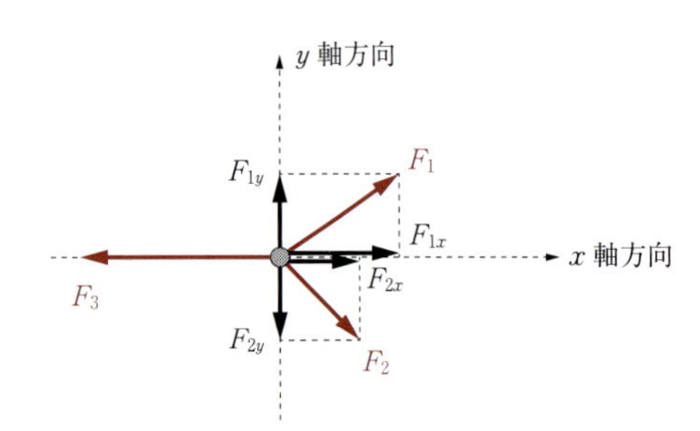

図 2.14　(2.4), (2.5) をベクトル表記すると，$\vec{F_1}=\vec{F_2}$, $\vec{F_1}-\vec{F_2}=\vec{0}$ と書ける．

している場合を考える．1つの力を基準にして，その力の作用線上と，それに垂直な方向に分けて考えると容易である．基準となる力を例えば F_3 と考え（x 軸方向），その作用線上での F_1，F_2 の力の成分を F_{1x}，F_{2x} とする．また，それらに垂直な方向（y 軸方向）の成分を F_{1y}，F_{2y} と決める．物体の運動が変化しないためには，x 軸方向，y 軸方向ともに力のつり合いが成立している必要がある．したがって，

$$x \text{ 軸方向}：F_3 = F_{1x} + F_{2x} \tag{2.6}$$

意味　**F_{1x}，F_{2x} と F_3 は逆向きで，F_{1x} と F_{2x} の大きさの和は F_3 の大きさに等しい．**

$$y \text{ 軸方向}：F_{1y} = F_{2y} \tag{2.7}$$

意味　**F_{1y} と F_{2y} は互いに逆向きで同じ大きさである．**

先ほどと同様に，この2式は，

$$x \text{ 軸方向}：F_3 - (F_{1x} + F_{2x}) = 0 \tag{2.8}$$

$$y \text{ 軸方向}：F_{1y} - F_{2y} = 0 \tag{2.9}$$

意味　**x 軸方向，y 軸方向の合力が 0 である．**

と書くこともできる．このように，1つの力を2つの方向に分けることを**力の分解**といい，逆に2つの力の和を取って1つの力にすることを**力の合成**という．分解や合成は，いずれの力もベクトルと考えると容易である．

物体にはたらくすべての力に対して力のつり合いが成立しているときは，物体にはたらいている力の合力が0であるから，物体は運動を変えない．もちろん，物体に対して力がはたらいていないときも同様である．運動を変えないということは，静止している物体は静止したままであり，運動している物体はそのままその運動を維持するということである．以上のことは慣性の法則とよばれ，まとめると次のようになる．

・慣性の法則

物体が何ら力を受けないとき，または受けていたとしてもその力がつり合っていて合力が0のとき，静止している物体は静止した状態を保ち，運動している物体はそのまま等速直線運動を続ける．

慣性の法則は，ガリレオによって基礎が築かれ，デカルトによって完成されたとされる．慣性の法則が構築されるまでは，古代ギリシャ時代に活躍したアリストテレスの「運動している物体に何もしなければ，この物体はやがて止まる」という考え方が信じられていた．確かに現実の世界では，摩擦力や空気の抵抗力のため，運動している物体はやがて止まる．しかし，当時は，物体に対して運動を妨げる力がはたらかない場合には止まることはない，ということに気がつかなかったのである．

ガリレオは，図 2.15 のような，相対する滑らかな斜面上で物体を滑らせることを考えた．

同じ高さまで上がる振り子運動と同様に，A 点から静かに物体を滑らせると，相対する斜面上の同じ高さの B 点まで達するはずである．このとき，相対する斜面の傾斜角 θ を小さくし，やがて水平にすると，いつまでも滑り続けることになり「やがて止まる」ことはない，ということに気づいたのである．要するに，上り坂という減速させるものがなくなれば，物体は減速することなく現状の運動を維持するはずであると考えたのである．

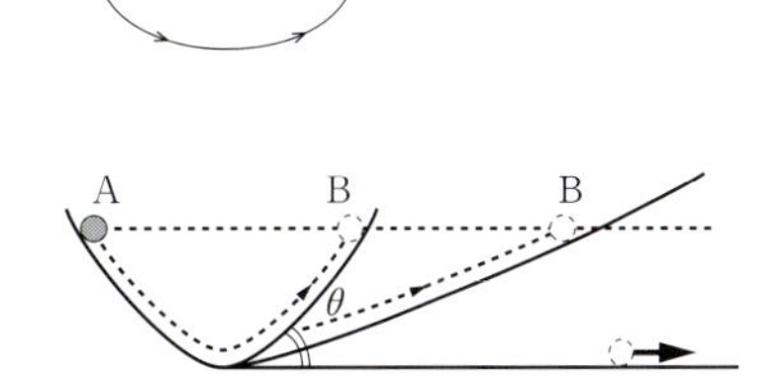

図 2.15　慣性の法則の発想

このように考えると，慣性の法則は，

物体に力がはたらかないときは，物体に加速度が生じない

と解釈することもできる．加速度が生じなければ，静止しているものはそのまま静止し，動いているものはそのままの運動を維持することになる．

ちょっと一息

ガリレオ・ガリレイは，イタリアの物理学者である．ピサの斜塔で有名なピサ大学の医学部の学生であったが，物理学に興味をもち，物理学，天文学を中心に研究した．思考実験の重要性を世に広めた人としても知られている．

ミサをあげているとき，教会の天井から吊り下げられているシャンデリアのゆれから，振り子の等時性に気づいたといわれている．後に，このことから振り子時計が発明される．ガリレイは，振り子の周期を測定する際に，医学部生らしく自らの脈拍を利用した．

例題 2.2

粗い水平床面上に，質量 m の物体が静止している．この物体には質量の無視できる糸がつけられており，この糸を水平方向に引っ張る実験を行った（図 2.16）．物体と水平面との静止摩擦係数を μ，重力加速度の大きさを g として以下の問に答えよ．

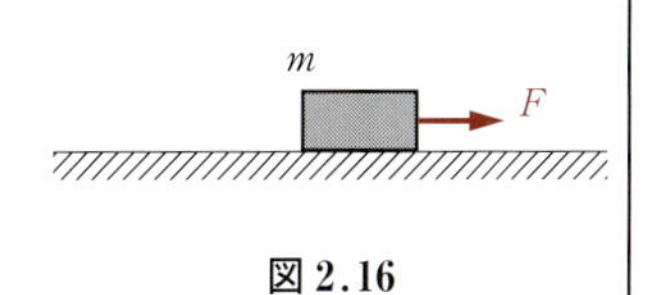

図 2.16

(1)　物体にはたらく垂直抗力の大きさ N を求めよ．

(2)　糸を力 F_1 で水平に引っ張ったところ，物体は動かなかった．物体にはたらく摩擦力はいくらか．

(3)　糸をある力で水平に引っ張ったところ，物体がちょうど滑り始めた．このときの糸の張力を求めよ．

(4)　物体が動き始めた後，糸の引く力を F_2 としたところ，物体は等速直線運動をした．物体と水平面との間の動摩擦係数を求めよ．

解　(1)　鉛直方向の力のつり合いより $N = mg$（図 2.17）．

(2)　求める摩擦力を f とすると，水平方向の力のつり合いより $f = F_1$（図 2.18）．

(3)　摩擦力が最大摩擦力となるときを考えて，$F = \mu N = \mu \cdot mg$．

(4)　等速直線運動したことにより，力のつり合いが成立している．

$$\therefore\ F_2 = \mu' N = \mu' \cdot mg \quad \therefore\ \mu' = F_2/mg$$

図 2.17　　図 2.18

◆

問 2.3　水平な天井から糸を2本吊るして，図2.19のように質量 m のおもりをぶら下げた．このとき，糸と鉛直線とのなす角はいずれも45°であった．左側の糸を糸1，右側の糸を糸2とよぶこととする．重力加速度の大きさを g として，以下の問に答えよ．

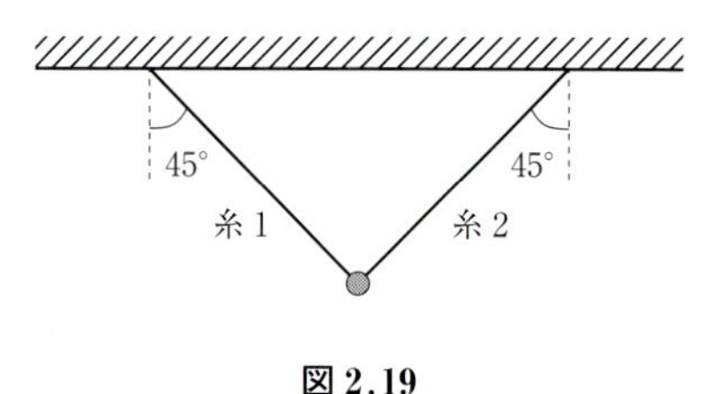

図 2.19

(1)　糸1，糸2の張力を T_1, T_2 とするとき，$T_1 = T_2$ となることを示せ．

(2)　糸の張力 T_1 を m，g を用いて表せ．

§2.3　運動方程式

前に述べたように，慣性の法則が成立しているときは，物体に力がはたらいていないか合力が0であり，加速度が生じない．この研究を受けてニュートンは，物体に力がはたらいたとき，物体の運動がどのように変化するのか，すなわち，物体にどのような加速度が生じるのかに着目した．

議論を簡素化するために容易な思考実験を試みる．まず，ある質量の物体を滑らかな水平面上に置き，水平方向に力を加えて引っ張ることを考える（図2.20）．このとき，力の大きさを大きくすれば，それに比例して物体に生じる加速度が大きくなると考えられる．一方，質量を大きくすれば，それに反比例して加速度の大きさは小さくなると考えられる．

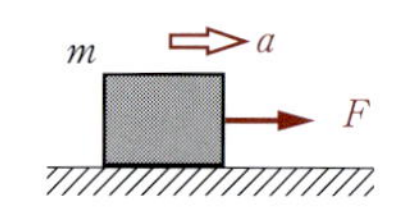

図 2.20　質量 m の物体を力 F で引っ張って，加速度 a を生じさせる．

簡単にいえば，大きな力を加えられた物体は加速しやすく，大きな質量の物体は加速しにくいということである（図2.21）．

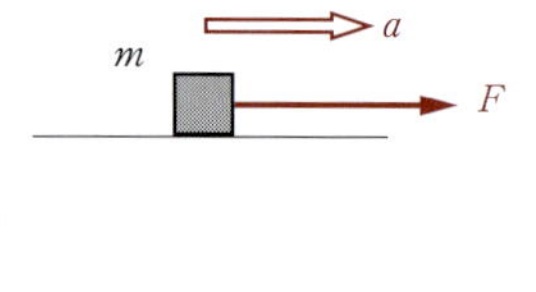

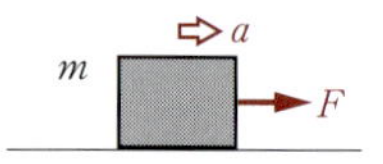

図 2.21　（上）m はそのままで F を大きくすると，a が大きくなる．（下）F はそのままで m を大きくすると，a が小さくなる．（このことから m のことを慣性質量ともいう．）

物体に生じる加速度を a，物体の質量を m，物体に加えた力を F と仮定する．この思考実験から，加速度 a は，力 F に比例し，質量 m に反比例すると考えられるので，比例定数を k として，以下のように表すことができる．

$$a = k \cdot \frac{F}{m} \tag{2.10}$$

さて，ここで比例定数 k の決定をしなくてはならないが，ニュートンは k の値として，$k = 1$ と決め，そのとき力 F の単位を [N（ニュートン）] と決めた．もちろん，このとき a の単位は [m/s^2]，m の単位は [kg] である．以上より，(2.10)は，

$$a = \frac{F}{m} \tag{2.11}$$

となる．$a = 1$ [m/s^2]，$m = 1$ [kg] とすると，$F = 1$ [N] となることから，[N] という単位は，

質量 1 [kg] の物体に加速度 1 [m/s^2] を生じさせるような力の大きさを 1 [N] と決めた

と解釈すればよいことがわかる[注5]．この解釈に従って，(2.11)を

$$ma = F \tag{2.12}$$

のように書きかえる．

注5 力の単位としては，[kgw（キログラム重）] があるが，これは地球の中心が引っ張る力，すなわち地表面上での重力を基準に定められた単位で「おもさ」という．これに対して [N] は，生じる加速度を基準にしているので，場所を選ばずに定義することができる．

(2.12)の意味として，前に倣って，

質量 m [kg] の物体に加速度 a [m/s^2] を生じさせたのは，力 F [N] である

となる．

なお，(2.12)のことを**運動方程式**とよび，この式は，物体にはたらく力と，その力によって運動する物体の運動形態との**因果関係**を表す重要な式である．最も簡単な例として，落下運動に対する運動方程式を考える．空気による抵抗を無視して考えると，物体が落下しているとき，物体にはたらく力は重力 mg のみであり，その様子を図 2.22 に示した．したがって，この物体の運動方程式は，

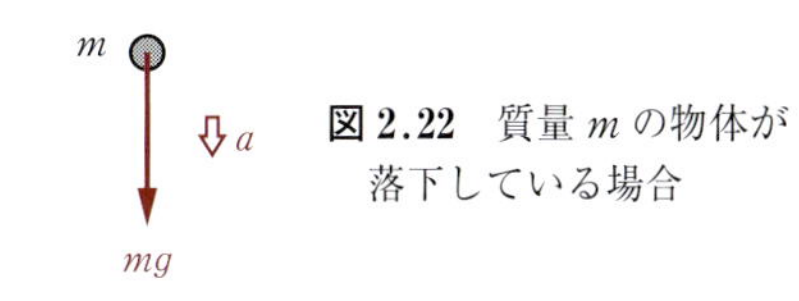

図 2.22　質量 m の物体が落下している場合

$$ma = mg \tag{2.13}$$

意味　**質量 m の物体に加速度 a を生じさせたのは，重力 mg である．**

となり，(2.13)より，生じる加速度は $a = g$ であることがわかり，当然の結果が得られた．このように考えれば，複雑な力がはたらいている物体に対しても，因果関係に着目して運動方程式を立式すれば，物体の運動形態がどのように変化するかを突き止めることができるのである．

もう少し複雑な例として，粗い水平面上での物体の運動について考える．物体に対して水平方向に力 F を加え，動摩擦力に逆らって物体を右方向へ加速度 a で運動させる場合，物体にはたらく力を図示すると図 2.23 のようになる．ここで，垂直抗力を N，動摩擦係数を μ' とした．

図より，力の関係式を立式する．

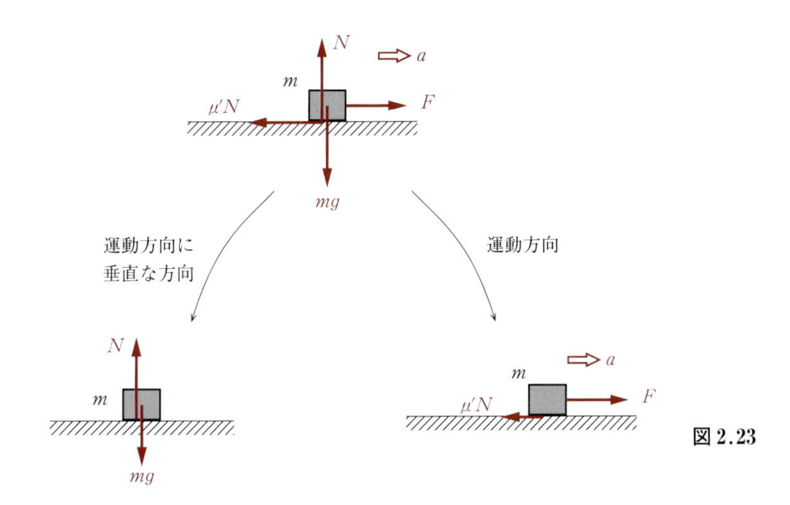

図 2.23

$$\text{力のつり合い：} N = mg \tag{2.14}$$

意味　**垂直抗力 N と重力 mg は，互いに逆向きで同じ大きさである．**

$$\text{運動方程式：} ma = F - \mu' N \tag{2.15}$$

意味　**質量 m の物体に加速度 a を生じさせたのは，力 F であり，邪魔をしたのが動摩擦力 $\mu' N$ である．**

2式より，N を消去すると，運動方程式は，

$$\text{運動方程式：} ma = F - \mu' mg \tag{2.16}$$

となり，加速度 a は，

$$a = \frac{F}{m} - \mu' g \tag{2.17}$$

と求めることができ，動摩擦力のため，生じる加速度の大きさが小さくなることが理解できる．

このように，運動方程式を立式するとき，因果関係に着目して意味を考えながら行うと，式の意味はもちろんのこと，現象も把握しやすくなるのである．

ちょっと一息

アイザック・ニュートンはイギリスの物理学者である．偶然ではあるが，ガリレオ・ガリレイが亡くなった年のクリスマスに生まれている．物理学に対するさまざまな業績はもちろんであるが，彼は他にも多くのことを行っている．国会議員，造幣局長などにも就いており，造幣局長の際には，偽金作りの摘発に大きく貢献したようである．また，晩年には錬金術にのめり込み，遺髪には大量の水銀が含まれていたという記録がある．

例題 2.3

質量 m の物体 A と質量 $2m$ の物体 B が軽い糸でつながれ，質量の無視できる滑車にかけられている．このとき，物体 A は上昇し，物体 B は下降していった（図 2.24）．糸は伸び縮みしないものとし，重力加速度を g として以下の問に答えよ[注6]．

(1)　糸の張力を T，物体 A，B の加速度の大きさを a とするとき，物体 A，B の運動方程式を書け．

(2)　加速度 a を求めよ．

(3)　糸の張力 T を求めよ．

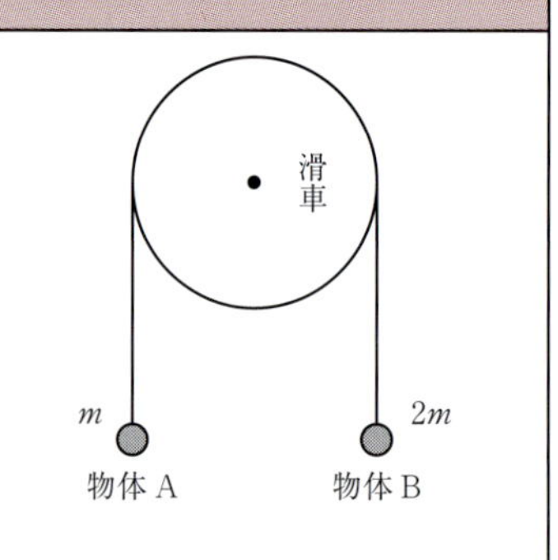

図 2.24

解　(1)　図 2.25 より，運動方程式は以下のようになる．

$$\text{A：} ma = T - mg$$
$$\text{B：} 2ma = 2mg - T$$

(2)　(1)の2式の和を取ると，以下のようになる．

$$3ma = 2mg - mg$$
$$\therefore\ a = (1/3)g\ [\mathrm{m/s^2}]$$

(3)　A の運動方程式より，以下のようになる．

$$T = m(a + g) = (4/3)mg\ [\mathrm{N}]$$

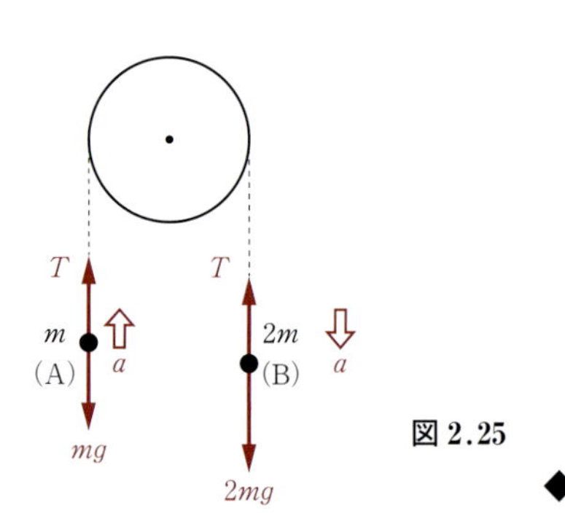

図 2.25

◆

注6 「糸が伸び縮みしない」という条件は，「物体A，Bの加速度を逆向きで同じ大きさと仮定してよい」という意味を表す．

問 2.4 水平面上に，質量 M の板Aと質量 m の物体Bを，図2.26のように重ねて置いた．ここで，板Aに糸を取りつけ，水平方向に力 F で引っ張ることを考える．簡単のため，すべての面間の摩擦力は無視できるものとする．

(1) 物体Bの加速度の大きさを求めよ．

(2) 板Aの加速度の大きさを求めよ．

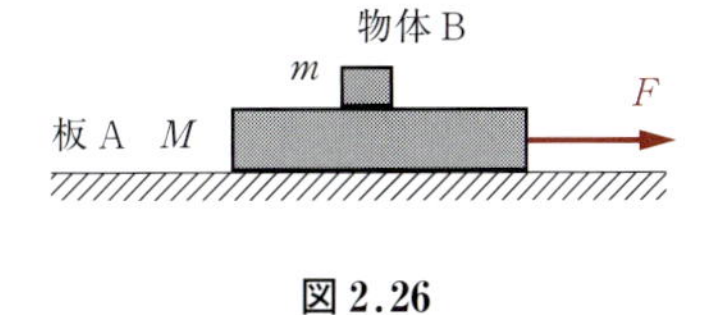

図 2.26

総　合　問　題

[1] xy 座標上で，x 軸とのなす角が 30° で，図2.27のように力 F がはたらいている．この力 F の x 軸方向成分と y 軸方向成分を求めよ．ただし，頂角 30° の直角三角形の辺の長さの比は，図に示すように，$2:\sqrt{3}:1$ である．

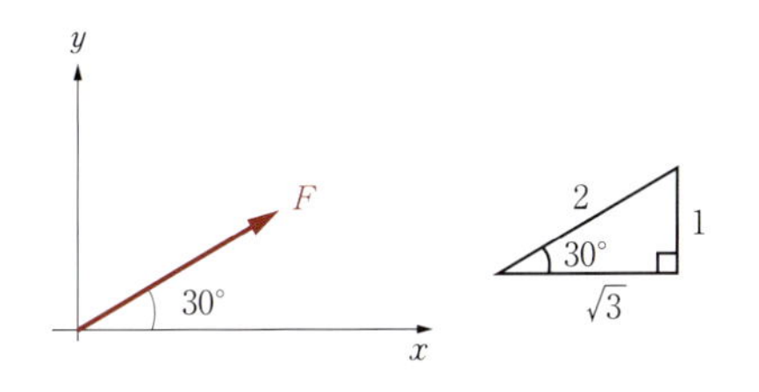

図 2.27

[2] 以下の問に答えよ．

(1) 力 F_1 と力 F_2 を合成したときの力 F を図示せよ（図2.28）．

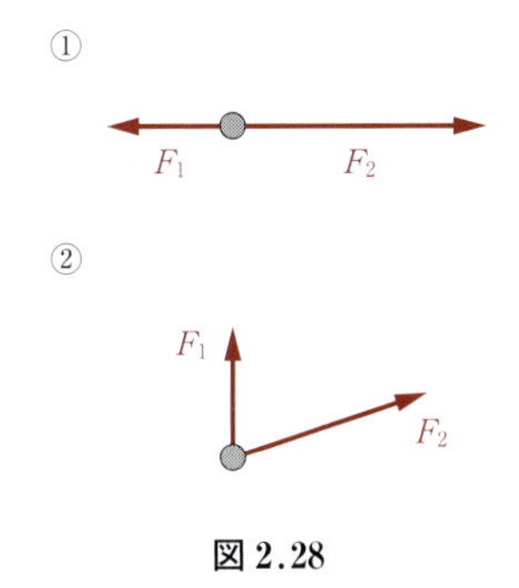

図 2.28

(2) 力 F_1 と力 F_2 が，図2.29のように，なす角90°ではたらいている．図のO点を作用点としてある力 F を加えたところ，すべての力の（3力の）合力が0となった．力 F を図示せよ．

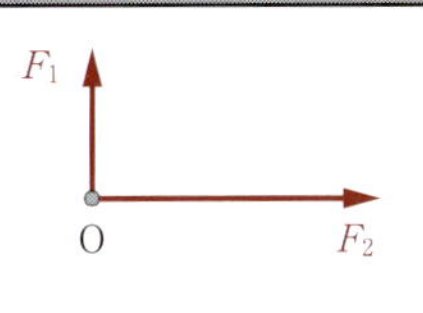

図 2.29

[3] 傾斜角 30° の粗い斜面上に質量 m の物体が静止している（図2.30）．重力加速度の大きさを g として，以下の問に答えよ．

(1) 重力の斜面に垂直な成分と斜面に平行な成分を，それぞれ求めよ．

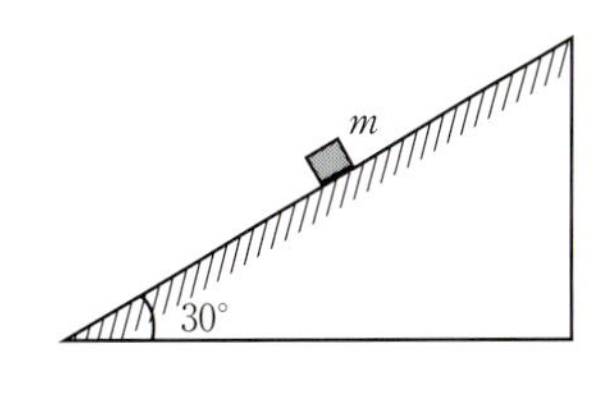

図 2.30

(2) 物体にはたらく摩擦力の大きさを求めよ．

(3) 物体にはたらく垂直抗力を求めよ．

[4] 傾斜角 θ の滑らかな斜面をもつ固定された三角台に，滑らかに回転する質量の無視できる滑車を取りつけ，この滑車を介して，質量 M の物体Aと質量 m の物体Bを糸でつないで，図2.31のように配置した．糸の質量は無視できるものとし，伸び縮みしないものとする．重力加速度の大きさを g とし，図の辺の比を利用して，答えは $\sin\theta$，$\cos\theta$ を含む式で表せ．

(1) 図の状態で，物体A，物体Bが静止するための条件を M，m，θ を用いて表せ．

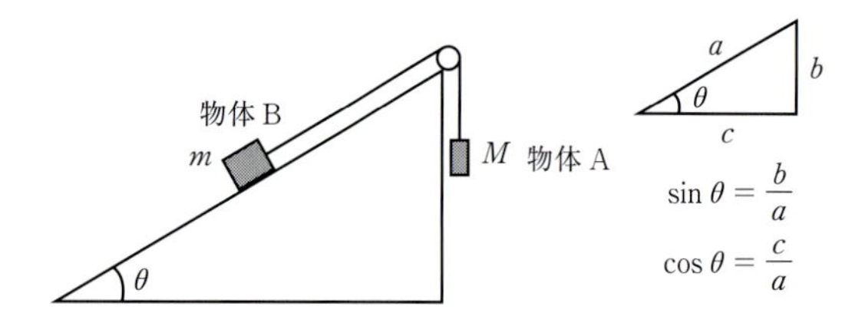

図 2.31

(2)　実際には，(1)の条件が満たされておらず，物体Aは鉛直下向きに，物体Bは斜面上向きに運動をした．このときの2物体の加速度の大きさ a と糸の張力 T を求めよ．

[5]　粗い水平面上に質量 m の物体が置かれている．この物体に糸をつけ，水平となす角 θ で図 2.32 のように力 F で引っ張った．このとき，物体は静止したままであった．重力加速度の大きさを g とし，答えは $\sin\theta$，$\cos\theta$ を含む式で表せ．

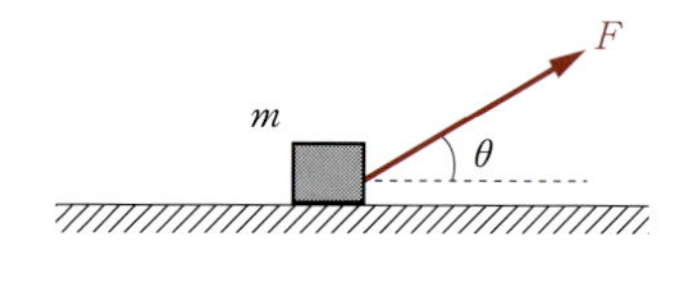

図 2.32

(1)　力 F の水平成分を求めよ．

(2)　物体にはたらく摩擦力 f はいくらか．

(3)　糸を引っ張る力を徐々に大きくしたところ，力の大きさが αF $(\alpha > 1)$ となったときに，物体は水平面に対して滑り始めた．物体と水平面との間の静止摩擦係数を μ として，α を F，μ，m，g，$\sin\theta$，$\cos\theta$ を用いて求めよ．

(4)　力の大きさを βF $(\beta > \alpha)$ としたとき，物体は，右方向に等加速度運動をした．動摩擦係数を μ' として，物体の水平方向の加速度 a を求めよ．

第 3 講
力 学 (3)
― 仕事とエネルギー ―

§3.1 仕事とは？

物理学で扱う「**仕事**」は，我々が日常会話の中で用いる仕事とはずいぶんと異なるので注意が必要である．物理学で扱う「仕事」は，

物体に力を加えて，力の向きに物体を移動させたとき

に定義できる量である．図 3.1 のように，物体に一定の力 F を加えて，距離 x だけ移動させたとき，力 F がした仕事 W は，

$$W = Fx \tag{3.1}$$

と表される．このとき，「力 F が物体に仕事をした」，または「物体が力 F から仕事をされた」という．このように考えると，仕事は，どのくらいの力で，どのくらいの距離を移動させたかによって決まる量であるから，「**力の距離的効果**」として捉えることができる物理量であることがわかる．さらに，(3.1)を考えると，仕事の大きさ W は図 3.2 に示すように，F-x グラフの面積で表されることがわかる．仕事の単位は，一般に **[J (ジュール)]** を用いる[注1]．

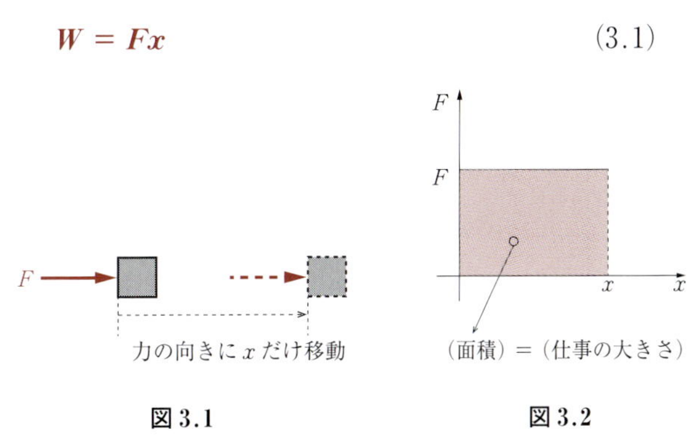

図 3.1　　図 3.2

注 1　$W = Fx$ で定義されるのが仕事であるから，単位は [N·m] となるが，一般にはこれを用いずに [J] を用いる．1 [J] は，1 [N] の力を加えて，力の向きに 1 [m] 移動させるときに要する仕事のことをいう．

ここで重要なのは，「力の向きに移動させたとき」ということである．例えば，滑らかな机の上に物体が置かれているとする（図 3.3）．この物体には，重力と机上面からの垂直抗力がはたらいている．ここで，力 F を加えて物体を机上面に沿って移動させたとする．このとき，先ほどと同様に，力 F は物体が x だけ移動することに対して仕事をしているが，重力や垂直抗力は距離 x だけ移動することに対して仕事をしていない．よって，重力や垂直抗力のした仕事は 0 であり，移動方向の垂直成

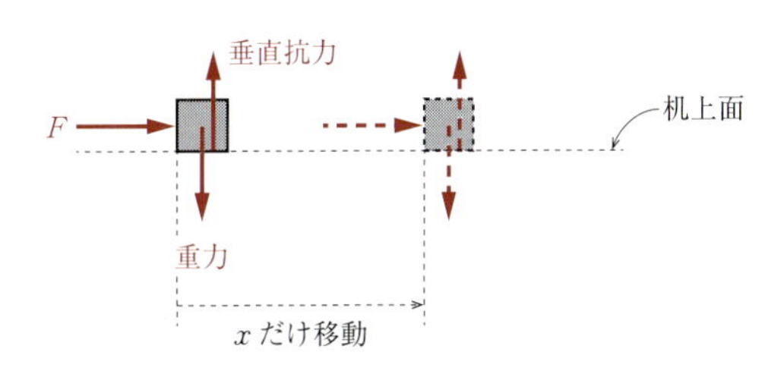

図 3.3

分にはたらく力は仕事をしないことがわかる[注2].

注2　簡単な表現を用いると，F は物体が x だけ移動することに対して"貢献"しているが，重力や垂直抗力は，x だけ移動することに対して"貢献"も"邪魔"もしていない，ということである．

さらに注意が必要なのは，力の向きが移動方向と逆向きの場合である．図3.4のように，物体と水平面の間に摩擦力がはたらく場合を考えてみる．この場合は，物体の移動方向に対して動摩擦力 f が常に逆向きにはたらくので，動摩擦力のした仕事 W は負と定義され，

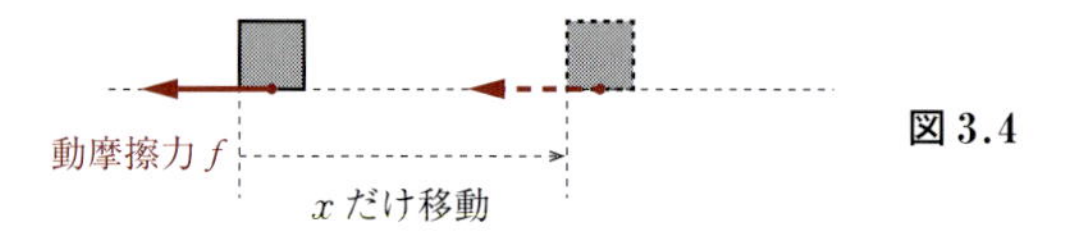

図3.4

$$W = -fx \tag{3.2}$$

となる[注3].

注3　f は物体が x だけ移動することに対して"邪魔"をしたので仕事を負と決める，ということである．

ここで，仕事の定義を図3.5のようにより一般化して考える．この図とこれまでの議論より，力 F がする仕事 W は，力 $F\cos\theta$ がする仕事に等しく（力 $F\sin\theta$ がする仕事は0），

$$\boldsymbol{W = F\cos\theta\cdot x = Fx\cos\theta} \tag{3.3}$$

となる．図3.4のような場合には，$\theta = 180$ と考えると $\cos\theta = -1$ となり，f のする仕事が負となることも，この式は満足していることがわかる．

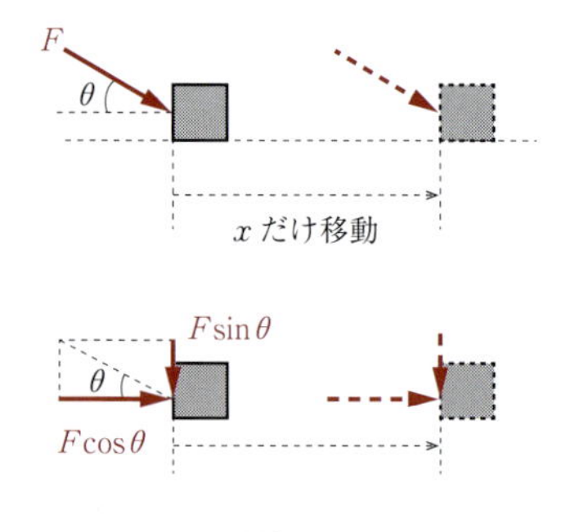

図3.5

動滑車やてこなどの道具を用いると，重い物体でも楽に移動させることができる．一見，仕事が小さくてすむようにも思えるが，このときに物体に力がする仕事は，道具を使わない場合と同じになる．このことを**仕事の原理**という．

ここで，仕事の原理を簡単な例で考えてみる．質量 m の物体を高さ h の位置までゆっくり持ち上げるのに必要な仕事は，重力 mg に逆らって力 F_1 を加えて距離 h だけ移動させるので（図3.6），このときに必要な仕事 W_1 は，仕事の定義から[注4]

$$W_1 = F_1\cdot h = mg\cdot h = mgh \tag{3.4}$$

となる．次に，この質量 m の物体を滑らかな斜面を用いて高さ h まで持ち上げることを考える（図3.7）．先と同様に考えると，斜面方向の重力 $mg\sin\theta$ に逆らって力 F_2 を加えて，距離 x だけ移動させる仕事を考えればよい．したがって，このとき必要な仕事 W_2 は，

$$W_2 = F_2\cdot x = mg\sin\theta\cdot x = mg\cdot x\sin\theta \tag{3.5}$$

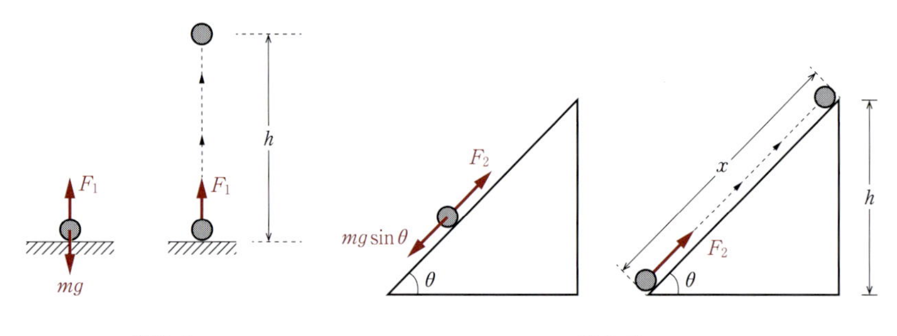

図3.6　　　　図3.7

となる．ここで，$\sin\theta = h/x$ であるから，$x\sin\theta = h$ である．これより，W_2 は，

$$W_2 = mg\cdot h = mgh \tag{3.6}$$

となり，$W_1 = W_2$ であることがわかる．

注4 重力 mg とつり合う外力 F を加えて，ゆっくり持ち上げることを考える．物理学では，「ゆっくり」は加速度 $a = 0$，速さ $v \fallingdotseq 0$ のことをいう．

以上のことを簡単にいえば，斜面を使えば加える力は小さくてすむが，移動させる距離が長くなるため，結局はそのまま持ち上げる場合と仕事の大きさは同じである[注5]．これが，仕事の原理である．

注5 変速ギヤつきの自転車を漕ぐときの力と移動距離の関係を考えると，容易に理解できる．

最後に，仕事の能率について考える．仕事の能率は，どのくらいの時間でどれだけの仕事をしたかで評価されると考え，**仕事率**とよばれる．仕事率とは，

単位時間当りの仕事

で定義され，時間 t の間に仕事 W をしたとき，

$$P = \frac{W}{t} \tag{3.7}$$

と表される．時間 t [s]，仕事 W [J] のとき，仕事率 P の単位は [J/s] となるが，一般には [W（ワット）] を用いる[注6]．

注6 ワットについて：日常生活では，ワットという単位は電気によく用いられる．1200 W のドライヤー，700 W の電子レンジなどがそれである．これらも同じ定義であり，それぞれ，エネルギーを 1 秒間に 1200 J，700 J 消費する電化製品であることを示している．

例題 3.1

質量 m の物体が，糸につながれて静止している．糸の先端を鉛直上方に距離 d だけ移動させたとき，物体にはたらく重力が（物体に）する仕事はいくらか．重力加速度の大きさは g とする．

解 重力 mg と移動方向が逆であるから，重力のした仕事は負である（図 3.8）．

$$W = -mgd$$

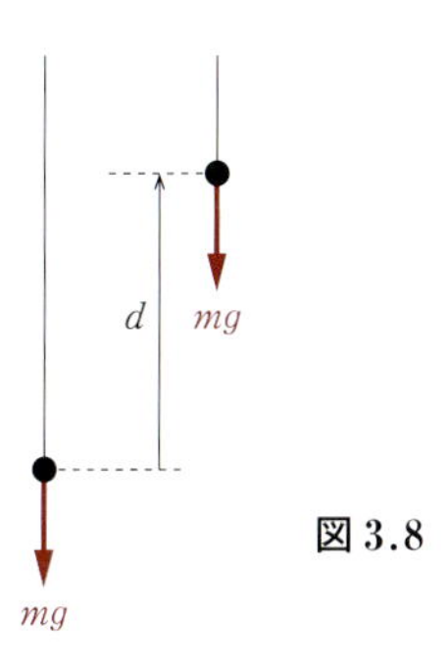

図 3.8

※ $W = mg\cdot d\cos 180° = -mgd$ としてもよいが，仕事の正，負，0 は仕事の定義から考えるようにするとよい． ◆

問 3.1 質量 m の物体が粗い水平面上に置かれている．この物体に，水平方向に力 F を加えて距離 d だけ移動させた．重力加速度の大きさを g，物体と水平面との間の動摩擦係数を μ' として以下の問に答えよ．

(1) 物体にはたらく重力がする仕事はいくらか.

(2) 物体にはたらく垂直抗力がする仕事はいくらか.

(3) 力 F がする仕事はいくらか.

(4) 動摩擦力がする仕事はいくらか.

§3.2 仕事とエネルギー

エネルギーという言葉も仕事と同様に日常会話の中でよく出てくるが,「エネルギーとは？」と考えると説明しにくい言葉である. このエネルギーとは仕事と密接な関係にあり, 物理学では,

仕事をする能力

と考える. 例えば, ある物体 A が別の物体 B に対して仕事をする能力をもつ場合,「物体 A はエネルギーをもっている」という. したがって, 仕事をする能力があればその分だけエネルギーをもっていたと考えればよく, また, エネルギーをもっている分だけ仕事ができると考えてもよいことになる.

逆に考えれば,

物体がもつ能力（エネルギー）を変化させるには仕事が必要である

と考えることもできる. 物体のもつ能力は, 勝手に増減することはなく, 仕事によって増減がもたらされることになる. この考え方のもとで, さまざまなエネルギーについて説明する.

(1) 運動エネルギー

運動エネルギーとは,

運動している物体がもつ能力

のことをいう. 物体の運動が, 仕事によってどのように変化するかを考えることにより, 運動エネルギーを定量的にどのように表せばよいかを考える.

質量 m の物体が速さ v_0 で一直線上を運動しているとする. この物体に対して, 進行方向に一定の力 F を距離 x だけ加えたところ, 物体が加速して, 速さが v になったとする（図 3.9）. 等加速度運動の式(1.12) より, この現象に対しては,

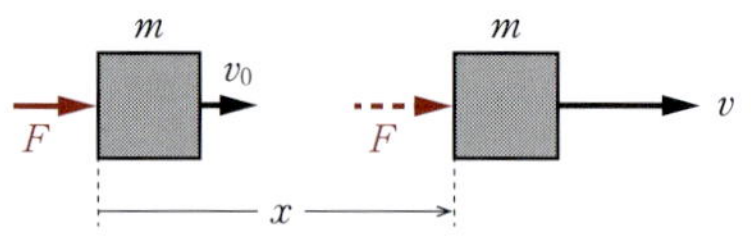

図 3.9

$$v^2 - {v_0}^2 = 2ax \qquad (3.8)$$

が成立する. 一方, 図 3.10 より, この現象における物体の加速度 a は,

$$ma = F \quad \therefore\ a = \frac{F}{m} \qquad (3.9)$$

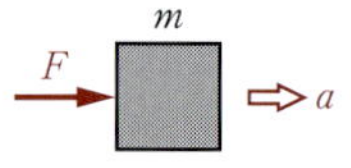

図 3.10

と求めることができる.

以上の 2 式より,

$$v^2 - {v_0}^2 = 2\frac{F}{m}x \qquad (3.10)$$

となる. この式を変形して, 仕事 $F\cdot x$ に対して整理すると,

$$\frac{1}{2}mv^2 - \frac{1}{2}m{v_0}^2 = F\cdot x \qquad (3.11)$$

と変形できる．仕事によって変化するのは，先ほどの定義よりエネルギー（能力）と考えられるので，この式は，仕事 $F\cdot x$ によって運動能力が $(1/2)mv^2 - (1/2)mv_0{}^2$ だけ変化したと考えることができる．

したがって，質量 m の物体が速さ v で運動しているときの運動エネルギー K (kinetic energy) は，

$$K = \frac{1}{2}mv^2 \tag{3.12}$$

と表すことができる．このことより，(3.11)の意味は，

意味 **運動エネルギーが変化したのは，力 F が距離 x だけはたらいたためである．**

となり，仕事とエネルギーの間の因果関係を示していることになる．エネルギーは仕事との互換性から定義されるので，エネルギーの単位は仕事と同じ単位 [J] を用いる．

(2) 位置エネルギー

位置エネルギーとは，物体の位置によって変化する物体がもつ能力のことをいう．すなわち，物体をある位置 P 点から別の位置 Q 点に移動させたときに要する仕事で，位置エネルギーを定義する．このため，移動の経路によって要する仕事が異なる場合には，位置エネルギーを定義することはできない．

例えば，摩擦力がはたらく水平面上で，物体を P 点から Q 点まで移動させるとき，経路によって必要な仕事が異なる（経路①よりも経路②の方が要する仕事が大きい）ため，摩擦力による位置エネルギーは定義できない（図 3.11）．これに対して，重力や弾性力のみを受けながら移動するときの仕事は，§3.1 の仕事の原理からわかるように，経路によらないので位置エネルギーが定義できる．

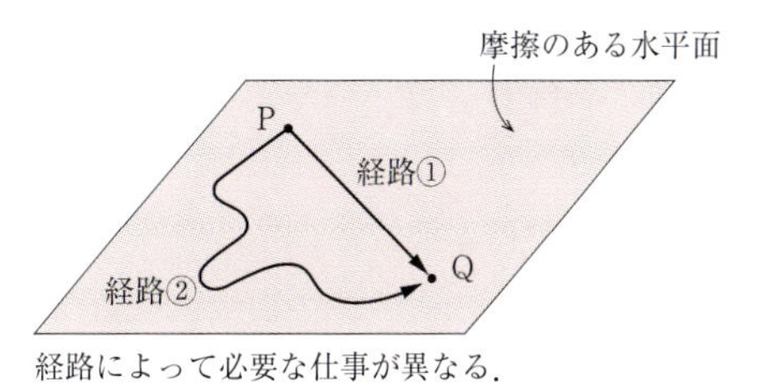

図 3.11

① 重力による位置エネルギー

高いところにある物体は，手を離すと落ちることができるので，落下能力をもつと考え，この落下能力のことを**重力による位置エネルギー**という．簡単な例を用いて，このエネルギーの式表記を求めてみよう．

質量 m の物体が床面上に置かれているとする．この物体に，力 F を加えてゆっくりと高さ h まで持ち上げることを考える．このとき，必要な仕事 W は，「仕事の原理」の説明のときと同様に $W = mgh$ であるから，その分だけ物体は能力をもったと考えればよい．すなわち，外力 F が重力 mg に逆らって（$F = mg$ の状態でゆっくりと）物体を高さ h まで持ち上げたため，その結果として外力がした仕事分だけ能力が増加したわけである．よって，重力による位置エネルギー U は，

$$U = mgh \tag{3.13}$$

と表すことができる．重力加速度の大きさ g は一定値であるから，重力による位置エネルギーは，物体の質量と高さに依存して決まる量である．ここで注意しなければならないのは，重力

による位置エネルギーの基準である．高さ h はいってみれば2点間の高低差であるから，(3.13)で定義される重力による位置エネルギーは，基準が，比較する2点のうち低い位置の方とされていることがわかる．

このように考えると，仮に，比較する2点のうち高い位置を基準とすると，その基準点から低い位置の点まで移動させるのに要する仕事は $-mgh$ となるので，h だけ低い位置での重力による位置エネルギーは，$-mgh$ となる（図3.12）注7．

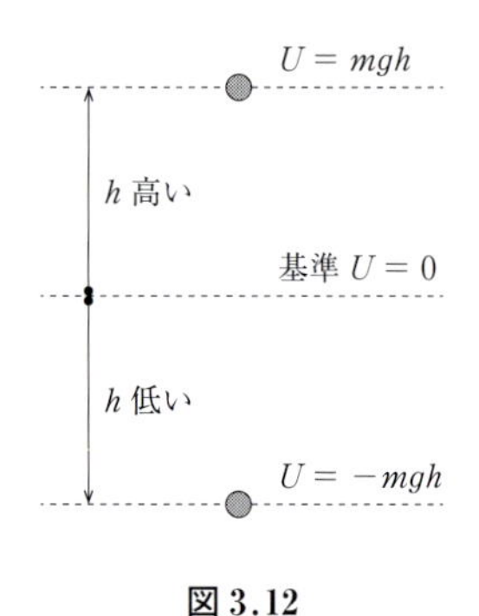

図3.12

注7　簡単にいえば，高いところに行けばそれだけ落下能力が増加し，低いところにいけばそれだけ落下能力が減少するということである．

このように考えると，位置エネルギーは，位置を変化させる際に外力が物体にした仕事に着目すればよいことがわかる．したがって，位置エネルギーの大きさは，仕事の大きさを考えて F-x グラフの面積から容易に求められることがわかる（図3.13）．

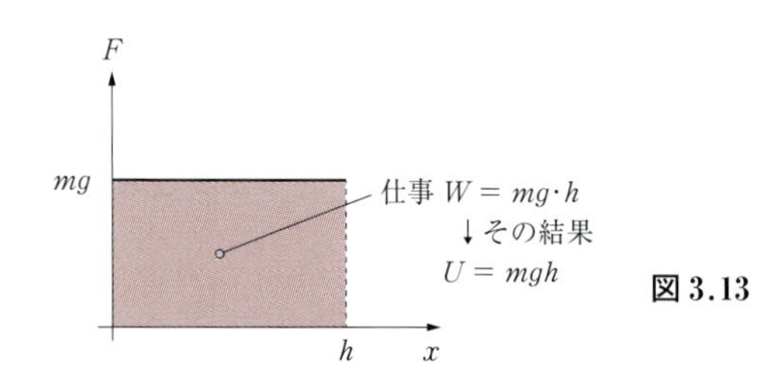

図3.13

② **弾性力による位置エネルギー（弾性エネルギー）**

ばねやゴムなどの**弾性力による位置エネルギー**を考えるが，ここでは簡単のため，フックの法則に従うばねを例にとってその表記を導く．先ほどの，重力の場合と同様に，自然長にあったばねに力を加えてばねを押し縮める（または，引き伸ばす）ときにどれだけの仕事を要するかを考えれば，ばねを縮めた（または，伸ばした）ときにもつ位置エネルギーが算出されるはずである．

このように考えると，重力による位置エネルギーのときと同様に，ばねの弾性力に対する F-x グラフ（x はばねの伸縮）を描き，その面積に着目すればよいことがわかる．ばねは，フックの法則 $F = kx$（k：ばね定数）に従うので，グラフは図3.14のようになる．このグラフの赤色部分の面積が，ばねを x だけ縮める（伸ばす）のに要する仕事 W に等しい．したがって，

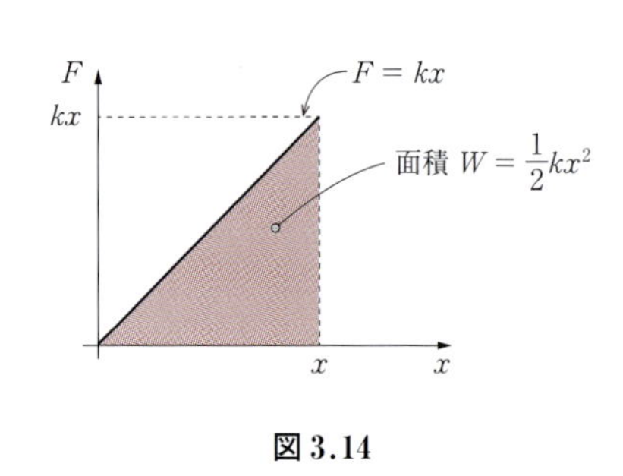

図3.14

$$W = \frac{1}{2}kx^2 \qquad (3.14)$$

と書ける．この仕事をした結果として，ばねは弾性エネルギー U をもったと考えればよいので注8，

$$U = \frac{1}{2}kx^2 \qquad (3.15)$$

と表されることがわかる．$U = 0$ となるのは，$x = 0$ のときであるから，弾性エネルギーの基準は自然長の位置であることも容易にわかる．

注8 弾性エネルギーは，弾性力によってもとに戻ろう（ばねならば，自然長に戻ろう）とする能力のことをいう．

例題 3.2

滑らかな水平面上に質量 m の物体が静止している．この物体に水平方向に一定の力 F を，距離 d だけ加えた．以下の問に答えよ．

(1) 距離 d だけ移動したときの物体の速さを v とする．このときの仕事とエネルギーの関係式を書け．

(2) v を F，d，m を用いて表せ．

解 (1) 仕事とエネルギーの関係より，以下のようになる．

$$\frac{1}{2}mv^2 - \frac{1}{2}m0^2 = F \cdot d$$

(2) (1)より $v = \sqrt{\dfrac{2Fd}{m}}$． ◆

問 3.2 仕事とエネルギーについて以下の問に答えよ．ただし，重力加速度の大きさは g，ばねのばね定数は k とせよ．

(1) 床からはかって高さ h の位置から，質量 m の物体を自由落下させた．床に達するまでに重力がする仕事はいくらか．また，このときに成立する仕事とエネルギーの関係を立式し，床面に到達したときの物体の速さを求めよ．

(2) 質量 m の物体がばねにつながれてぶら下げられており，重力とのつり合いの位置で静止している．この位置から，ばねの自然長の位置まで物体を移動させるのに要する仕事を求めよ．

§3.3 エネルギー保存則

一般に，エネルギーは物体がもつ能力のことであるから，何ら原因がない状態で勝手に増加することも減少することもない．例えば，地面にある速さで衝突して止まった物体でも，最初にもっていた物体の運動エネルギーが，衝突熱や音のエネルギーになっている[注9]．したがって，エネルギー保存則とは当然成立するものであり，保存されるように計算されたものがエネルギーであるともいえる．しかし，衝突熱や音のエネルギーは表記が困難であるから，このセクションでは，**力学的エネルギー**（運動エネルギーと位置エネルギーの総称）の保存則と，表記が容易な動摩擦力による熱エネルギーについて考えてみよう．

注9 熱エネルギーによって物体の温度が上昇する．また，音は空気を振動させているので，振動のエネルギーと考えることができる．

力学的エネルギー保存則

鉛直方向の落下運動について考える．次ページの図 3.15 のように，鉛直面内で高さ h_1 の位置を速さ v_1 で鉛直方向に通過した質量 m の物体が，高さ h_2 の位置で速さ v_2 になって通過したとする．このとき重力 mg がする仕事は，$mg \cdot (h_1 - h_2)$ であるから，仕事とエネルギーの関係は，(3.11)にならって，F を mg に，x を $h_1 - h_2$ におきかえて

$$\frac{1}{2}mv_2{}^2 - \frac{1}{2}mv_1{}^2 = mg \cdot (h_1 - h_2) \tag{3.16}$$

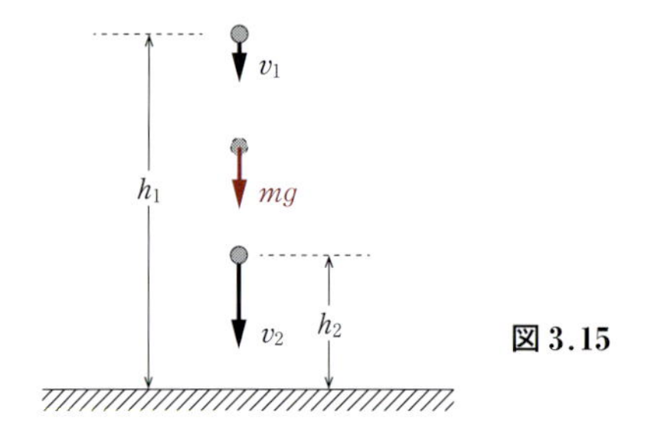

図 3.15

意味　**物体の運動エネルギーを変化させたのは，重力 mg が距離 $h_1 - h_2$ だけはたらいたからである．**

となる．さらに，この式を変形すると，

$$\frac{1}{2}mv_1^2 + mgh_1 = \frac{1}{2}mv_2^2 + mgh_2 \quad (3.17)$$

意味　**高さ h_1 の位置を通過するときの運動エネルギーと重力による位置エネルギーの和は，高さ h_2 の位置でのそれと等しい．**

となる．これは，物体の落下運動において，運動エネルギーと重力による位置エネルギーの総和が不変であることを示している．このことを，**力学的エネルギー保存則**という．

滑らかな曲面に沿って物体が運動する場合，物体には重力以外に垂直抗力もはたらく．しかし，垂直抗力は常に物体進行方向に対して垂直にはたらくため物体に対して仕事をしないので，図 3.16 のような運動に対しても(3.17)が成立する．(面から離れてバウンドなどはしないとする．)

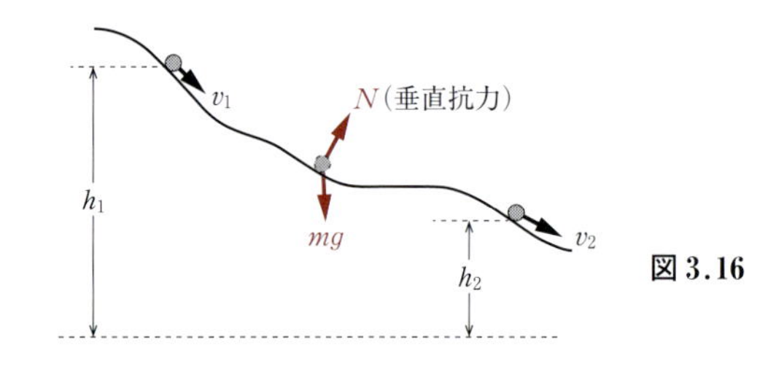

図 3.16

弾性力に対しても，重力と同様に位置エネルギーが定義できるので，力学的エネルギーが保存される．例えば，ばねを自然長よりいくらか縮めて（または，伸ばして）手を離したときのことを考える．ばねの縮み（伸び）が x_1 のときの物体の速さを v_1，ばねの縮み（伸び）が x_2 のときの物体の速さを v_2 とすると，(3.18)が成立する（図 3.17）．

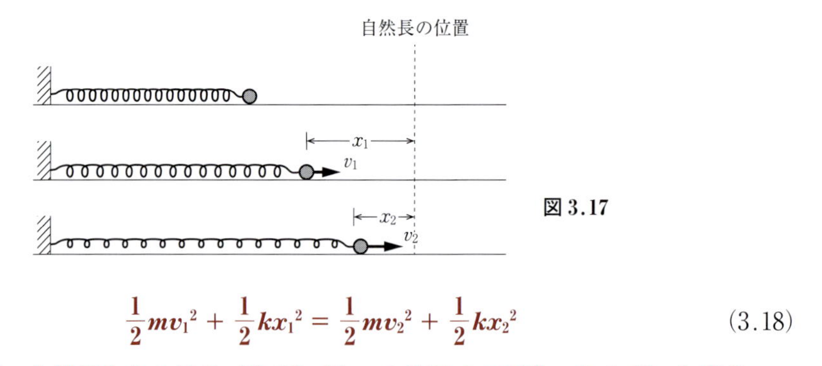

図 3.17

$$\frac{1}{2}mv_1^2 + \frac{1}{2}kx_1^2 = \frac{1}{2}mv_2^2 + \frac{1}{2}kx_2^2 \quad (3.18)$$

意味　**自然長からの縮み（伸び）が x_1 の位置での運動エネルギーと弾性エネルギーの和は，縮み（伸び）が x_2 の位置でのそれと等しい．**

これも先と同様に，ばねの伸縮に対して，物体の運動エネルギーとばねの弾性エネルギーの総和が不変であることを示しており，力学的エネルギーの保存が成立する．

このように，位置エネルギーが定義でき，力学的エネルギーが保存されるとき，この位置エネルギーが定義できる力（ここでは，重力と弾性力）のことを**保存力**という．一方，位置エネルギーが定義できない動摩擦力などは，**非保存力**とよばれている．非保存力がはたらいている物体の運動では当然，力学的エネルギーは保存されない．しかし，ここで注意しなければならないのは，力学的エネルギーは保存されないが，エネルギーは保存されるということである．

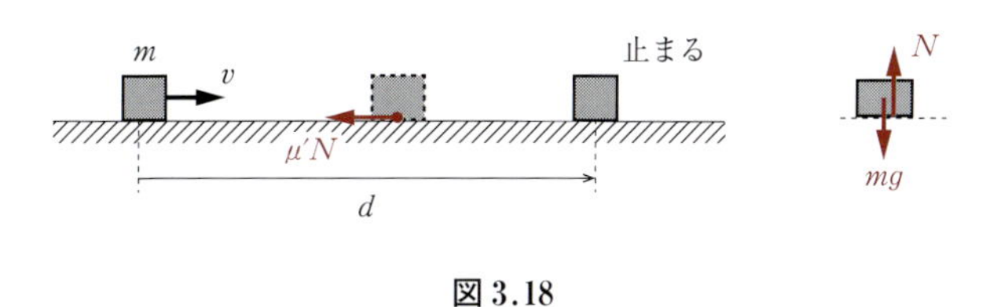

図 3.18

動摩擦力を例に考える．図 3.18 のように，粗い水平面上の質量 m の物体に速さ v を瞬間的に与える．物体は，動摩擦力 f を受けるため，距離 d だけ水平面上を移動して止まったとする．このとき，物体が受ける垂直抗力 N，動摩擦力 f は，動摩擦係数を μ' とすると以下の式を満たしている．

$$f = \mu' N \quad (\text{ここでは } N = mg) \tag{3.19}$$

この現象に対する仕事とエネルギーの関係は，

$$\frac{1}{2}m\cdot 0^2 - \frac{1}{2}mv^2 = -\mu' N\cdot d \tag{3.20}$$

意味　**運動エネルギーが 0 となったのは，動摩擦力が物体に対して負の仕事をしたためである．**

となる．この式を書きかえて

$$\frac{1}{2}mv^2 = \mu' Nd \tag{3.21}$$

意味　**最初にもっていた運動エネルギーは，すべて動摩擦力によって熱エネルギーに変換された**[注10]**．**

と解釈すれば，運動エネルギーと熱エネルギーの間でのエネルギー保存則を表していることになる．このように考えると，動摩擦力による熱エネルギーは動摩擦力を f，移動距離を d とすると，それらの積である fd に等しいことがわかる．

注 10　寒いときに手を擦り合わせると，暖かく感じることをイメージするとよい．

例題 3.3

初速度 v_0 で鉛直上方に物体を投げ上げた．このとき，物体が到達する最高高度 h をエネルギー保存則を用いて求めよ．ただし，重力加速度の大きさを g とする．

解　エネルギー保存則より，以下のようになる．

$$\frac{1}{2}m{v_0}^2 = mgh \quad \therefore\ h = \frac{{v_0}^2}{2g}$$ ◆

問 3.3　水平面上で，ばね定数 k のばねの一端を壁に固定し，物体をばねの他方に押し当ててばねを d だけ縮める．自然長の位置より左方向では水平面は滑らかであるが，自然長の位置より右方向は動摩擦係数 μ' の粗い面であるとする（図 3.19）．物体は質点と考えて以下の問に答えよ．

(1)　自然長から d だけ縮めた状態でばねがもつ弾性エネルギーはいくらか．

(2)　静かに手を離すと物体は右方向へ移動し始め，物体は自然長の位置でばねから離れた．この瞬間

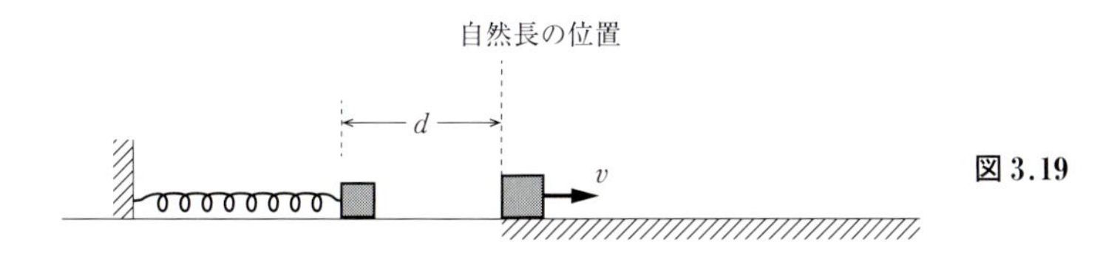

図 3.19

の物体の速さを求めよ．

(3)　ばねから離れた物体は，やがて水平面上（摩擦面上）で停止した．停止した位置の自然長からの距離はいくらか．

総 合 問 題

[1]　滑らかな水平面上に質量 m の物体が静止している．この物体に図 3.20 のように質量の無視できる糸を取りつけ，水平方向となす角 θ の方向に力 F で引っ張った．距離 d だけ引っ張ったとき，物体は水平方向に速さ v で移動していた．物体は，水平面から離れないものとして，以下の問に答えよ．

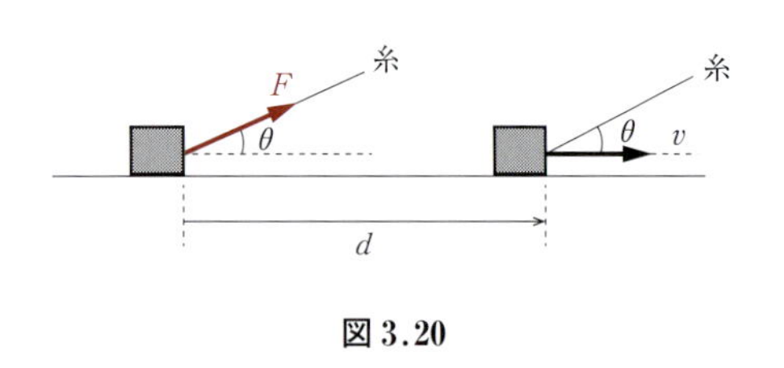

図 3.20

(1)　距離 d だけ移動する間に，糸の張力 F がした仕事を求めよ．

(2)　この現象に対して，仕事とエネルギーの関係式を書け．

(3)　(2)で求めた式から速さ v を F，d，m，θ を用いて表せ．

[2]　以下の2つは，仕事率に関する問題である．いずれの場合も，重力加速度の大きさを 9.8 [m/s^2] として求めよ．

(1)　質量 10 [kg] の物体を，一定の速さ 0.1 [m/s] で持ち上げるときの仕事率はいくらか．

(2)　仕事率 9.8 [W] のポンプで質量 1.0 [t (トン)] の水を 1.0 [m] の高さまで持ち上げるには，どれだけの時間を要するか．

[3]　図 3.21 のように，ある基準となる高さから，質量 m の物体を鉛直方向にゆっくりと移動させることを考える．重力加速度の大きさを g として以下の問に答えよ．

(1)　図の矢印①のように，基準線よりも高さ h だけ高い位置 A に移動させたとき，物体にはたらく重力がした仕事はいくらか．

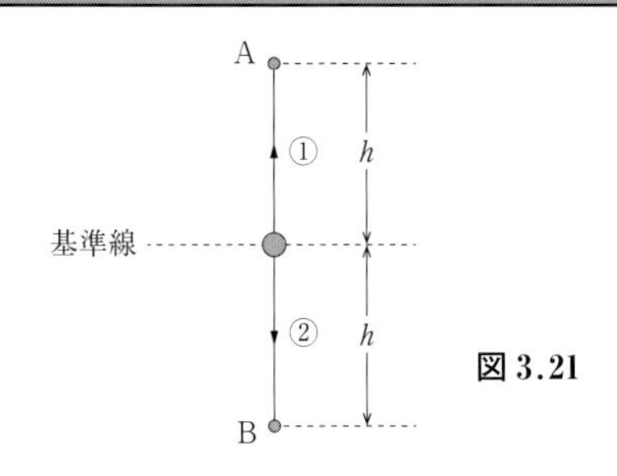

図 3.21

(2)　(1)のとき，物体が得た位置エネルギーはいくらか．

(3)　図の矢印②のように，基準線よりも高さ h だけ低い位置 B に移動させたとき，物体にはたらく重力がした仕事はいくらか．

(4)　(3)のとき，物体が得た位置エネルギーはいくらか．

(5)　AB 間の位置エネルギーの差はいくらか．

[4]　摩擦が無視できる水平面と斜面が滑らかにつながっており，水平面より高さ h の位置に質量 m の物体を手で押さえて静止させておく．また，水平面上には，質量の無視できるばね定数 k のばねが，一端を水平面に垂直な壁に固定されて置かれている（図 3.22）．

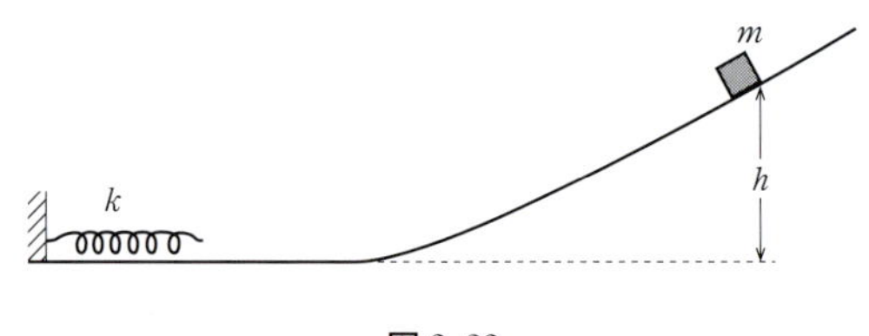

図 3.22

ここで，手を離すと物体は斜面を滑り降り水平面に達した後，ばねを押し縮め，一旦停止する．さらに物体は逆向きに運動を始め，ばねが自然長になったとき，ばねから離れて水平面上を右方向に運動し，やがて物体は斜面を上り始めた．

この現象に関して，以下の問に答えよ．

(1)　物体が斜面から水平面に降りて，水平面上を運動しているときの速さを g と h のみを用いて表せ.

(2)　ばねの最大の縮みを k，m，g，h を用いて表せ.

(3)　やがて物体は斜面を上り始めるが，それ以後どのような運動をするか説明せよ.

[**5**]　傾斜角 θ の斜面上に，質量 m の物体が摩擦力によって静止している．この状態から，斜面上方に物体に対して速さ v を与えたところ，物体は斜面に沿って距離 d だけ上昇して止まった（図 3.23）．重力加速度の大きさを g，斜面と物体との動摩擦係数を μ' として以下の問に答えよ.

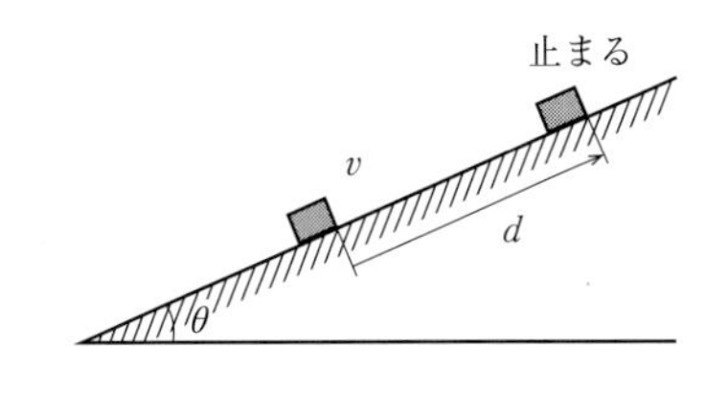

図 3.23

(1)　物体の重力による位置エネルギーはいくらになったか．m，g，d，θ を用いて表せ．ただし，最初に静止していた位置を重力加速度の基準とする.

(2)　動摩擦力によって生じた熱エネルギーはいくらか．m，g，d，θ，μ' を用いて表せ.

(3)　エネルギー保存則を用いて d を v，g，d，θ，μ' を用いて表せ.

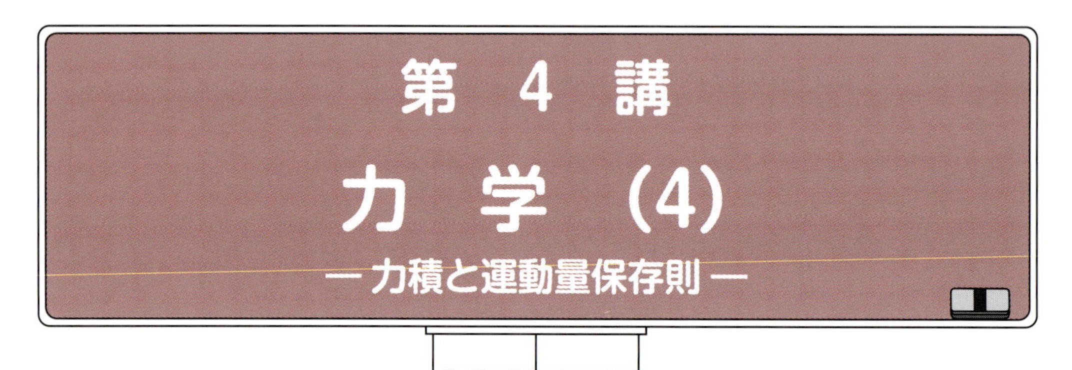

§4.1 力積と運動量

(1) 力積とは？

前章で学んだ仕事は,「力がある距離だけはたらく」ことで定義される量であった. それに対して, ここで学ぶ**力積**とは,「力がある時間だけはたらく」ことで定義される量であり, 仕事が「力の距離的効果」とよばれるのに対して, 力積は「**力の時間的効果**」とよばれる. すなわち, 一定の力 $\vec{F}$ が, 時間 t の間に物体にはたらいたときの力積 $\vec{I}$ は,

$$\vec{I} = \vec{F} \cdot t \tag{4.1}$$

と定義される[注1]. このとき, 仕事はスカラー量であるが, 力積はベクトル量であるということに注意しなければならない[注2]. すなわち, 力積とは大きさと向きをもち, 力積の向きは $\vec{F}$ と同じ向きで定義される.

注1 t が非常に小さく, 瞬間的な場合, この力のことを撃力とよぶ.
注2 仕事はベクトルの内積で定義されるのでスカラー量であるが, 力積は $\vec{F} \cdot t$ であるからベクトル量である.

仕事の場合と同様に考えると, 力積の大きさは, F - t グラフの面積と考えることができる (図 4.1). したがって, 時間に対して一定値を取らない力に対しても, F - t グラフの面積から力積の大きさを評価することができる (図 4.2).

さて, 先ほども述べたように, 力積は仕事と異なり, 大きさに加えて向きをもつ物理量であるから, 力や速度と同様に分解することも可能になる. 例えば, 図 4.3 のように, xy 座標を平面上に取り, 原点に大きさ I の力積を瞬間的に与えたときを考える. このとき, この力積の大きさ I を x 軸方向, y 軸方向に分解して, それぞれ

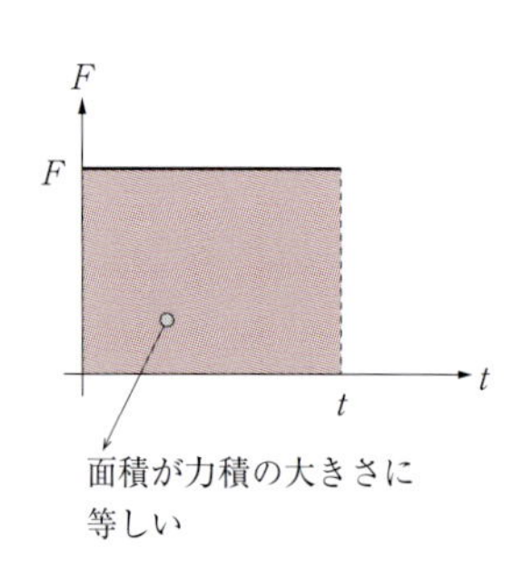

図 4.1

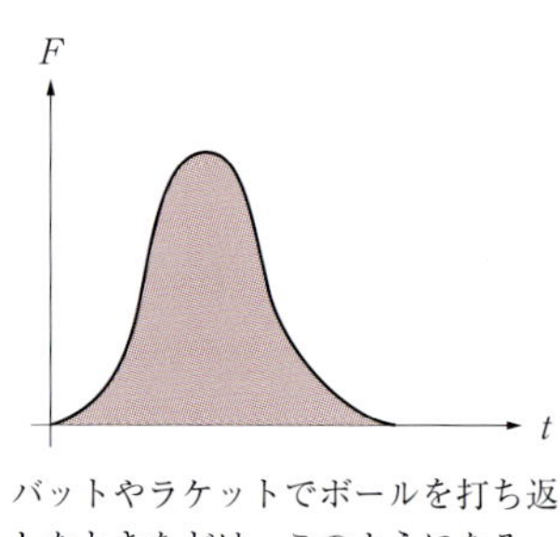

図 4.2

$$x\text{ 軸方向}：I_x = I\cos\theta \qquad (4.2)$$

$$y\text{ 軸方向}：I_y = I\sin\theta \qquad (4.3)$$

と書くことができる．逆に，x 軸方向に I_x，y 軸方向に I_y の力積を同時に瞬間的に与えると，それは力積 I を与えたことに等しいと考えてもよい．また，力積の単位はその定義から [N·s]（ニュートン秒）を用いる．

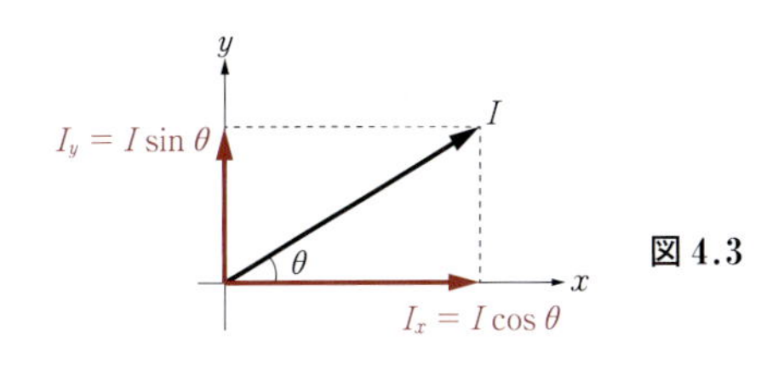

図 4.3

例題 4.1

一定の大きさと向きの力 3.0 [N] を，ある物体に対して 5.0 [s] 間加えたとき，物体に与えられた力積はいくらか．

解　力積の定義より，以下のようになる．

$$I = F\cdot x = 3.0\cdot 5.0 = 15\ [\mathrm{N\cdot s}]$$ ◆

問 4.1　xy 平面上の原点に対して，瞬間的に x, y 軸方向にそれぞれ以下の大きさの力積を与えた．

$$I_x = \sqrt{\frac{3}{2}}\cdot I, \qquad I_y = \frac{I}{2}$$

2 つの力積を合成したときの大きさと，xy 平面上での向きを答えよ．

（2）　力積と運動量の関係

まず最初に，物体に力積が加わることで物体の運動が変化する様子を，具体例を用いて議論してみる．簡単のため，等加速度運動である落下運動に着目する．初速度 v_0 で鉛直下向きに投げ出された質量 m の物体が，時間 t 後に速度が v になったとする（図 4.4）．このとき，重力加速度の大きさを g とすると，等加速度運動の式から

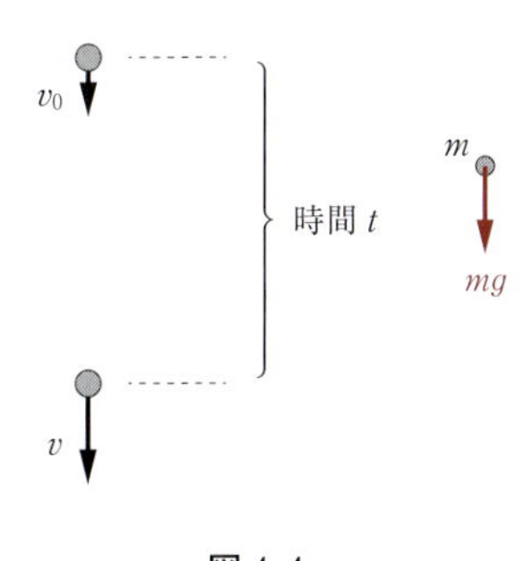

図 4.4

$$v_0 + gt = v \qquad (4.4)$$

となる．ここで，この物体にはたらく重力が mg であることに着目して，両辺を m 倍すれば，(4.4) の第 2 項は重力による力積 $mg\cdot t$ となり，

$$mv_0 + mgt = mv \qquad (4.5)$$

と書ける．このとき，質量 m と速度 v の積 mv を**運動量**とよび，運動エネルギーを「運動している物体がもつ能力」と考えたときと同様に，運動量は「運動の激しさを表す物理量」と考えられる．すなわち，(4.5) は，

運動量 mv_0 の物体に重力 mg が時間 t だけはたらいたために，運動量が mv となった

という意味になる．また，(4.5) を

$$\boldsymbol{mv - mv_0 = mg\cdot t} \qquad (4.6)$$

と書きかえると，

運動量の増加分は，重力による力積が原因である

と捉えることもできる．すなわち，運動量も運動エネルギーと同様に勝手に，増減しない物理

量である．運動エネルギーの変化が仕事によってもたらされたように，運動量の変化は力積によってもたらされていることがわかる．

もう少し一般的に考えてみる．摩擦の無視できる水平面上で，質量 m の物体が一定の力 F を受けて加速度 a の等加速度運動をしていると想定し，物体の運動方向を x 軸正方向と定める（図 4.5）．このとき，運動方程式は，

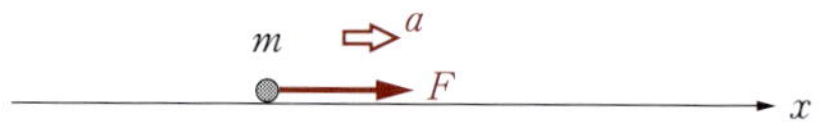

図 4.5

$$ma = F \tag{4.7}$$

となるが，時間 Δt の間の速度変化が Δv と仮定すると，加速度の定義より，平均加速度 a は

$$a = \frac{\Delta v}{\Delta t} \tag{4.8}$$

であるから，これら２式より，

$$\frac{m\Delta v}{\Delta t} = F \tag{4.9}$$

となる．ここで，両辺を Δt 倍すると

$$\boldsymbol{m\Delta v = F\Delta t} \tag{4.10}$$

と変形することができるが，この式がまさに力積と運動量の関係を表す式になっている．すなわち，(4.10)の左辺が運動量の変化であり，右辺が力積である．したがって，この式の意味は

運動量が変化したのは，力 F が時間 Δt だけはたらいたためである

となり，ここでも因果関係を表していることになる．

さらに，ベクトル量であることに対しても深く考察してみる．速度 $\vec{v}_0$ の物体が速度 $\vec{v}$ になったと考えると，(4.10)は，$\Delta\vec{v} = \vec{v} - \vec{v}_0$ として，

$$m\vec{v} - m\vec{v}_0 = \vec{F}\Delta t \tag{4.11}$$

となる．この式のそれぞれの項がベクトル量であると考え，さらに，ここで着目している物体は x 軸正方向に運動しているので，これをベクトル図で表すと図 4.6 のようになる．式で表せば，

$$m\vec{v} - m\vec{v}_0 = \vec{F}\Delta t \quad または \quad m\vec{v} = m\vec{v}_0 + \vec{F}\Delta t \tag{4.12}$$

となる．

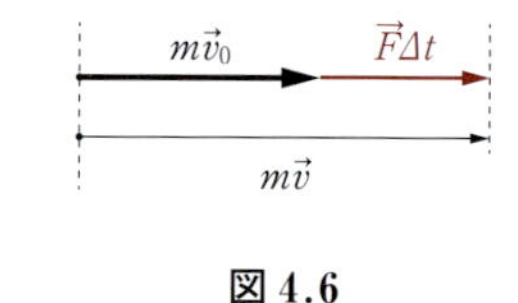

図 4.6

次に，xy 平面上で考える．(4.12)は，x 軸上で考えた式であるが，ベクトル表記されているので，これを xy 平面上に拡張して解釈することも容易である．例えば，$m\vec{v}_0$ の運動量で運動していた物体が，$m\vec{v}$ の運動量になったとする．この変化の原因が力積 $\vec{F}\Delta t$ と考えればよいので，xy 平面上でのベクトル図は図 4.7 のようになる．

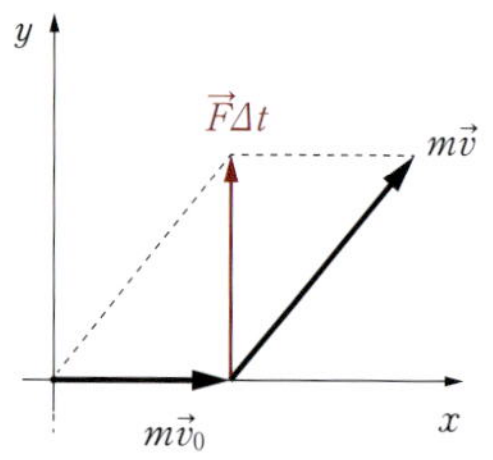

図 4.7

運動量の単位はその定義から，[kg·m/s] を用いる．この単位は，力積と運動量の関係から明らかなように力積の単位 [N·s] と同じである．すなわち，[N·s] → [(kg·m/s²)·s] → [kg·m/s] である[注3]．

注3　運動方程式 $F = ma$ より，[N] = [kg·m/s²] である．

問 4.2　質量 m の物体が，滑らかな水平面上にある x 軸上を運動している．以下の問に答えよ．

(1)　正方向に速さ v_0 で運動していた物体が，大きさ I の力積を受けて正方向に速さ v で運動し始めた．力積 I を m，v_0，v を用いて表せ．

(2)　負方向に速さ v_0 で運動していた物体が，大きさ I の力積を受けて正方向に速さ v で運動し始めた．力積 I を m，v_0，v を用いて表せ．

問 4.3　図 4.8 のような xy 平面上の運動を考える．摩擦はなく滑らかであるとする．x 軸正方向から原点に向かって，質量 1.0 [kg] の物体が速さ 3.0 [m/s] で運動している．ここで，原点において力積を与えたところ，物体は y 軸正方向に速さ 4.0 [m/s] で運動した．原点において与えた力積の向きを図示し，さらに力積の大きさを求めよ．

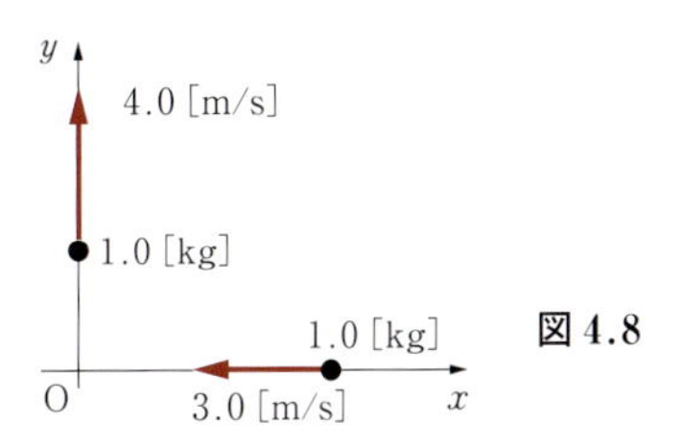

図 4.8

§4.2　運動量保存則

運動量保存則が成立する最も顕著な例として衝突を取り上げる．衝突の前後では，特別な条件がない限り運動エネルギーは保存されない．これは，衝突によって衝突熱が生じたり，衝突音が発生したりするためである．しかし，運動量は衝突の前後で保存される．このことを運動方程式から導出することで考えてみる．

議論を簡素化するため，滑らかな水平面上に静止している質量 m_{B} の物体 B に，質量 m_{A} の物体 A が速度 v_0 で正面衝突することを考える．衝突の結果，物体 A の速度は v_{A} に，物体 B の速度は v_{B} になったと仮定する（図 4.9）．衝突によって物体 A，B の運動の状態が変化したのであるから，その原因となる力に着目する．この場合は衝突の際の物体同士の接触力が原因であり，接触力は互いに逆向き同じ大きさとなるので，図 4.10 のような力が互いにはたらくことになる．

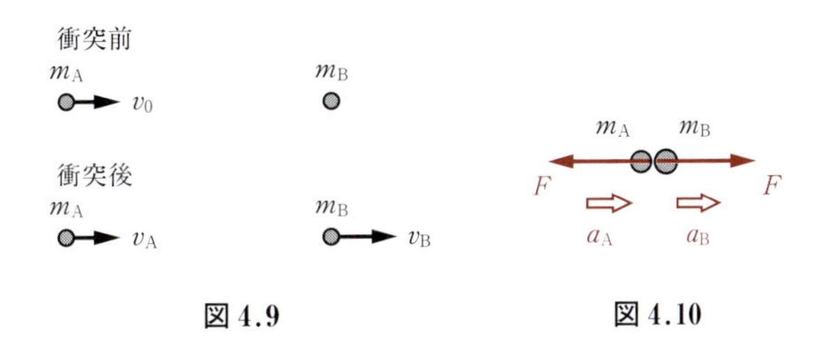

図 4.9　　図 4.10

ここで，それぞれの物体の加速度を右向きを正として a_{A}，a_{B} とおくと，運動方程式は，

$$m_{\mathrm{A}}a_{\mathrm{A}} = -F, \qquad m_{\mathrm{B}}a_{\mathrm{B}} = F \tag{4.13}$$

となる．加速度の定義より，接触時間を Δt，物体 A，B の速度変化を Δv_{A}，Δv_{B} とおくと，(4.13) は，

$$m_{\mathrm{A}}\frac{\Delta v_{\mathrm{A}}}{\Delta t} = -F, \qquad m_{\mathrm{B}}\frac{\Delta v_{\mathrm{B}}}{\Delta t} = F \tag{4.14}$$

となる．ここでも，(4.9) から (4.10) に変形したときと同様に考え，両辺を Δt 倍すると，それぞれの式は，

$$m_{\mathrm{A}}\Delta v_{\mathrm{A}} = -F\cdot\Delta t \tag{4.15}$$

意味　物体 A の運動量が変化したのは，負方向に力積 $F\cdot\Delta t$ を受けたためである．

$$m_{\mathrm{B}}\Delta v_{\mathrm{B}} = F\cdot\Delta t \tag{4.16}$$

意味　物体 B の運動量が変化したのは，正方向に力積 $F\cdot\Delta t$ を受けたためである．

となる．(4.15)，(4.16) の和を取ると，右辺は 0 となり，

$$\boldsymbol{m_A \Delta v_A + m_B \Delta v_B = 0} \tag{4.17}$$

意味　**物体 A と物体 B の運動量の変化の和は 0 である（＝運動量が保存される）.**

と書け，この式の意味から**運動量保存則**が導かれたことがわかる．すなわち，運動量保存則が成立する条件は，互いに逆向き同じ大きさの力のみがはたらいている場合であることも理解できる．簡単にいえば，着目している系全体に対して，外部から何ら力がはたらかなければ，全体としての運動の激しさは変わらないということである[注4].

注4　瞬間的な衝突や分裂では，他の力がはたらいていても，接触力が他の力よりも非常に大きいために，運動量保存則が成立すると考えてよい．

さらに式変形を続ける．最初の設定で考えると，

$$\Delta v_A = v_A - v_0 \qquad \Delta v_B = v_B - 0 \tag{4.18}$$

と書けるので，これを(4.17)に代入すると，

$$m_A (v_A - v_0) + m_B (v_B - 0) = 0 \tag{4.19}$$

となり，さらに負の係数をもつ項を移行して，

$$\boldsymbol{m_A v_A + m_B v_B = m_A v_0 + m_B \cdot 0} \tag{4.20}$$

意味　**衝突後の物体 A，B の運動量の和は，衝突前の運動量の和と等しい.**

となる．(4.17)，(4.20)を図で表すと，図 4.11 のようになる．図からも，互いに逆向きの力積 $F\Delta t$ がはたらくため，運動量の合計は不変であることがわかる．

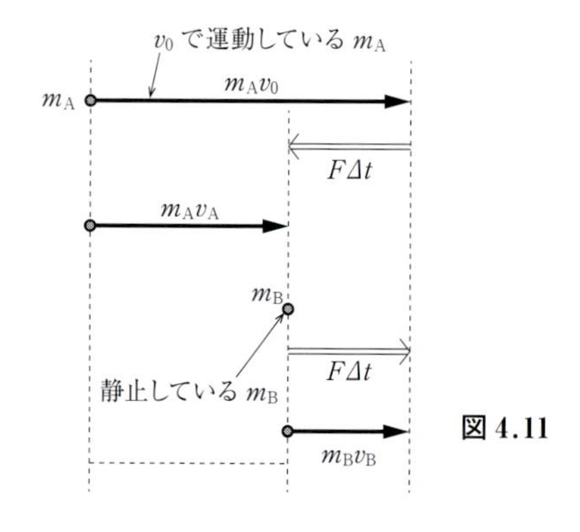

図 4.11

前にも述べたように，運動量はベクトル量であるから，運動量保存則はベクトルの保存則であるといえる．すなわち，正面衝突以外の場合にも成立する保存則であり，次にビリヤードを理想化した例を用いて考察する．

先ほどと同じ状況ではあるが，正面衝突でない場合を考える．図 4.12 に示したように，衝突後，物体 A，B が物体 A の入射方向に対して角度 α，β で進んだ場合でも，物体 A，B には互いに逆向き同じ大きさの力しかはたらかないので，運動量が保存される．したがって，ベクトルで運動量保存則を表せば，

$$m_A \vec{v}_A + m_B \vec{v}_B = m_A \vec{v}_0 \tag{4.21}$$

となる．これを入射方向とそれに垂直な方向の成分に分けて書くと，

$$m_A v_A \cos\alpha + m_B v_B \cos\beta = m_A v_0 \tag{4.22}$$

$$m_A v_A \sin\alpha - m_B v_B \sin\beta = 0 \tag{4.23}$$

と表すことができる．また，これをベクトル図で表すと図 4.13 のようになり，物体 A，B が

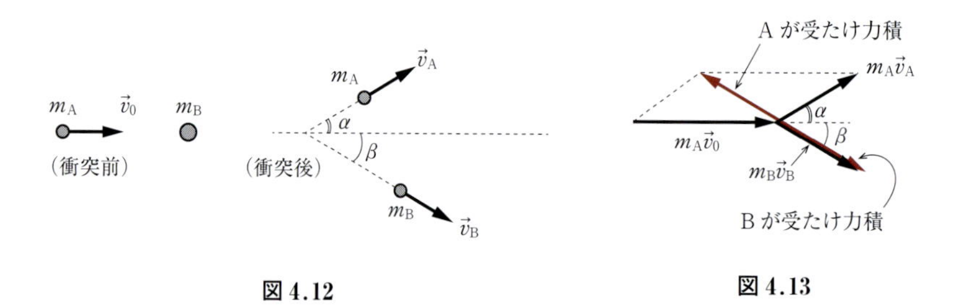

図 4.12　　**図 4.13**

どのような力積を受けたかも容易に理解できる．

例題 4.2

スケートリンク上で2人が向き合い，お互いの手のひらを押し合うことを考える．氷上面の摩擦が無視できると考えると，水平方向の運動量が保存している．これを簡潔に説明せよ．

解 接触点で，互いに逆向き同じ大きさの力がはたらく（図4.14）．摩擦が無視できる場合には，水平方向の力はこの力のみとなり，水平方向の運動量が保存することがわかる．（運動方程式が(4.13)と同じになると考えてもよい．） ◆

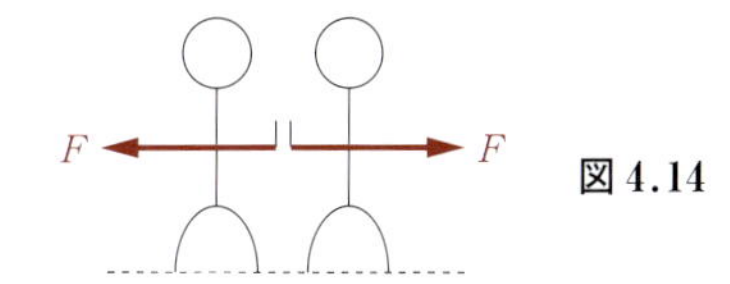

図 4.14

問 4.4 x 軸上での2物体の正面衝突を考える．質量 5.0 [kg] の物体 A が，x 軸正方向に速度 0.40 [m/s] で移動している．この物体 A が，x 軸上に静止している質量 3.0 [kg] の物体 B と正面衝突することを考える．以下の2通りの現象について各々答えよ．

(1) 衝突後の物体 A の速度が 0.10 [m/s] であった．このとき，衝突後の物体 B の速度を求めよ．

(2) 衝突後，物体 A，B は一体となって移動した．このときの速度を求めよ．

§4.3 衝突と反発係数（はね返り係数）

小球の壁や床への衝突や，ビリヤードのような2小球の衝突などでは，小球や壁，床の材質によって衝突前と衝突後の速度に一定の関係が成立することがわかっている．

まず最初に，小球と壁との衝突を例にとって考える．滑らかな水平面上を速さ v で運動している小球が，水平面に垂直な壁と衝突し，速さ v' ではね返ったと考える（図4.15）．このとき，衝突する速さに依存せず，衝突前の速さと衝突後の速さの比が一定値を取ることがわかっている．この比のことを**反発係数（はね返り係数）**とよび，式で表すと，

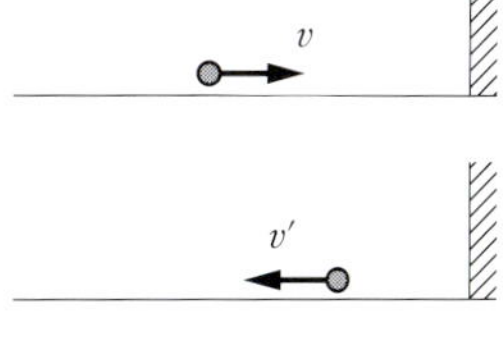

図 4.15

$$\boldsymbol{e = \frac{v'}{v}} \tag{4.24}$$

である．はね返り係数は，衝突の際のはね返りの度合いを示す量で，当然，

$$\boldsymbol{0 \leqq e \leqq 1} \tag{4.25}$$

の条件を満たしている．また，(4.24)を書きかえて，

$$v' = ev \tag{4.26}$$

とすれば，その意味は，

衝突後の速さ v' は，衝突前の速さ v の e 倍になる

と考えられる．また，$e = 1$ のときの衝突を**弾性衝突**，$e = 0$ のときの衝突を**完全非弾性衝突**，$e \neq 1$ のときの衝突を**非弾性衝突**という．

実際には，反発係数 e は速さではなく，速度を用いて表されることが多い．v，v' を速度と考えると，壁に衝突した場合，当然逆向きになるので，はね返り係数は速度 v，v' を用いると以下のようになる．

$$-e = \frac{v'}{v}$$

意味　**衝突後の速度 v' は，衝突前の速度 v の $-e$ 倍となる.**

さらに，一直線上で2つの小球が正面衝突する場合を考える．x 軸上を正方向に速度 v_A，v_B で移動していた物体A，Bが，衝突後に，速度 v_A'，v_B' になったとする．このとき，物体B上の観測者を考えると，この観測者には，物体Aが，速度 $v_A - v_B$ で衝突し，衝突後の速度が $v_A' - v_B'$ であるように見える．観測者からすれば，このときの物体Bは壁と考えられるので，速度が $-e$ 倍で見えるはずである．したがって，このような場合には，図4.16のように，

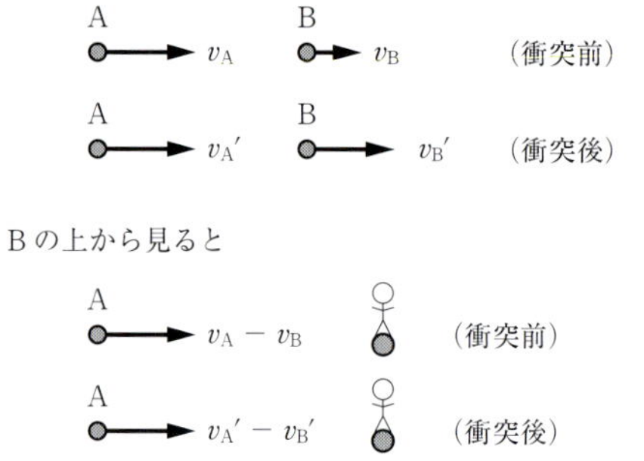

図 4.16

$$-e = \frac{v_A' - v_B'}{v_A - v_B}$$

意味　**衝突の前後で相対速度が $-e$ 倍となる.**

と考えられる.

例題 4.3

小物体が落下してきて水平な床面に速さ5.0 [m/s] で衝突し，速さ2.0 [m/s] ではね返った．小物体と床面との間の反発係数はいくらか.

解　反発係数の定義より，以下のようになる.

$$e = \frac{2.0}{5.0} = 0.4$$ ◆

問 4.5　x 軸上での2物体の正面衝突を考える．質量4.0 [kg] の物体Aが x 軸正方向に速度0.30 [m/s] で移動している．この物体Aが，x 軸上に静止している物体Bに正面衝突する.

(1)　衝突後の物体Aの速度が0.10 [m/s] であった．物体A，Bの間の反発係数が1（弾性衝突）のとき，物体Bの衝突後の速度はいくらか.

(2)　運動量保存則より物体Bの質量を求めよ.

総　合　問　題

[1]　高いビルの屋上から，質量 m の物体を初速度 v_0 で水平投射した．投げてから時間 t 後の様子について以下の問に答えよ．ただし，重力加速度の大きさは g とする.

(1)　投げ出したときの運動量，時間 t の間，物体が受けた力積をそれぞれベクトルで図示し，投げてからの t 後の運動量を mv として図中に書き込め．（力積と運動量の関係がわかるように図示せよ.）

(2)　投げてから時間 t 後の物体の速さ v を(1)のベクトル図を用いて求めよ.

[2]　高さ h の位置から物体を自由落下させ，水

平な床と衝突させた．衝突後，物体は高さ h' $(< h)$ まで上昇して再び降り始めた．重力加速度の大きさを g として，以下の問に答えよ．

(1)　衝突直前の物体の速さを g と h を用いて表せ．

(2)　衝突直後の物体の速さを g と h' を用いて表せ．

(3)　床と物体との間の反発係数を h, h' を用いて表せ．

[3]　摩擦が無視できる水平なレール上に，トロッコが静止している．このトロッコには人が乗っており，この人が質量 m のボーリングの玉を持っているとする．人とトロッコは常に一体と考えてよく，その質量和は M とする．右方向を正として，正負に注意して以下の問に答えよ．

(1)　最初の状態から，瞬間的に人がボーリングの玉に水平方向に対して大きさ I 力積を与えた．この瞬間の，ボーリングの玉の速度 v はいくらか．

(2)　水平方向の運動量保存則を m, M, v, および玉を投げ出した直後の人とトロッコの速度 V を用いて表せ．

(3)　速度 V を M と I を用いて表せ．

[4]　一直線上で2つの小球が正面衝突する場合を考える．図4.17のように，速さ v で運動している質量 m の物体が，速さ V で運動している質量 M の物体と衝突した．その結果，質量 m の物体は速さ v' で，質量 M の物体は V' でそれぞれ運動し始めた．

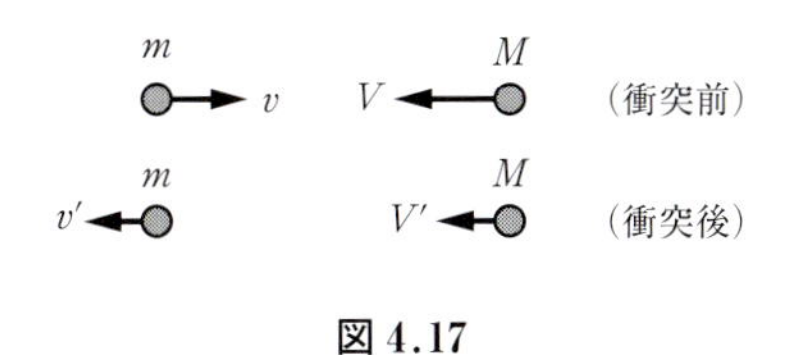

図 4.17

(1)　運動量保存則を記せ．

(2)　反発係数 e を表す式を記せ．

[5]　一直線上で，2つの小球が正面衝突する場合を考える．質量 M の小球Bは最初静止しており，これに，左から質量 m の小球Aが速度 v_0 で衝突する（図4.18）．2つの小球間の反発係数を e $(0 \leqq e \leqq 1)$ として，以下の問に答えよ．

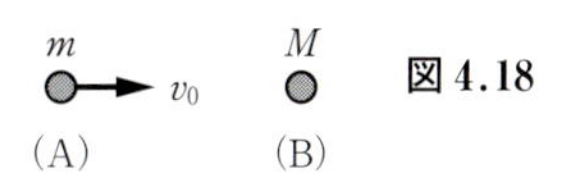

図 4.18

(1)　衝突直後の小球A，Bの速度 v, V を求めよ．

(2)　衝突後，小球Aが静止する条件を記せ．

(3)　衝突後，小球Aがはね返るための条件を記せ．また，このとき M と m の間に成立すべき関係式を求めよ．

(4)　この衝突で，速度の交換（衝突後の小球Aの速度が0で，小球Bの速度が v_0 となる）が起こる条件を記せ．

(5)　この衝突における力学的エネルギーの損失量を，$e = 1$ の場合と，$e = 0$ の場合についてそれぞれ求めよ．

[6]　同質量 m の2つの小球A，Bが図4.19のように斜衝突をした．（斜衝突とは，正面衝突と異なり，衝突後に2つの物体が一直線上にならない衝突のことをいう．）小球Aは速さ v_0 で，静止している小球Bに衝突するものとする．衝突後，小球Aは，入射方向に対して角 α で，また小球Bは角 β でそれぞれ速さ v, V で進んだ．衝突は弾性衝突であるとする．

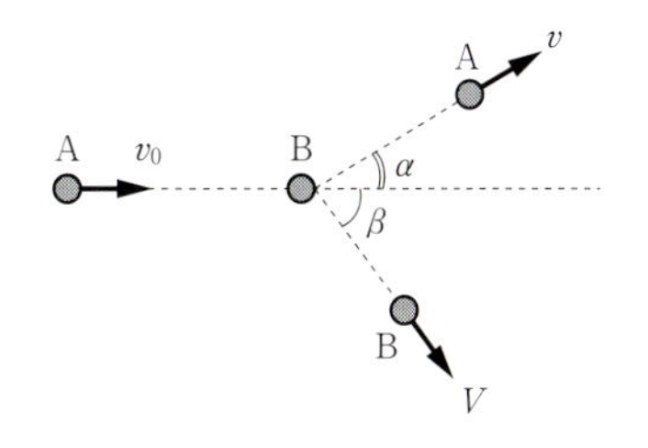

図 4.19

(1)　弾性衝突では，力学的エネルギーが保存される．これと，運動量保存則を利用して，散乱角 $\alpha + \beta$ を求めよ．

(2)　(1)のとき，v, V を v_0 と β を用いて表せ．

次に，質量 m の小球Aと質量 $2m$ の小球Bの場合を考える．

(3)　$\alpha = 90°$ のとき，v および V を求めよ．

(4)　(3)のとき，$\tan\beta$ を求めよ．

第 5 講
力 学 (5)
―等速円運動と単振動―

§5.1 等速円運動

(1) 等速円運動の基礎

質点が，円周上を一定の速さで運動するとき，この運動のことを，**等速円運動**という[注1]．半径を r とすると円周は $2\pi r$ であるから，速さを v，この等速円運動の周期（一周回るのに要する時間）を T とすると，

$$2\pi r = vT \tag{5.1}$$

が成立する．また，角速度（単位時間当りの回転角）を ω とすると[注2]，

$$2\pi = \omega T \tag{5.2}$$

となる．また，2 式の商を取ると，2π と T が消去され，

$$\boldsymbol{v = r\omega} \tag{5.3}$$

が成立する．これは，単位時間当りの質点の移動距離は，半径と回転角の積に等しいということであり，(5.1) を $vT = r\cdot 2\pi$ と書けば同じ意味であることが容易に理解できる[注3]．

注1 等速度でないことに注意．等速円運動では，速さは一定であるが，常に進行方向が変化するので速度は一定ではない．

注2 単位時間当りに回転する角度［rad］のことを角速度といい，一般に記号は ω を用いる．($360° = 2\pi$［rad］.)

注3 「時間 T で角度 2π」に対して，「単位時間で角度 ω」となる．

さらに，単位時間当りの円周を回る回数のことを回転数といい，文字 f で表すことが多い．このとき，単位時間に f 回回るので，単位時間当りの回転角は $2\pi\cdot f$ であり，

$$\omega = 2\pi f, \qquad f = \frac{1}{T} \tag{5.4}$$

[注4]

が成立する．

注4 回転数と周期の関係「f 回 : 1 秒 = 1 回 : T 秒」が成立するので，f と T が逆数になるのは当然である．

これらの(5.1)から(5.4)は，等速円運動の基礎であり，それぞれの物理量の定義から導かれる式であるから，単に記憶するのではなく，常に意味を考えて立式できるようにしておく必要がある．

(2) 等速円運動の加速度

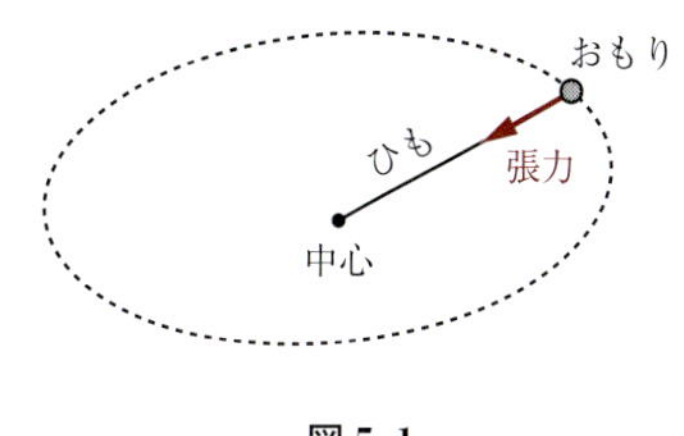

図 5.1

等速円運動では，時々刻々と速度の向きが変化するので，等速であっても等速度ではなく，速度の変化に伴う加速度が存在する．例えば，ひもの先におもりをつけて，ぐるぐると回すことを考えると，この等速円運動はひもの張力によって起こる現象であることが容易に理解でき，運動方程式に着目すると，力の向きには必ず加速度が存在することになる（図 5.1）．したがって，等速円運動では，円の中心方向に力がはたらいており，同じ方向に加速度が存在することになる．この力のことを**向心力**とよび，この加速度のことを**向心加速度**とよぶ．

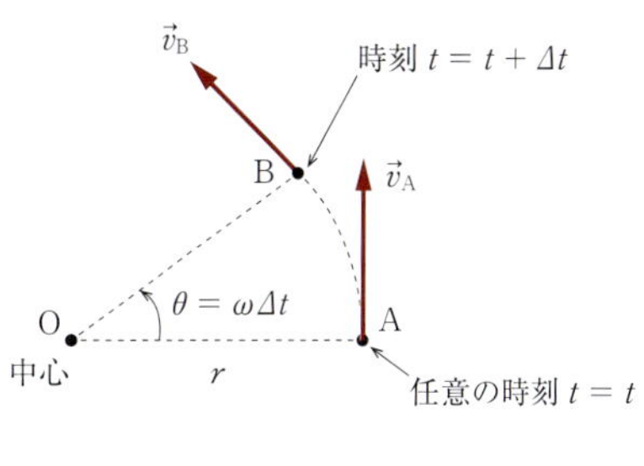

図 5.2

ここで，図 5.2 を用いて，向心加速度を求めることを考える．O 点を中心として，半径 r，速さ v で等速円運動をしている質点に着目する．この質点が時刻 $t = t$ に A 点（速度 $\vec{v}_A$）を通過し，微小時間 Δt 後，すなわち時刻 $t = t + \Delta t$ に B 点（速度 $\vec{v}_B$）を通過したものとする[注5]．

注5 Δt は微小時間であるから AB 間の距離は微小距離であるが，わかりやすくするために図 5.2 のように描いた．

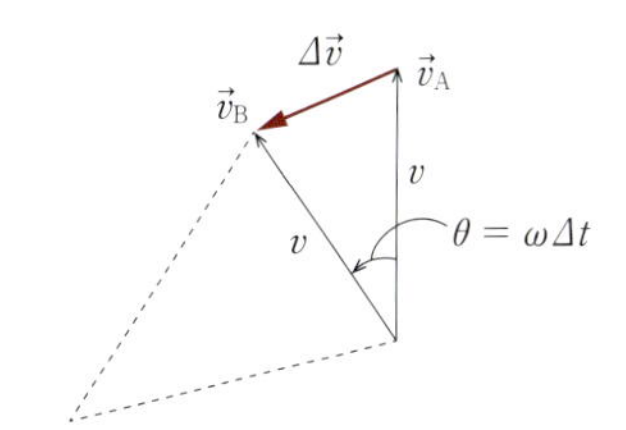

図 5.3

ここで，

$$v = |\vec{v}_A| = |\vec{v}_B| \tag{5.5}$$

である．図 5.3 より，速度変化の大きさ Δv は，

$$\Delta v = |\vec{v}_B - \vec{v}_A| = v\theta = v\omega\Delta t \tag{5.6}$$

となる．加速度の定義より，速度の時間変化率を考えて，向心加速度の大きさ a は

$$a = \frac{\Delta v}{\Delta t} = v\omega \tag{5.7}$$

と表され，Δt が非常に小さいときには，加速度の向きが円の中心方向を向いていることも確認できる．(5.3)を用いると，円運動の向心加速度の大きさ a は，

$$\boldsymbol{a = v\omega = r\omega^2 = \frac{v^2}{r}} \tag{5.8}$$

と表される．

(3) 等速円運動の運動方程式

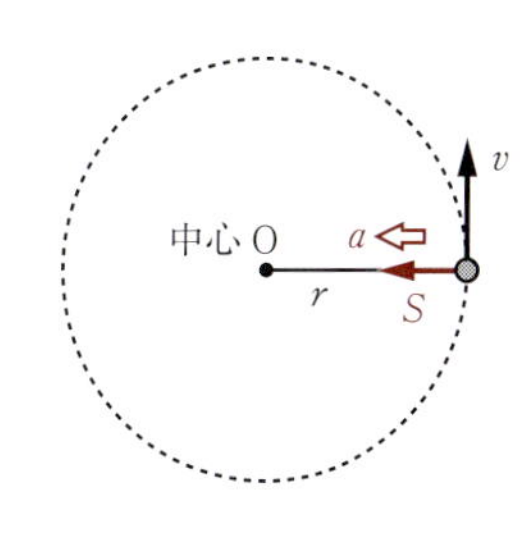

図 5.4

図 5.4 のように，滑らかな水平面上で O 点を中心として，糸につながれた質量 m の物体が半径 r，速さ v の等速円運動をしている場合を考える．円運動をさせたのは糸の張力 S であるから，向心加速度を a とすると，運動方程式は，

$$\boldsymbol{ma = S}, \qquad a = \frac{v^2}{r} \tag{5.9}$$

意味　**質量 m の物体に向心加速度 a を生じさせたのは，糸の張力 S である．**ただし，円運動であるから $a = v^2/r$ と書ける．

となる．ここで重要なのは，円運動の運動方程式だからといって，$ma = F$ という式の形が変化するわけではなく，円運動では加速度 a が特別な表記と向きをもつということである．向心加速度をもつということは，円運動が，円の中心方向に落ちこむ運動であると解釈することもできる．例えば，地球の周りを月が回っているのは，地球が月を引っ張っているからである．いってみれば，月は地球に向かって常に落ち続けているといえるのである．

また，(5.3)は単位時間当りに対して導出された式であるから，不等速円運動に対しても成立する．すなわち，円運動であれば必ず成立する式である．例えば，鉛直面内で糸にぶら下げた物体を円運動させたとき（鉛直面内の円運動）などは，不等速円運動となるが，瞬間瞬間で(5.3)は成立する．

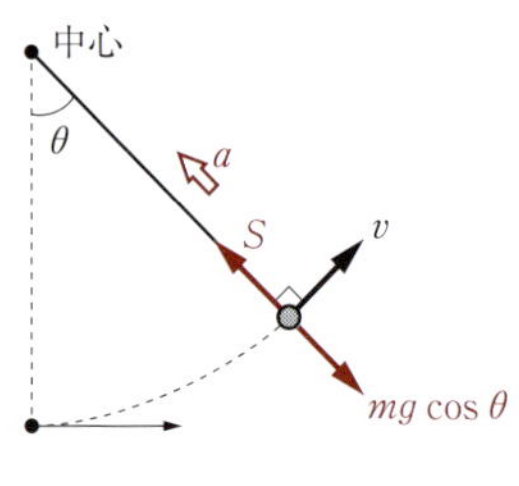

図 5.5

図 5.5 のように，長さ l の糸の一端に質量 m のおもりを取りつけ，他端を中心として鉛直面内で円運動をさせたとき，鉛直線から角度 θ をなす位置での円運動の運動方程式は，向心加速度の大きさを a として，

$$ma = S - mg\cos\theta \tag{5.10}$$

意味　**質量 m の物体を円の中心方向に落ち込ませたのは，糸の張力 S であり，邪魔をしたのが重力 mg の cos 成分である．**

となる．ただし，円運動であるから，このときの速さを v，角速度を ω とすると，

$$a = \frac{v^2}{l} = l\omega^2 \tag{5.11}$$

が成立する．

例題 5.1

5.0 [s] 間で半径 1.0 [m] の円を等速で 10 回転する質量 0.50 [kg] の物体がある．円周率は π として答えよ．

(1)　円運動の周期を求めよ．
(2)　円運動の角速度を求めよ．
(3)　向心加速度の大きさを求めよ．
(4)　物体にはたらいている向心力を求めよ．

解　(1)　5.0 [s]で 10 回転であるから，1 回転するのに 0.50 [s]を要する．　∴ 周期 $T = 0.50$ [s]

(2)　$\omega = \dfrac{2\pi}{T} = \dfrac{2\pi}{0.50} = 4\pi$ [rad/s]

(3)　$a = r\omega^2 = 1.0 \times (4\pi)^2 = 16\pi^2$ [m/s^2]

(4)　$F = ma = 0.5 \cdot 16\pi^2 = 8\pi^2$ [N]　◆

問 5.1　質量 0.50 [kg] の物体に質量の無視できる糸を取りつけ，水平面内で半径 0.40 [m]，速さ 2.0 [m/s] の等速円運動をさせた．このとき，糸の張力はいくらか．

§5.2 単振動

(1) 円運動との関係と単振動の変位

ばねの先端におもりを取りつけ，下に引いて離すとおもりは振動を始める．このとき，ある点を中心として上下に振動するが，この現象を理想化して考える．空気の抵抗やばねの質量などが無視できるとすると，この振動の中心は，おもりのつり合いの位置となり，上下に同じだけの振れ幅で振動することになる．

この現象は，先に学んだ等速円運動をしている物体に対して，真横から見た現象と同じになる．等速円運動をする物体に対して図5.6のように真横から平行光線を照射し，物体の影（正射影という）をスクリーン上で観測すると，直線上を往復運動するように見え，理想的な振動の様子が観測できる．このような運動のことを**単振動**という．

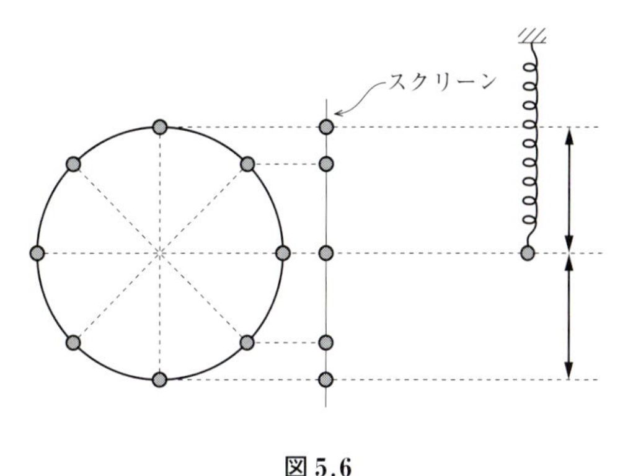

図 5.6

この直線上の変位を x 軸で表し，時間 t との関係をグラフで表すと図5.7のようになる．ここで，等速円運動の半径を A，角速度を ω として正射影を考えた．なお，任意の時刻での変位 x（図では2の位置に着目）は，

$$x = A\sin\theta = A\sin\omega t \tag{5.12}$$

と書ける．このとき，A を単振動の**振幅**，ω を単振動の**角振動数**とよぶ．また，円運動の周期は，この単振動の周期と等しいことは明らかである．さらに，単位時間当りに振動する回数は円運動の回転数に等しく，円運動と同様に文字 f で表されるが，単振動では振動する回数を表すので f のことを**振動数**とよび，単位は **[Hz（ヘルツ）]** を用いる．円運動の場合と同じように，

$$\omega = 2\pi f, \qquad f = \frac{1}{T} \tag{5.13}$$

が成立する．

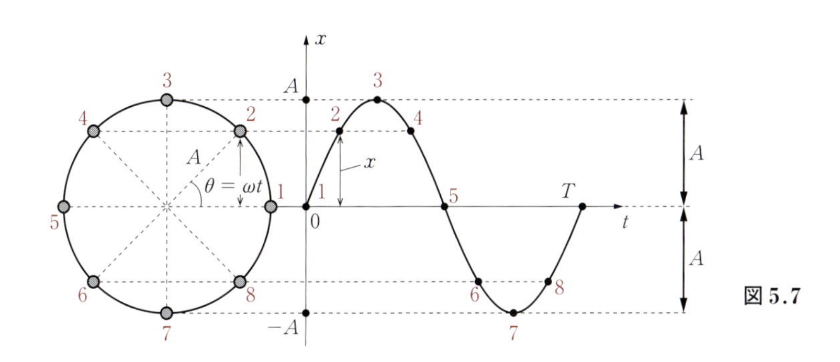

図 5.7

(2) 単振動の速度と加速度

(1)で述べた円運動の正射影から，単振動の速度 v，加速度 a を求めてみる．最初に，速さ $A\omega$ で等速円運動をしている物体の正射影を考える．次ページの図5.8より，等速円運動をす

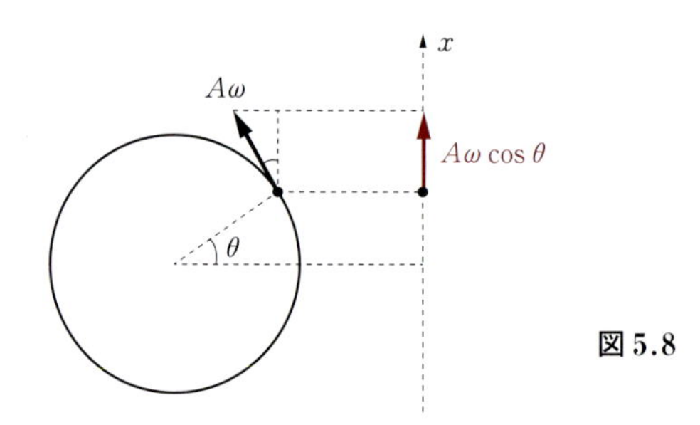

図 5.8

る物体の速度をベクトルで表し，この正射影に着目すると，求める単振動の速度 v は

$$v = A\omega\cos\theta = A\omega\cos\omega t \tag{5.14}$$

となる．

等速円運動をする物体の加速度は円の中心方向で大きさは $A\omega^2$ であるから，これをベクトルで表して正射影に着目すると，図 5.9 より，

$$a = -A\omega^2\sin\theta = -A\omega^2\sin\omega t \tag{5.15}$$

となる．ここで，(5.12) とこの式を比較すると，単振動の加速度に対する重要な式

$$\boldsymbol{a = -\omega^2 \cdot x} \tag{5.16}$$

が得られる．単振動において，つり合いの位置からの変位 x と加速度 a との間には必ずこの式が成立するので，単振動の基本式とよばれることもある．この式は，

単振動をする物体の加速度は，常に振動の中心に向かい，その大きさは変位の大きさに比例する

ことを示しており，第 2 講で学んだフックの法則と深いつながりがあることがわかる．

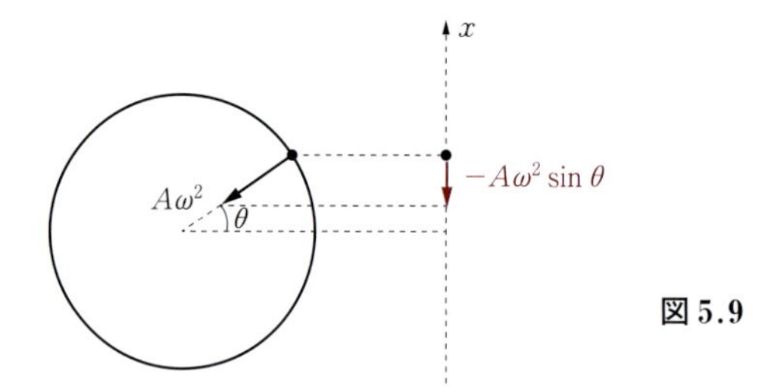

図 5.9

(3)　単振動の運動方程式

図 5.10 のように，滑らかな水平面上で一端を壁に固定したばねによる単振動を考える．ばねが自然長であるときのおもりの位置を x 軸の原点とし，ばねが伸びる方向を x 軸正方向と定める．おもりを自然長の位置（$x = 0$）で静止させておき，ここで x 軸正方向に初速度を与え，振幅 A の単振動をさせた場合を考える．

任意の位置 $x = x$ での運動方程式は，おもりの質量を m，ばねのばね定数を k，おもりの加速度を a とすると，フックの法則を用いて

$$ma = -kx \tag{5.17}$$

となる．ここで，(5.16) より角振動数を ω とすると，

$$a = -\omega^2 \cdot x \tag{5.18}$$

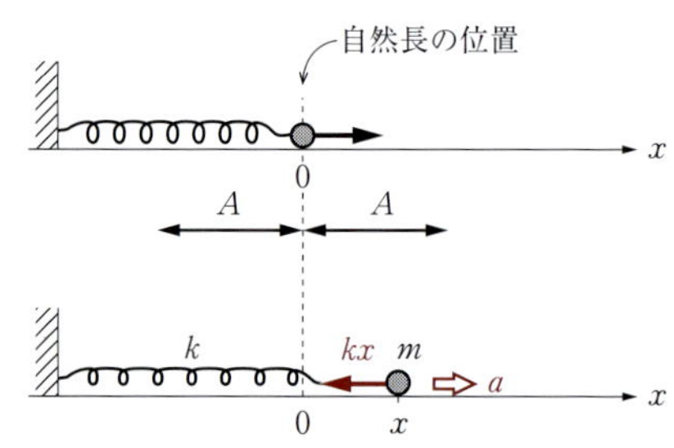

図 5.10

が成立する．(5.17)より，

$$a = -\frac{k}{m}\cdot x \tag{5.19}$$

であるから，(5.18)と(5.19)を比較すると，この単振動の角振動数 ω は

$$\omega = \sqrt{\frac{k}{m}} \tag{5.20}$$

となる．これより，周期 T は，

$$T = \frac{2\pi}{\omega} = 2\pi\sqrt{\frac{m}{k}} \tag{5.21}$$

と求められる．すなわち，単振動の周期は，与えた初速や振幅 A に依存せず，ばねのばね定数 k とおもりの質量 m にのみ依存することがわかる．

次に，鉛直ばねについて考える．鉛直線上で単振動する物体の運動方程式を図 5.11 を用いて表す．つり合いの位置を x 軸の原点とし，鉛直下向きに x 軸正方向を定める．先ほどと同様に，初速を与えて振幅 A の単振動をする場合を考える．任意の位置 $x = x$ での運動方程式は，つり合いの位置でのばねの伸びを x_0 とすると，ここでのばねの伸びは $x + x_0$ であるから，

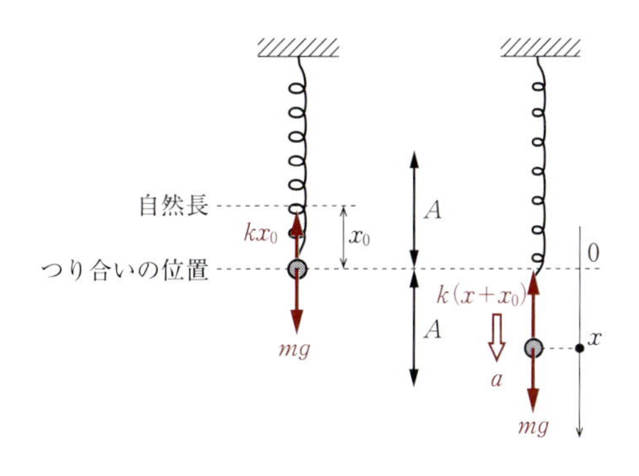

図 5.11

$$ma = mg - k(x + x_0) \tag{5.22}$$

となる．ここで，x_0 は，力のつり合いより

$$mg = kx_0 \tag{5.23}$$

が成立するので，これを(5.22)に代入すると

$$ma = -kx \tag{5.24}$$

となり，(5.17)と同じになる．すなわち鉛直ばねによる単振動も，水平ばねによる単振動も現象としては同じであることを示しており，先ほどの議論と同様に考えると，周期 T も同じになる $(T = 2\pi\sqrt{m/k})$ [注6]．したがって，周期 T は，重力加速度にも依存しないことがわかる．

注6 人工衛星の中で質量を測定するときなどは，この周期の式を利用する場合がある．

例題 5.2

変位 x [m] が時刻 t [s] の関数として

$$x = 2.0 \sin \pi t$$

で表される単振動がある．この単振動について以下の物理量を求めよ．

(1) 振幅　(2) 周期　(3) 振動数　(4) 角振動数

解 $x = A \sin \omega t = A \sin(2\pi/T)t$ と比較する．

(1) 振幅 $A = 2.0$ [m]

(2) $\frac{2\pi}{T} = \pi$ ∴ 周期 $T = 2.0$ [s]

(3) 振動数 $f = \frac{1}{T} = 0.50$ [Hz]

(4) 角振動数 $\omega = 2\pi f = \pi$ [rad/s] ◆

問 5.2　変位 x が，時刻 t の関数として，図 5.12 のグラフで表される単振動を考える．

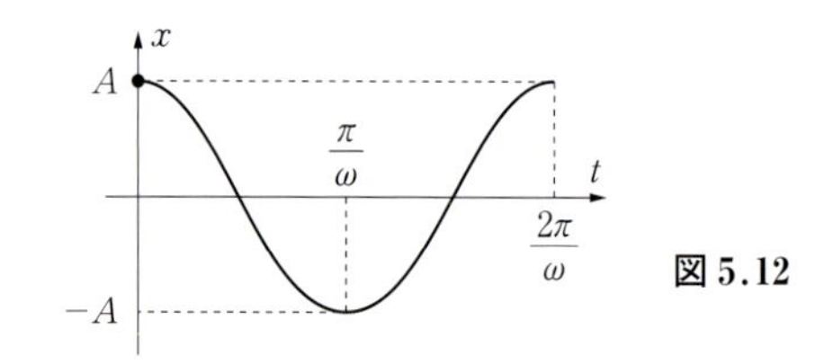

図 5.12

(1)　この単振動の時刻 t における速度 v を t の関数として表せ．

(2)　この単振動の時刻 t における加速度 a を t の関数として表せ．

§5.3　円運動と単振動の応用

(1)　円錐振り子

図 5.13 のように，長さ l の糸の一端に質量 m のおもりを取りつけ，他端を固定して鉛直線と糸とのなす角が θ（一定値）となるように，おもりを水平面内で等速円運動をさせる．このような運動を**円錐振り子**とよび，θ のことを**半頂角**という．ここで，円運動の運動方程式を考えることでこの円錐振り子の周期を求める．

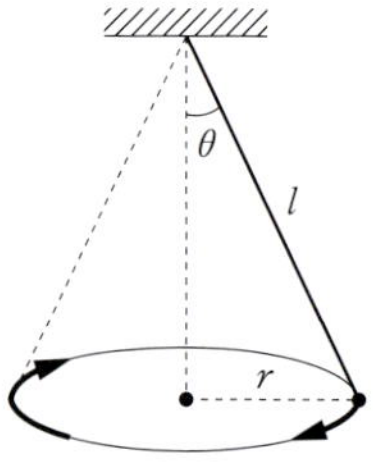

図 5.13

円運動の運動方程式は，糸の張力を S，向心加速度の大きさを a，角振動数を ω とすると，図 5.14 より，半径が $r = l\sin\theta$ であるから，

$$ma = S\sin\theta, \qquad a = l\sin\theta\cdot\omega^2 \tag{5.25}$$

となる．一方，円錐振り子では，鉛直方向には物体は移動しないので，重力加速度の大きさを g とすると，力のつり合いは，図 5.15 より

$$S\cos\theta = mg \tag{5.26}$$

となる．(5.26) より，

$$S = \frac{mg}{\cos\theta} \tag{5.27}$$

となり，これを (5.25) に代入して，a を消去すると，

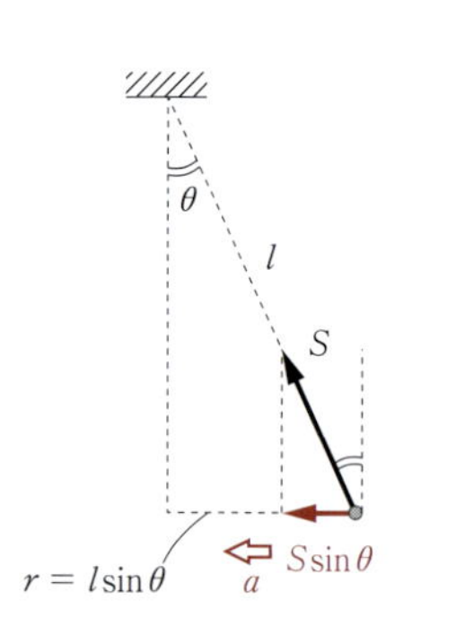

図 5.14

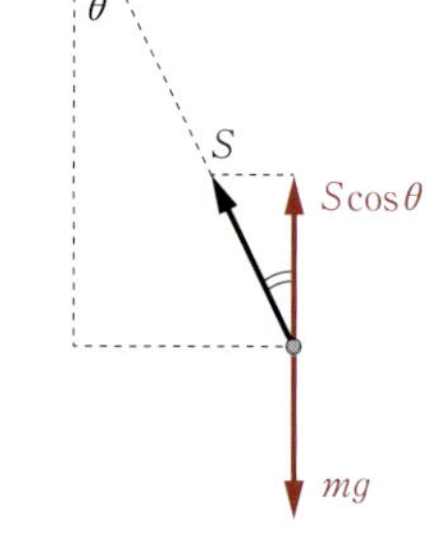

図 5.15

$$\omega = \sqrt{\frac{g}{l\cos\theta}} \tag{5.28}$$

となる．したがって，この円錐振り子の周期 T は，

$$\boldsymbol{T = \frac{2\pi}{\omega} = 2\pi\sqrt{\frac{l\cos\theta}{g}}} \tag{5.29}$$

と求まり，この周期は質量に依存せず，ひもの長さ l と，角度 θ にのみ依存するという性質をもつ．

(2)　単振り子

図 5.16 のように，長さ l の糸の一端に質量 m のおもりを取りつけ，他端を固定する．この

おもりを1つの鉛直面内で左右にゆらすとき，この振り子のことを**単振り子**という．振れ幅が小さい場合には，このおもりの運動を単振動として近似することができ，これより振り子の周期を求めることが可能となる．

図5.17のように，変位 x を定めて，おもりの糸に対する接線方向の運動方程式を立式すると，

$$ma = -mg\sin\theta \qquad (5.30)$$

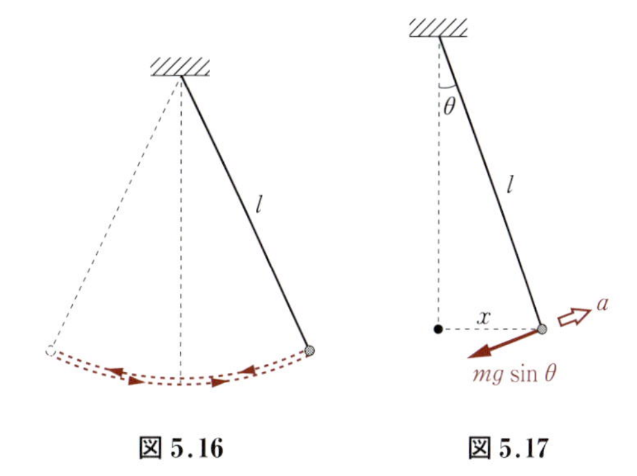

図5.16　　図5.17

となる．(マイナスの符号がついているのは，変位と逆向きに力がはたらくためである．) ここで，図より，$\sin\theta = x/l$ であるから，

$$ma = -\frac{mg\cdot x}{l} = -\frac{mg}{l}\cdot x \qquad (5.31)$$

となり，$mg/l = k$ とおくと

$$ma = -kx \qquad (5.32)$$

が導出され，この式は単振動の運動方程式を示す(5.17)と一致する．これより，先ほどと同様に周期 T を求めると，

$$\boldsymbol{T = 2\pi\sqrt{\frac{m}{k}} = 2\pi\sqrt{\frac{l}{g}}} \qquad (5.33)$$

となる．よって，単振り子の周期は振幅やおもりの質量に依存せず，振り子の長さ l にのみ依存するという重要な性質（**振り子の等時性**）をもつ[注7]．

注7　振幅が微小なときのみに成立する．

例題5.3

ひもの長さ l が共通で，半頂角が θ と 2θ の2つの円錐振り子がある．この2つの円錐振り子の角振動数の比および周期の比を求めよ．また，半頂角 θ が共通で，ひもの長さが l と $2l$ の2つの円錐振り子では，それぞれの比はどうなるか答えよ．

解　ひもの長さが l で，半頂角 θ, 2θ の角振動数と周期を，それぞれ ω_1 と T_1, ω_2 と T_2 とする．また，半頂角が θ で，ひもの長さ l, $2l$ の角振動数と周期を，それぞれ ω_3 と T_3, ω_4 と T_4 とする．周期は，$T_1 = 2\pi/\omega_1 = 2\pi\sqrt{l\cos\theta/g}$, $T_2 = 2\pi/\omega_2 = 2\pi\sqrt{l\cos 2\theta/g}$ となるので，

$$\omega_1 : \omega_2 = \sqrt{\cos 2\theta} : \sqrt{\cos\theta}$$
$$T_1 : T_2 = \sqrt{\cos\theta} : \sqrt{\cos 2\theta}$$

となる．同様に考えると $T_3 = 2\pi/\omega_3 = 2\pi\sqrt{l\cos\theta/g}$, $T_4 = 2\pi/\omega_4 = 2\pi\sqrt{2l\cos\theta/g}$ となるので，

$$\omega_3 : \omega_4 = \sqrt{2} : 1$$
$$T_3 : T_4 = 1 : \sqrt{2}$$

となる．◆

問5.3　重力加速度9.8 [m/s^2] のもとで，20 [cm] のひもにつけたおもりを微小振動させた．このときの周期を有効数字2桁で求めよ．

総　合　問　題

[1]　自然長が l_0，ばね定数 k のばねの一端を回転軸に固定し，他端に質量 m のおもりをつけて滑らかな水平面上で等速円運動をさせたところ，ばねの長さが l になった（図 5.18）．

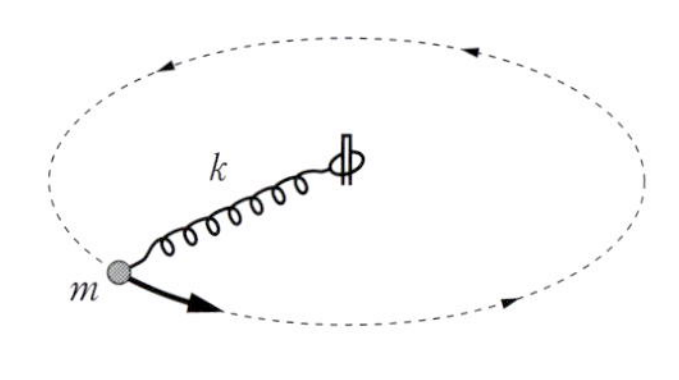

図 5.18

(1)　弾性力はいくらか．

(2)　向心加速度の大きさを a として，おもりの運動方程式を書け．

(3)　おもりの速さを求めよ．

(4)　円運動の周期を求めよ．

[2]　図 5.19 のように，滑らかな水平面と半円筒面が A 点でつながっており，左方から水平面上を質量 m の小球が速さ v_0 で A 点を通過後，

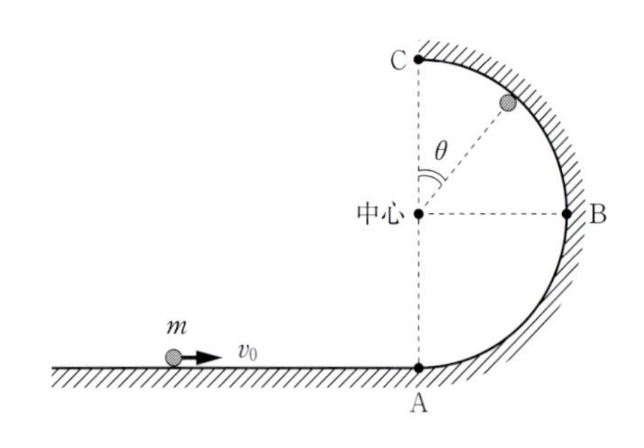

図 5.19

内壁に沿って上り始め B 点を通過した．小球は図の鉛直面内で運動するものとする．円筒の半径を r，重力加速度の大きさを g として以下の問に答えよ．

(1)　B 点を通過後，鉛直線とのなす角が θ となる点を通過した．このときの小球の速さをエネルギー保存則より求めよ．

(2)　(1)の位置での半円筒面から小球が受ける垂直抗力を求めよ．

(3)　(1)の位置で小球が半円筒面から離れないための v_0 の条件を求めよ．

(4)　小球が C 点に到達したときにおける小球の速さの最小値を求めよ．

(5)　小球が C 点に到達するための v_0 の条件を求めよ．

[3]　ある小物体が，半径 r，単位時間当りに回転数 n で等速円運動をしている．

(1)　角振動数を求めよ．

(2)　速さを求めよ．

(3)　向心加速度の大きさを求めよ．

[4]　滑らかな水平面上に，一端を壁に固定し他端に質量 m のおもりを取りつけたばねがある（図 5.20）．ばねが自然長のときのおもりの位置を x 軸の原点とし，ばねが伸びる向きを x 軸正方向とする．おもりを $x = -A$ $(A > 0)$ の位置で静かに離したとき，おもりは単振動を始めた．このばねのばね定数を k として以下の問に答えよ．

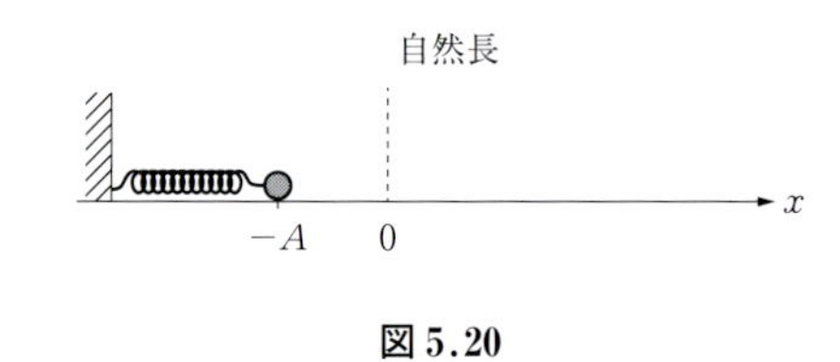

図 5.20

(1)　振幅はいくらか．

(2)　振動中心の x 座標を求めよ．

(3)　原点を通過するときの速さを求めよ．

(4)　離したときの時刻 t を時刻の原点として，おもりの速度を時刻 t の関数としてグラフに描き，$v(t)$ を求めよ．

次に，今度はおもりを $x = 0$ の位置で負方向に速さ v_0（速度 $-v_0$）で打ち出した．このときを時刻 t の原点とする．

(5)　振幅はいくらか．

(6)　おもりの速度を時刻 t の関数としグラフに描き，$v(t)$ を求めよ．

[5]　図 5.21 のように，滑らかな斜面上に上端を固定し，他端には質量 m のおもりをつけたばねを用意した．斜面の傾斜角は θ，ばねのばね定数は k である．重力加速度の大きさを g として以下の問に答えよ．

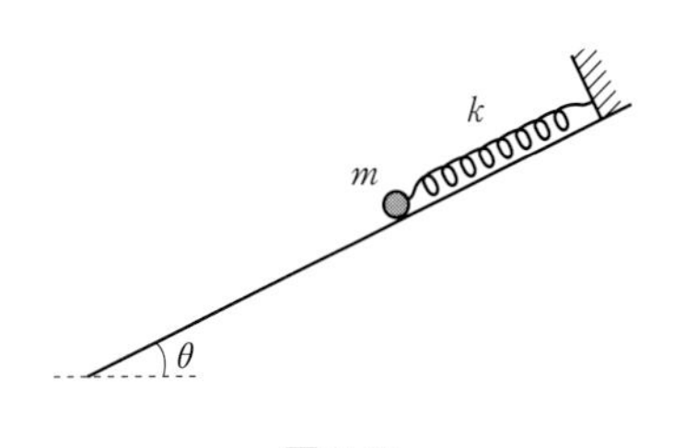

図 5.21

(1)　最初，おもりはつり合いの位置に静止していた．このときのばねの伸びを求めよ．

(2)　つり合いの位置を原点として，斜面下方に x 軸正方向を定める．おもりを単振動させたときの運動方程式が，$ma = -kx$ となることを示せ（a はおもりの加速度）．

(3)　単振動の周期を求めよ．

第 6 講
波動学 (1)
— 波の表し方 —

§6.1 波のグラフ

図 6.1 のように，水平に張られた軽いロープの一端を固定し，他端に振動を与えると，この振動がロープに伝わり波が移動するのが観測される．振動を与えた場所のことを**波源**といい，ロープのように波を伝える物質のことを**媒質**という．

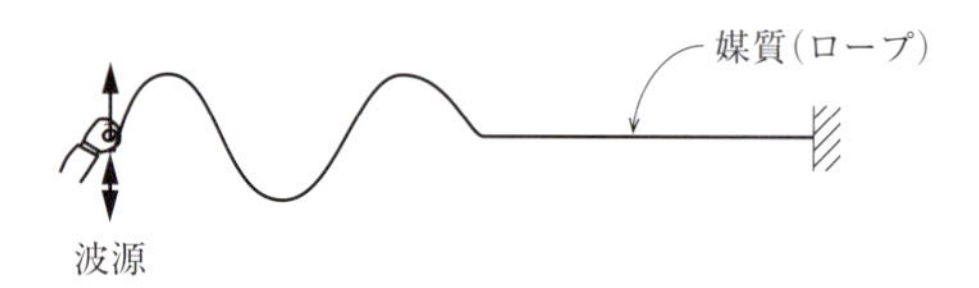

図 6.1

(1) y-x グラフ

ロープに波が発生しているときのある瞬間の“写真”を考える．これは，時間を止めた，ある瞬間の波形を表していることになる（図 6.2）．図に示したように，元々ロープが静止していた位置からの変位を y で表し，**波の変位**という．$y=0$ の点から最大変位までの距離を**振幅**という．また，山から山（谷から谷）までの距離のことを**波長**とよび，この距離分を波 1［個］分と数える．振幅，波長はそれぞれ，A，λ の記号で表すことが多い．

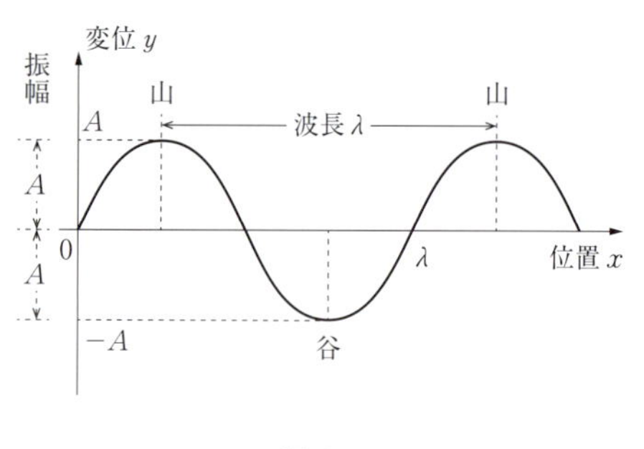

図 6.2

ロープを振動させているところ（波源）を位置 x の原点として，波が伝わる方向を x 軸正方向と定めると，このグラフは時間を固定したときの y-x グラフ（波の写真 = 波形のグラフ）であることがわかる．したがって，“写真”に対して縮尺さえ与えられれば，波長，振幅が読み取れることになる．波のグラフとして y-x グラフが与えられたときには，

y-x グラフ　・時間を固定した“波の写真”である．
・振幅と波長が直接読み取れる．

と考えればよい．

(2)　y-t グラフ

次にロープの位置 x を固定して観測する．簡単にいえば，ロープのある x の位置に印をつけて（例えば白いロープに赤いペンで印をつける），その印の動きを観測する．ロープにつけた印は波源と同じように振動するはずである．したがって，波源の動きが理想的な単振動であれば，ロープの各点も時間的に少しずつ遅れて単振動をすることになる（図 6.3）．

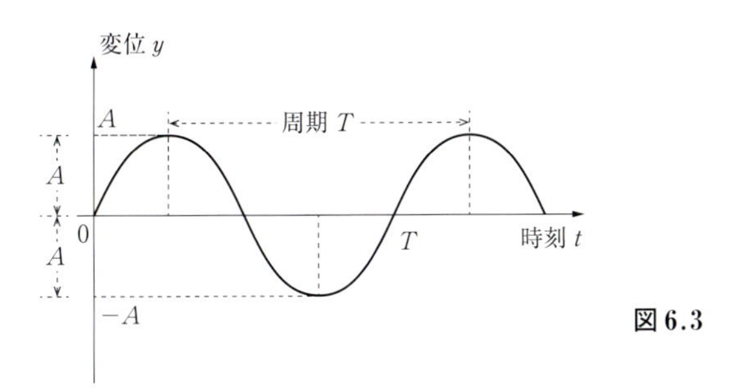

図 6.3

以上より，y-t グラフは任意の点の媒質の単振動を示しており，“ロープにつけた印の動き”と考えることができる．また，縮尺さえ与えられれば，振幅と周期を直接読み取ることができる．このとき，波長と混同しないことが大切である．横軸が位置 x であるか，時刻 t であるかの確認は必ずしなければならない．波のグラフとして y-t グラフが与えられたときには，

y-t グラフ　・位置を固定した“ロープにつけた印の動き”である．
・振幅と周期が直接読み取れる．

と考えればよい．

さらに，y-x グラフと y-t グラフが何を表しているかを明確にし，その関係を導き出すことを考える．y-x グラフは，いってみれば波の“写真”であるから，そのグラフからだけでは媒質の動きを表すことはできない．しかし，“連写”という方法を取れば，“写真”で動きを見ることは可能となる．すなわち，y-x グラフを波の進行方向に少しだけずらして描けば，着目している媒質が，すなわち“ロープにつけた印”がどのように運動するかがわかるはずである．

例えば，ある瞬間（時刻 $t=0$）の波形が図 6.4 の実線で表されているとする．わずかな時間 Δt 経過したとき，波形が点線で表されているところまで移動したとする．$x=x_0$ の位置に着目すると，$t=0$ で $y=0$，$t=\Delta t$ で $y>0$ となっていることがわかる．すなわち，この波の $x=x_0$ における y-t グラフは図 6.5 で表されることがわかる．

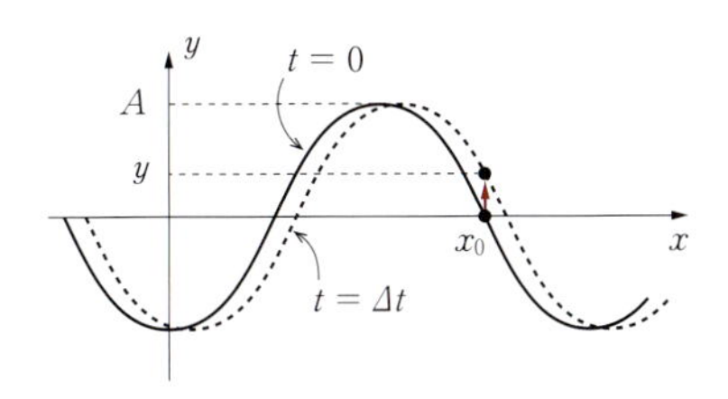

$x=x_0$ の位置につけた印は正方向へ移動

図 6.4

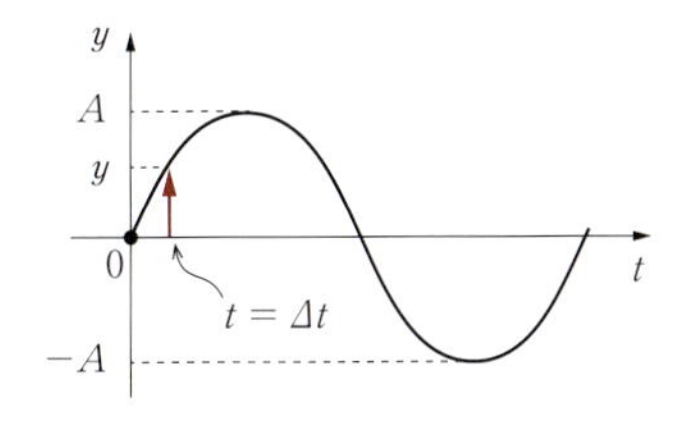

$x=x_0$ の媒質の動き

図 6.5

例題 6.1

次の各問に答えよ．

(1)　図 6.6 で表される y-x グラフより，振幅 A と波長 λ を求めよ．

(2)　図 6.7 で表される y-t グラフより，振幅 A と周期 T を求めよ．

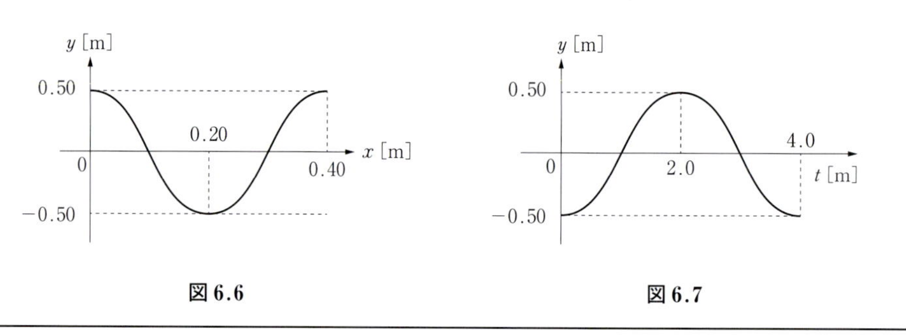

図 6.6　　図 6.7

解　(1)　振幅 $A = 0.50$ [m]，　波長 $\lambda = 0.40$ [m]

(2)　振幅 $A = 0.50$ [m]，　周期 $T = 4.0$ [s]　◆

問 6.1　時刻 $t = 0$ のときの y-x グラフを図 6.8 として表した波がある．この波の $x = 2.0$ [m]，3.0 [m] の位置における媒質の変位を表す y-t グラフを，それぞれ描け．ただし，波は，x 軸正方向に移動しているものとし，周期は $T = 4.0$ [s] とする．

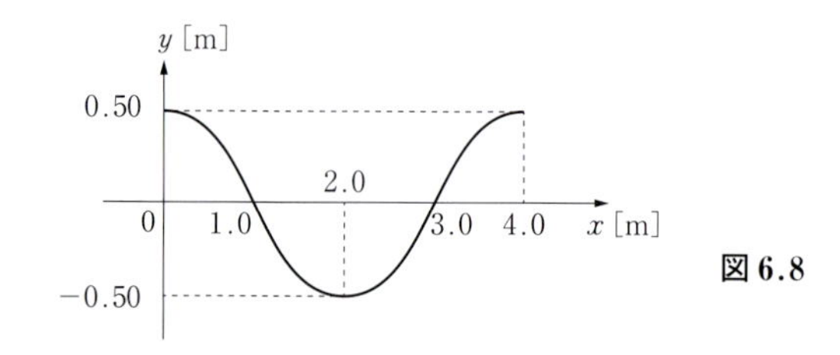

図 6.8

§6.2　波 の 式

ここでは，§6.1 で学んだ波のグラフを式で表すことを考える．議論を簡単にするために，媒質の単振動が波の進行方向に等速度で伝わるような理想的な波を考える．

(1)　等速で伝わる条件について

単振動が波の進行方向に等速度で伝わるとき，波形はその速度で移動する．移動距離を x，波の伝わる速さを v，時間を t とすると，

$$x = vt \tag{6.1}$$

が成立する．ここで，波のグラフからもわかるように，$t = T$ (周期) のとき $x = \lambda$ (波長) となるので (図 6.9 参照)，

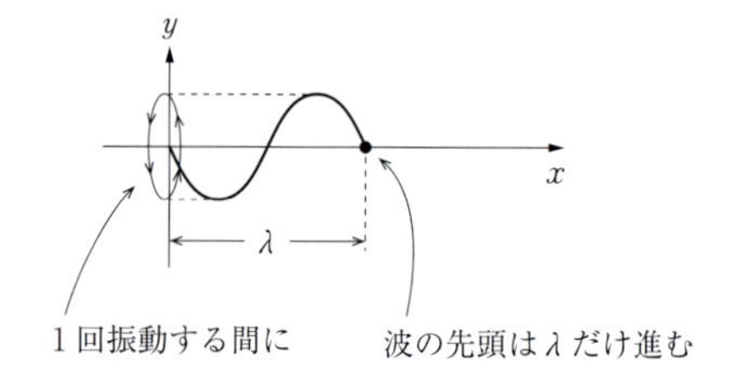

図 6.9

$$\lambda = vT \tag{6.2}$$

意味　**1 周期の間に波形が進む距離は 1 波長に等しい．**

となる．さらに，波の振動数 (1 秒間当り波源が振動する回数) を f とすると $f = 1/T$ であるから (図 6.10)，

$$v = f\lambda \tag{6.3}$$

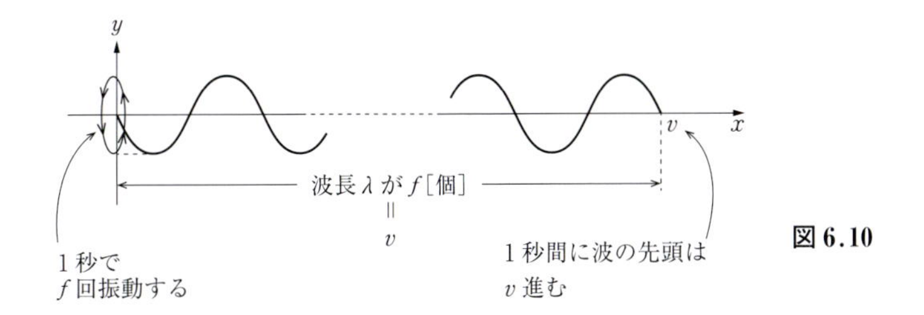

図 6.10

意味 **距離 v の中には波長 λ が f [個] 入っている.**

となる. (6.2), (6.3) は**波の基本式**とよばれているが, これらはそれぞれ (6.1) の特別な場合, すなわち $t =$ (周期 T), $t =$ (単位時間) の場合の式と考えればよい.

(2) 波源の単振動と波の式について

x 軸上を正方向に伝わる波について, ここでも話を簡単にするために理想化して考える. 原点 $x = 0$ に波源があるとし, その波源が振幅 A, 角振動数 ω, 周期 T の単振動をしているとすると,

$$y = A \sin \omega t = A \sin \frac{2\pi}{T} t \tag{6.4}$$

と書ける. ここでは, $x = 0$ (原点) における時間 t に対する変位 y を示しているので,

$$y = y(0, t) = A \sin \frac{2\pi}{T} t \tag{6.5}$$

と書くものとする. (§5.2「単振動」を参照.)

波源の振動が (6.5) で与えられ, この振動が等速で x 軸正方向に伝わることを考えればよい. 波の速さを v とすると, 原点 $x = 0$ から任意の位置 $x = x$ まで波が伝わるのに要する時間は x/v である. したがって,

任意の位置 x における時刻 t での変位 $y(x, t)$ は, 現時刻 t よりも x/v だけ前の原点の振動に等しい 注1

ことになる. これを式で表すと,

$$\boldsymbol{y(x, t) = y\left(0, t - \frac{x}{v}\right)} \tag{6.6}$$

となる. (6.5) を適応すると

$$\begin{aligned} y(x, t) &= A \sin \frac{2\pi}{T}\left(t - \frac{x}{v}\right) \\ &= A \sin 2\pi\left(\frac{t}{T} - \frac{x}{vT}\right) \end{aligned} \tag{6.7}$$

となる. ここで, 波長を λ とすると, 基本式 (6.2) より, $vT = \lambda$ であるから

$$y(x, t) = A \sin 2\pi\left(\frac{t}{T} - \frac{x}{\lambda}\right) \tag{6.8}$$

と書ける. このように, 波の変位 y (ここではロープの変位と考えてよい) は, x (位置) と t (時刻) が決まって初めて決まる量であり, 変位は $y\ (x, t)$ と表すことができる. このため先ほど学んだように, グラフにするためには, 一方 (x または t) を固定して, y-x グラフ, または $y - t$ グラフとして表現すればよいこともわかる. (6.8) で表されるような, サインカーブ

で表される理想的な波のことを**正弦波**とよんでいる.

注1 観測者は必ず観測している点に配置して考えることが大切. 波源に観測者を置いてしまうと, 観測点に遅れて届くことになり, 本文のような意味にならなくなる.

波の式における角度に相当する部分, 例えば, (6.8)でいえば,

$$\theta = 2\pi\left(\frac{t}{T} - \frac{x}{\lambda}\right) \tag{6.9}$$

のことを波の**位相**といい, 単位は [rad] である. 上式では, 位置 x での位相は, 波源 ($x = 0$) よりも $2\pi(x/\lambda)$ だけ遅れていることを示している. $x = \lambda, 2\lambda, 3\lambda, \cdots$ では, 位相が $\theta = 2\pi, 4\pi, 6\pi, \cdots$ 遅れていることになる. しかし, これらの位置では, 振動の状態はすべて同じになるので互いに**同位相**であるという. これに対して, 位相が π だけずれて逆の振動状態の場合, 互いに**逆位相**であるという[注2].

注2 波の山と山, 谷と谷は同位相であり, 山と谷は逆位相となる.

例題 6.2

(1) 波源が $x = 0$ にあり, 波源の振動が,

$$y\,(0, t) = A \sin \frac{2\pi}{T} t$$

で表されるとき, 時刻 t における, 振幅 A, 波長 λ, 周期 T の x 軸負方向に進む波の式 $y\,(x, t)$ を求めよ.

(2) x 軸正方向に伝わる波の式が,

$$y\,(x, t) = 0.5 \sin 2\pi\,(2t - 0.5x)\ [\mathrm{m}]$$

で表されるとき, この波の振幅, 波長, 周期, 振動数, 波が伝わる速さを求めよ.

解 (1) $x < 0$ に注意して, 波源 ($x = 0$) の位置から x まで波が届くのに要する時間は $(-x)/v$ である (図 6.11). これより, 以下のようになる.

$$y(x, t) = y\left(0, t - \frac{-x}{v}\right) = A \sin \frac{2\pi}{T}\left(t - \frac{-x}{v}\right)$$

$$= A \sin 2\pi\left(\frac{t}{T} + \frac{x}{\lambda}\right) \quad (\because\ vT = \lambda)$$

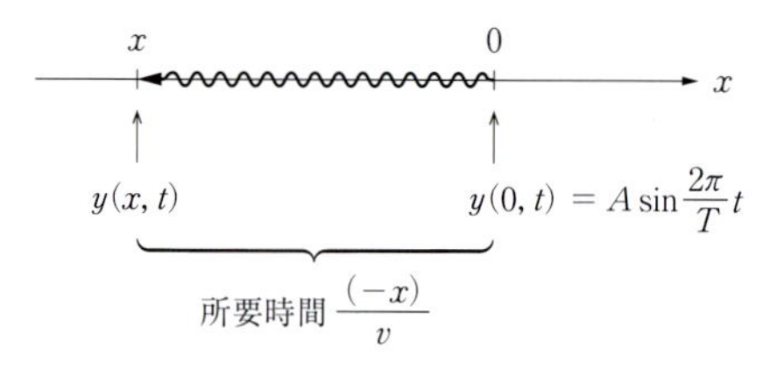

図 6.11

(2) $x = 0$ の位置の振動は与式より,

$$y(0, t) = 0.5 \sin 4\pi t$$

となる. これを(6.8)より, $y(0, t) = A \sin(2\pi/T)t$ と比較して, 振幅は $A = 0.5$ [m], 周期 $T = 0.5$ [s] である. また, $t = 0$ の時刻の波形は与式より

$$y(x, 0) = -0.5 \sin \pi x$$

となる. これを(6.8)より $y(x, 0) = -A \sin(2\pi/\lambda)x$ と比較して, 波長 $\lambda = 2$ [m] である. また, 振動数は $f = 1/T = 2$ [Hz], 基本式より速さ $v = f\lambda = 4$ [m/s] である. ◆

問 6.2 図 6.12 は, 速さ 0.20 [m/s] で x 軸正方向に進む波の, 時刻 $t = 0$ [s] における y-x グラフ (波形) である.

(1) 波の周期を求めよ.

(2) $x = 0$ における変位を表す式 $y\,(0, t)$ を求めよ.

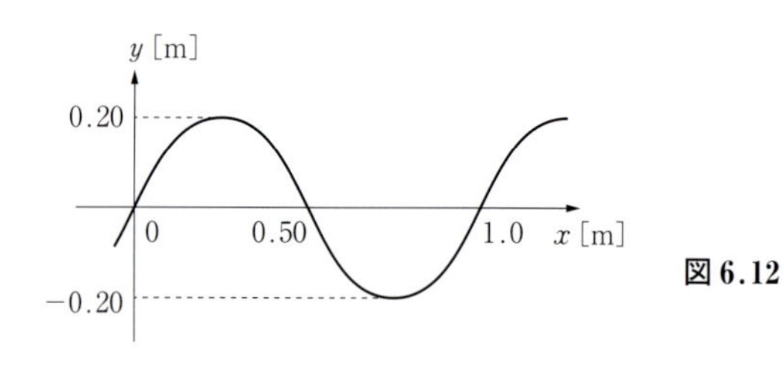

図 6.12

(3) この波の位置 x, 時刻 t での変位 $y(x,t)$ を求めよ.

§6.3 ホイヘンスの原理と波の性質

(1) ホイヘンスの原理と回折

静かな水面の池に石を落とすと, そこを波源として同心円状の波が広がって伝わるのが観測される. また, プールに長い板を浮かべて上下させると, その振動が波となって平行な波紋が伝わっていくことが観測される. このとき, 波の山 (谷でも可) を結んだ線のことを**波面**という. 上記のような波面が円形になる場合には**円形波**, 波面が直線になる場合には**直線波**という.

我々にとって身近な音や光は波面が線状にならず, 球面や平面になる場合もある. このような波はそれぞれ, **球面波**, **平面波**とよばれている. ホイヘンスは, 波の伝わり方について, 以下のようなホイヘンスの原理とよばれるものを用いて説明した.

・ホイヘンスの原理

ある瞬間の波面の各点を波源とする円形波 (素元波という) を描く. この素元波に対する共通接線が次の波面となる.

この原理を用いて, 円形波と直線波の進む様子を描いたものが図 6.13, 図 6.14 である[注3]. さらに, 波の重要な性質である, 回折, 反射, 屈折などもこの原理を用いて説明することができる. 反射, 屈折については後述するとし (第7講を参照), ここでは, 波が障壁の後ろにも回り込む現象である**回折**について説明する.

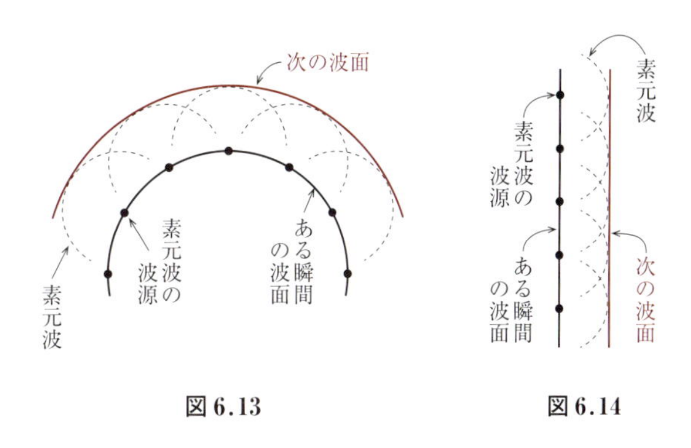

図 6.13　図 6.14

注3　素元波は波の伝わり方を見出すために仮想した波であり, 2次波, 仮想波などとよばれることもある.

直線波が水面上を等速で伝わっているとする. 前方に障壁を少し間隔を開けて立てておくと, 波はどのように進行するかをホイヘンスの原理から作図する. この様子を表したものが図 6.15 である. 図で示したように, 波長に比べて隙間が狭いほど回折が顕著であることがわかる. 塀の向こう側から姿は見えなくても人の声が聞こえたりするのも, 音の回折によるものであり, 光よりも音の方が回折しやすいことがわかる. ラジオで用いている電磁波 (中波) は,

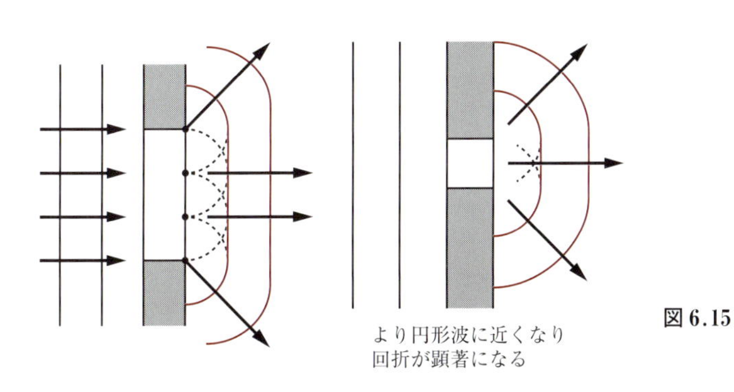

図 6.15

テレビで用いている電磁波 (極超短波) よりも回折しやすいため，テレビよりもラジオの電磁波の方が，ビルや山などの障害物の背後に回りやすいためよく届くのである．

(2) 干 渉

2つの波源から，同位相の波が同心円状に伝わっていく円形波を考える．それぞれの波源から出た波は重なり，山と山または谷と谷が重なって強め合うところと，山と谷が重なって弱め合うところができる．この現象のことを**干渉**という．図 6.16 のように，波源 S_1 と S_2 から同位相で出た波の波面を図示する．

山と山 (谷と谷) →強め合うところ→●

山と谷 (谷と山) →弱め合うところ→○

で表すと

●をつないだ赤実線→強め合うところ

○をつないだ赤破線→弱め合うところ

となり，強め合うところと弱め合うところが交互に現れることがわかる．

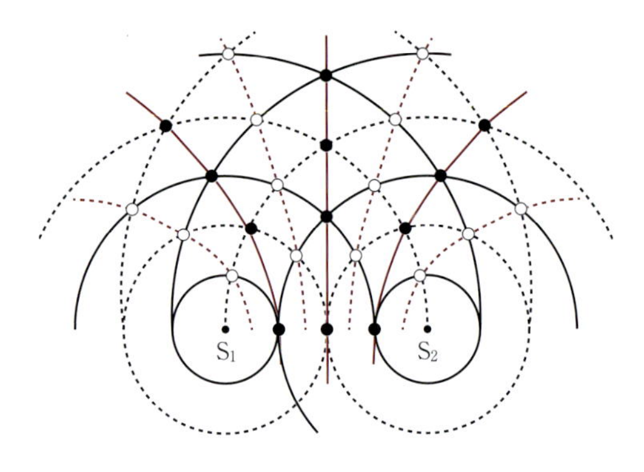

● 山と山，谷と谷が重なるところ　(赤実線)

○ 山と谷，谷と山が重なるところ　(赤破線)

(黒実線：山の波面，黒破線：谷の波面)

図 6.16　干渉

(3) 縦波と横波

波は，波の伝わり方の違いから縦波と横波に分類される[注4]．滑らかな水平面上に非常に長くて細いつる巻きばねを置き，一端を固定して他端を振動させることを考える．このとき，つる巻きばねに対して垂直な方向に振動を与えたときと，ばねの方向に振動を与えたときでは，波の進行方向は同じであるが，媒質の振動方向は異なっていることがわかる (図 6.17)．前者を**横波**，後者を**縦波**という．

波の進行方向と媒質の振動方向が垂直→横波

波の進行方向と媒質の振動方向が一致→縦波

注4　他にも水面を伝わる表面波とよばれる波もある．

横波は，ロープを伝わる波や地震波の S 波 (主要動 = 横ゆれの波) などが挙げられる．ま

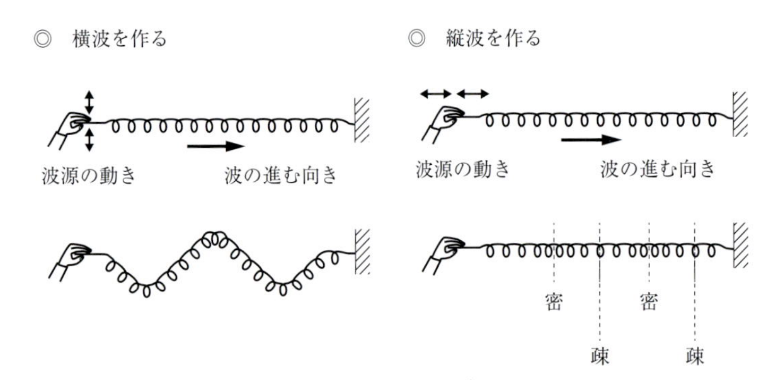

図 6.17　縦波と横波

た，縦波は，音や地震波のP波（初期微動 = 縦ゆれの波）などが挙げられる．

縦波は，一見すると振幅や波長が観測しにくい．そのため，縦波を横波表示することで波の性質を捉えやすくする方法がある．縦波では，振動方向と進行方向が一致しているが，この振動方向を90°変化させて（図6.18），縦波を横波のように表示できる．このようにすると，振幅や波長を容易に読み取ることができる．さらに，媒質が集まっている場所を**密**，媒質がまばらな場所を**疎**という．そのため，縦波のことを**疎密波**とよぶこともある．

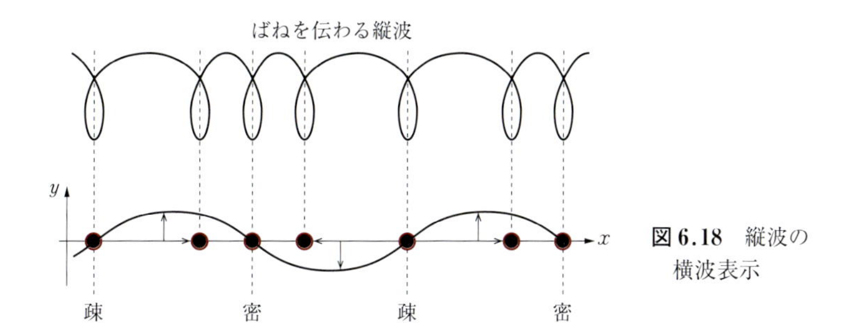

図 6.18　縦波の横波表示

（4）　固定端反射と自由端反射

ロープを伝わる波を例に取って考える．ロープの一端を壁に固定して，他方から波を送り込むとき，波は固定された壁で反射されて再びロープを逆向きに伝わっていく．このとき，ロープの先端は固定されているので媒質は動くことができない．このような反射のことを**固定端反射**という．一方，ロープの一端が固定されていない場合は，媒質が自由に動くことができるので，このときの反射を**自由端反射**という．

固定端反射では，固定端で媒質が動けないので，入射波と反射波の合成波の変位は必ず0となる．すなわち，固定端では，

$$y_{\text{入射波}} + y_{\text{反射波}} = 0 \tag{6.10}$$

が成立する．このため，

$$\textbf{固定端反射：}y_{\text{反射波}} = -y_{\text{入射波}} \tag{6.11}$$

となり，位相が反転する（180°ずれる，山と谷が逆転する）ことがわかる．一方，自由端反射では媒質が固定されていないので，自由端では，

$$\textbf{自由端反射：}y_{\text{反射波}} = y_{\text{入射波}} \tag{6.12}$$

となり，位相のずれがないことがわかる．これらを図示すると図6.19のようになる．

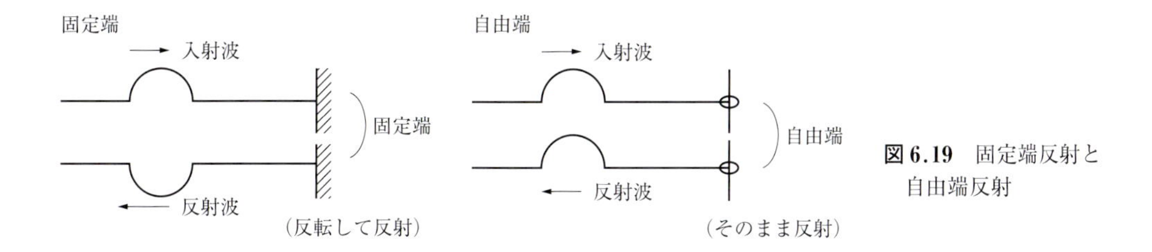

図 6.19　固定端反射と自由端反射

例題 6.3

図 6.20 は，時刻 $t = 0$ におけるある縦波を横波表示したものである．縦波は，x 軸正方向に進んでおり，x 軸正方向の変位を y 軸正方向として表してある．以下の問に A ～ G の記号で答えよ．答えは 1 つだけとは限らない．

(1)　$t = 0$ のとき，密な場所はどこか．

(2)　$t = 0$ のとき，密でも疎でもないところはどこか．

(3)　この時刻から半周期後，密な場所はどこか．

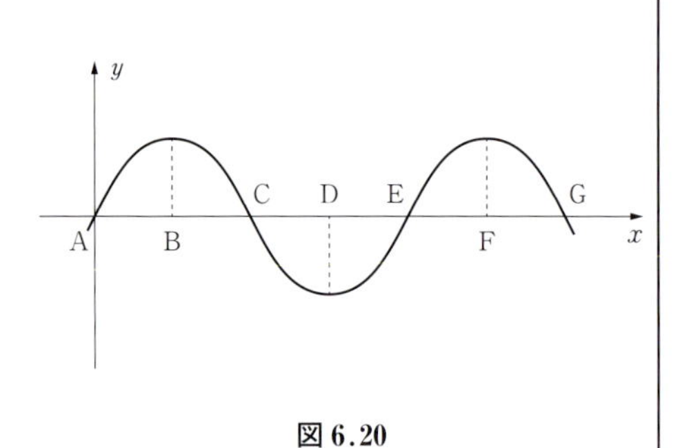

図 6.20

解　(1)　媒質の変位の様子を矢印で表すと図 6.21 のようになる．

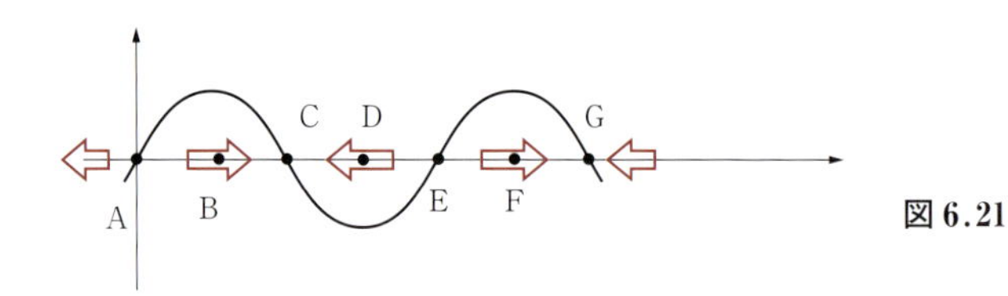

図 6.21

図より，密な場所は媒質が集まるところであるから C，G.

(2)　(1) と同様に考えて，密でも疎でもないところは B，D，F.

(3)　半周期後は変位の正，負が逆転するので，$t = 0$ のときの疎の位置が密となる．　∴ A, E　◆

問 6.3　波源が $x = 0$ にあり，媒質の単振動 $y(0, t)$ が，

$$y(0, t) = A \sin \omega t$$

で表される波がある．$x = x_0$ の位置に反射板があり，この波が反射しているとする．任意の位置 x，時刻 t での反射波の式 $y'(x, t)$ を求めよ．ただし，反射は固定端反射であり，伝わる速さを v とする．

総 合 問 題

[1]　時刻 $t = 0$ での波の変位 $y(x, 0)$ が，図 6.22 のように表される波がある．

この波の周期が 3.0 [s] として以下の問に答えよ．

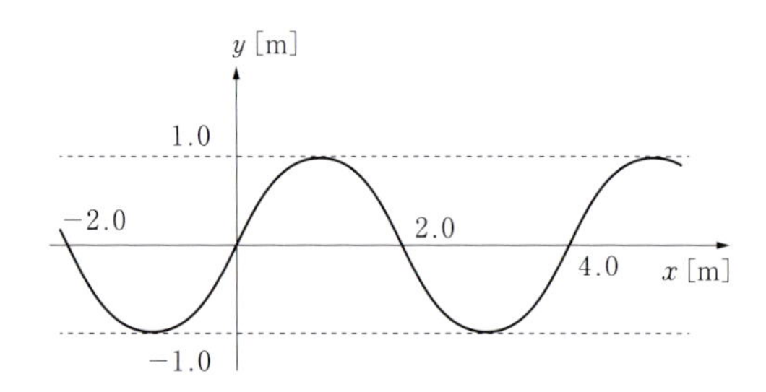

図 6.22

(1)　振幅と波長を求めよ．

(2)　波の速さと振動数を求めよ．

(3)　$x = 0$ における媒質の振動の変位 $y(0, t)$ を求めよ．

(4) 任意の位置 x，任意の時刻 t における波の式 $y(x, t)$ を求めよ．

[2]　波源が $x = 0$ の位置にあり，媒質の変位 $y(0, t)$ が図 6.23 のように表される波が x 軸正方向に伝わっている．

この波の波長が 0.50 [m] として，以下の問に答えよ．

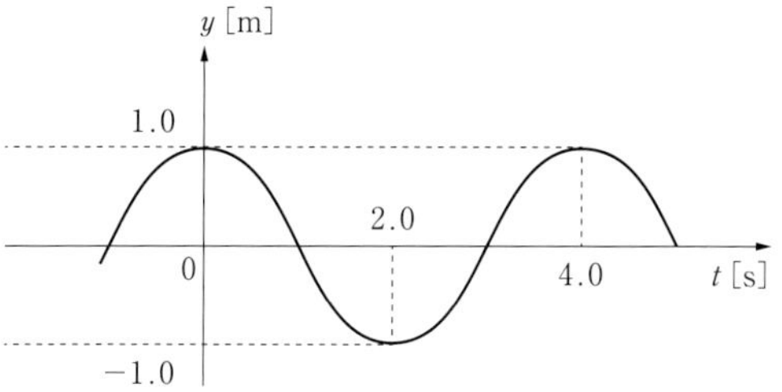

図 6.23

(1)　振幅と周期を求めよ．

(2)　波の速さを求めよ．

(3)　$x=0$ における媒質の振動の変位 $y(0,t)$ を求めよ．

(4)　任意の位置 x，任意の時刻 t における波の式 $y(x,t)$ を求めよ．

[3]　波源が $x=0$ の位置にあり，x 軸正方向に正弦波が伝わっている．波源の振動の変位 y は時刻 t の関数として，$y=A\sin(2\pi/T)t$ と書けるものとする．このとき A は振幅，T は周期を表している．

(1)　任意の位置 x，任意の時刻 t における波の変位 $y(x,t)$ を求めよ．ただし，波長を λ とせよ．

(2)　$x=x_0\ (>0)$ の位置で媒質を固定し，固定端反射させた．このとき，$x=x_0$ の入射波の変位 y と反射波の変位 y' をそれぞれ求めよ．

(3)　反射波の任意の位置 x，任意の時刻 t での変位 $y'(x,t)$ を(2)の結果を用いて求めよ．

[4]　図 6.24 は，水面上の離れた 2 点 A，B から同位相の波が広がっている様子を描いたものである．波の山は実線で，波の谷は破線で描かれている．

(1)　図中の P 点は強め合う点か，弱め合う点か．

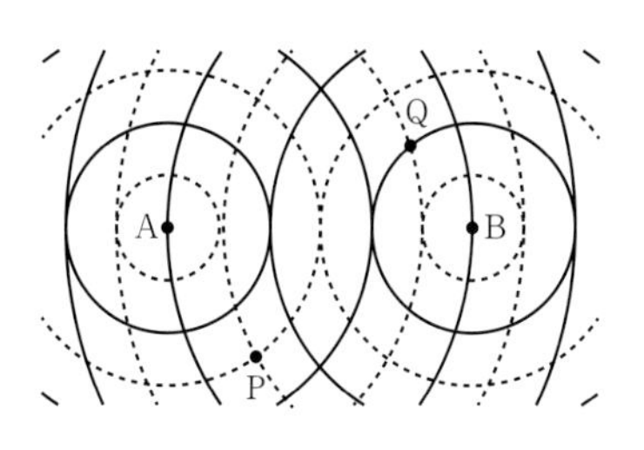

図 6.24

(2)　図中の Q 点は強め合う点か，弱め合う点か．

(3)　図中の P 点と同じ干渉条件を満たす強め合い，または弱め合いを示す位置を図中に描け．

[5]　図 6.25 は，縦波の位置 x における媒質の密度の様子を示すグラフである．ρ_0 は，密でも疎でもない状態であり，ρ_{max} は密度が最大 (密)，ρ_{min} は密度が最小 (疎) であることを示している．

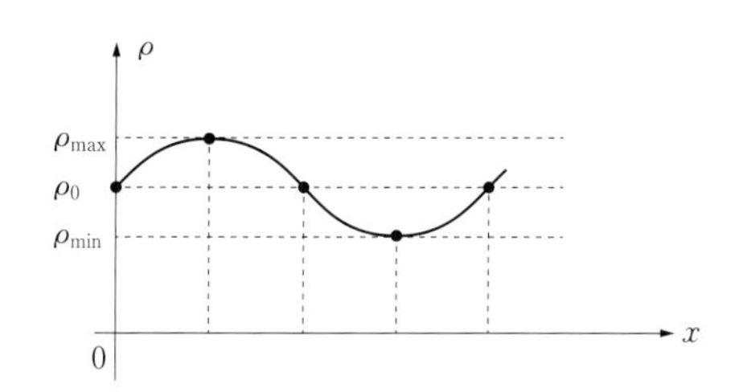

図 6.25

(1)　縦波は x 軸正方向に進んでいるものとする．図 6.25 の時刻から少し時間が経過したときの密度のグラフを，破線で図 6.25 に重ねて描け．

(2)　縦波の変位を y として，図 6.25 の時刻における縦波を横波表示として y - x グラフを描け．振幅は適当な大きさでよい．

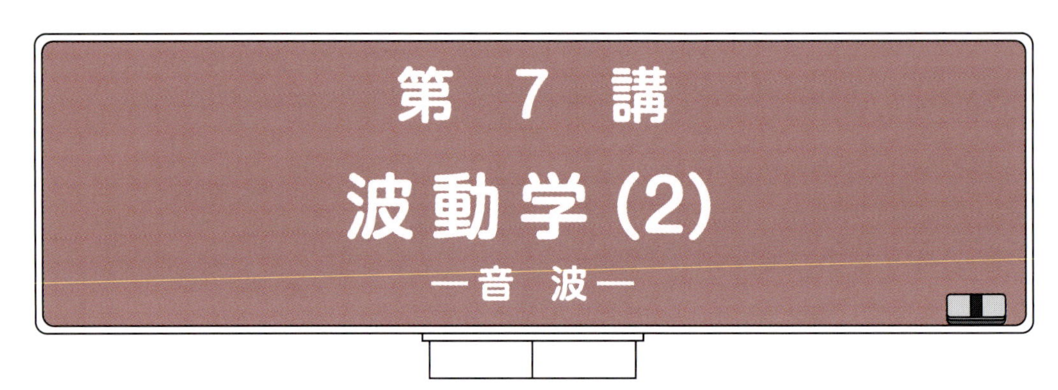

§7.1 音 波

(1) 音波の性質

第6講でも述べたように，音波は疎密が媒質を伝わる縦波である．太鼓の膜の動きや，鼓膜の振動，スピーカーのコーンの振動などをイメージすれば，波の進行方向と媒質の進行方向が一致していることは容易に理解できる．以下に音の性質について簡単に触れておく．

・**音の大きさ**

音波の振幅が大きいほど音は大きくなる．ただし，振動数が同じときである．

・**音の強さ**

音波が単位時間当りに運んでいる波のエネルギーである．振幅，振動数が大きいほど大きい．

・**音の高さ**

振動数が大きいほど高い音で聞こえる[注1]．振動数が倍になることを1オクターブ上がるという．

注1 人が聞き取れる音の振動数の範囲は，20 Hz ～ 20000 Hz である．これを超える振動数の音波のことを超音波という．

・**音色**

音の波形の違いが音色の違いを表す．同じドの音でも，楽器によって聞こえ方が異なるのはこのためである．

・**音の伝わる速さ**

気温 t [℃] の空気中では，音の伝わる速さは

$$V = 331.5 + 0.6t \ [\mathrm{m/s}]$$

で表される．音は，水中や固体中も伝わり，空気中を伝わる速さよりも速い[注2]．

注2 鉄を伝わる音波の速さはおよそ 6000 m/s，水中では 1500 m/s 程度である．

この他にも，第6講で述べたような，干渉や回折現象も観測される．2つの音源から同じ振動数の音を発生させると，観測する場所によって，音が大きく聞こえるところと音が聞こえないところが観測される（**干渉現象**）．また，塀の向こうから人の話し声が聞こえるなど，音が

障害物の背後にも届く現象も観測される（**回折現象**）．また，大きな声で山に向かって叫ぶと，こだまが帰ってくる現象も観測される（**反射**）．音波の反射は，魚群探知機などにも利用されている現象である．この他にも**屈折現象**などが観測される．冬のよく晴れた夜などに，遠くの音（お寺の鐘や夜汽車の音）が聞こえるのはこのためである．放射冷却のため地面よりも上空の空気の温度が高く，地面付近よりも上空の方が音速が速くなっているために起こる現象で，屈折が原因である（屈折に関しては第8講を参照）．

（2） 定常波とは？

まず，具体的な音波の話に入る前に定常波について解説する．振幅，波長，振動数，速さが同じでそれぞれ逆向きに進む波が重なると，どちらにも進行しないように見える波ができる．この波のことを**定常波**という．軽く張った糸や弦を弾いたときによく見られる波である．それぞれ逆向きの同じ波の重なる様子を表したものが，図7.1である．黒実線が右に進む波，黒点線が左に進む波，赤実線が2つの波の合成波を表している．

(a)は，右向きの波と左向きの波の山と谷が互いに重なり，合成波の変位がどの位置においても0であることを示しており，この時刻を $t=0$ とする．(b)，(c)，(d)は1/8周期ずつ波をそれぞれずらして合成波を作図したものである．(c)では，互いの山と山，谷と谷が重なり，大きく変位している場所がある．半周期経過すると(e)のようになり，合成波は再び(a)と同じ状態になる．これらの合成波を重ねて書いたものが(g)であり，激しく振動する場所と全く振動しない場所が交互に並んでいることがわかる．激しく振動する場所を**腹**，全く振動しない場所を**節**とよび，隣り合う腹同士，隣り合う節同士の間隔は半波長（$\lambda/2$）に等しく，隣り合う節と腹の間隔は1/4波長（$\lambda/4$）に等しい．一般に定常波を作図する際には，(g)で示したように，最大変位の2つの波を描いて表すことが多い[注3]．

注3 定常波の図示では，(g)をさらに簡潔に，最大変位の瞬間のみを描く場合が多い．

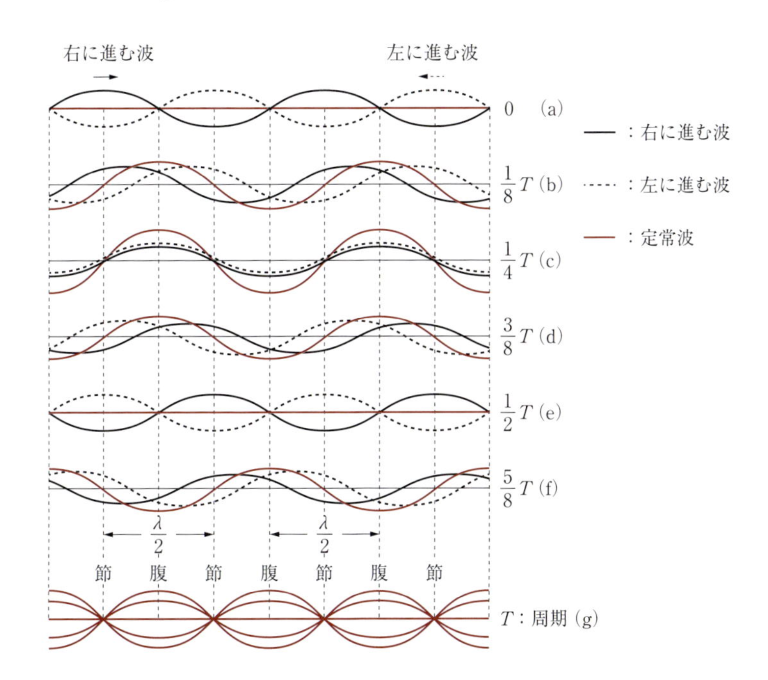

図7.1 為近和彦 著：「為近の物理基礎 & 物理 合格へ導く解法の発想のルール（波動・熱・原子）【パワーアップ版】」（学研プラス，2014年）より

入射波が反射点で固定端反射して反射波を作り，入射波と反射波が重なるとき，反射点では媒質が動けないので必ず定常波は節となる．一方，反射点が自由端の場合には，反射点で媒質が大きく振動し腹となる．

(3)　弦の振動

図 7.2 のように両端を固定した弦を考える．弦を弾くと，両端で反射した波が互いに重なり両端を節とした定常波ができる．定常波ができるときの振動をこの弦の**固有振動**，このときの振動数を**固有振動数**とよぶ．両端が固定端反射するときの定常波で，振動数が最小値となるような振動を**基本振動**とよび，そのときの振動数を**基本振動数**という．

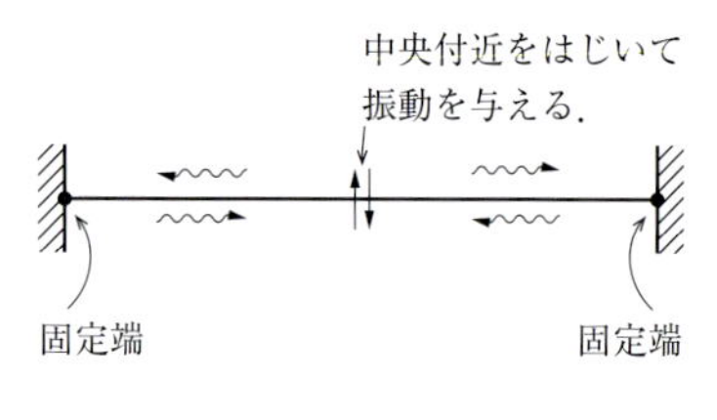

図 7.2

また，弦を伝わる波の速さ v [m/s] は，弦の張力を T [N]，線密度を ρ [kg/m] とすると，

$$v = \sqrt{\frac{T}{\rho}} \tag{7.1}$$

と表されることが知られている注4．線密度とは，弦の単位長さ（1 [m]）当りの質量のことであり，ギターでは，第 1 弦（最も上側の弦）が最も大きく，第 6 弦（最も下側の弦）が最も小さい．

注 4　$v = T^x\rho^y$ とおくと次元解析とよばれる手法から，$[\mathrm{LT}^{-1}] = [\mathrm{MLT}^{-2}]^x[\mathrm{ML}^{-1}]^y = [\mathrm{M}]^{x+y}[\mathrm{L}]^{x-y}[\mathrm{T}]^{-2x}$ より，$x + y = 0$，$x - y = 1$，$-2x = -1$ となり，$x = 1/2$，$y = -1/2$ と求められる．
　次元は単位を考えると容易である．次元を考えるときは，単位 [m] → 次元 [L]：length，単位 [kg] → 次元 [M]：mass，単位 [s] → 次元 [T]：time とおきかえよう．

さて，ある弦を一定の張力で張り，弦を弾いて基本振動をさせてみよう．基本振動数は，定常波ができるときの最小の振動数であるから，弦を伝わる速さが一定のとき，波長は最大となる（基本式 $v = f\lambda$ より）．すなわち，両端が節で，最も波長の長い定常波が基本振動であることがわかる．これを図示すると，図 7.3 のようになる（注3 にならって，最大変位で表してある）．この図より，弦の長さを l，波長を λ_1 とすると，

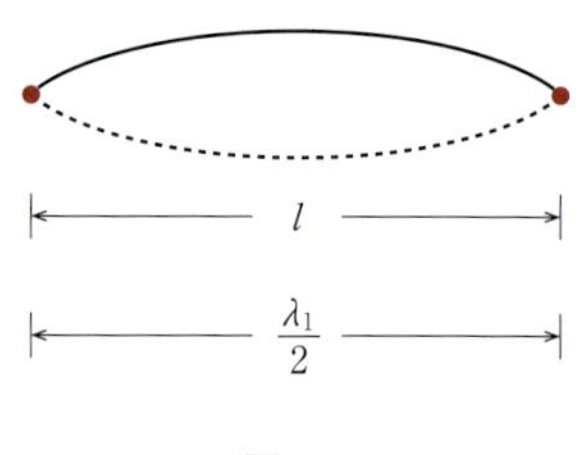

図 7.3

$$l = \frac{\lambda_1}{2} \cdot 1 \tag{7.2}$$

となる．弦の長さが半波長（腹 1 [個] 分）に等しいことわかる．

ここで一般的な場合を考える．両固定端の間に腹が m [個] 入っているときは，波長を λ_m とすると (7.2) にならって，

$$l = \frac{\lambda_m}{2} \cdot m \tag{7.3}$$

となり，波長 λ_m は，

$$\lambda_m = \frac{2l}{m} \tag{7.4}$$

と書ける．ここで，弦を伝わる波の速さを v とすると，基本式から，このときの固有振動数 f_m は，

$$f_m = \frac{v}{\lambda_m} = \frac{\sqrt{(T/\rho)}}{2l} \cdot m \qquad (7.5)$$

と書けることがわかる．先ほどの議論からもわかるように，$m = 1$ のときが基本振動であり，f_1 が基本振動数である．(7.5)で表される振動は，**m 倍振動**とよばれる[注5]．

注5　具体的には，$m = 2, 3, \cdots$のとき，2 倍振動，3 倍振動，$\cdots$という．

(4)　気柱の振動

管楽器などでは，管の中の空気を振動させ，定常波を作ることで音を発している[注6]．例えば，ジュースの空き瓶の縁に唇をつけて，上手に吹くと大きな音が出るのもこの例である．空き瓶の底と管口近くでそれぞれ固定端反射，自由端反射をして定常波ができたのである．このように一方が閉じた気柱のことを**閉管気柱**という．また，両端が開いた管は**開管気柱**とよばれ同様のことが起こるが，このときは両端の管口の近くで自由端反射となる．

注6　管の中の気体のことを気柱という．

開管気柱では両端が腹となり，縦波の横波表示で定常波を表すと，波長の最も長い基本振動は図 7.4 のようになる．これより，開管気柱の長さを l とすると，

$$l = \frac{\lambda_1}{2} \cdot 1 \qquad (7.6)$$

となり，式としては(3)で解説した弦と同様の式が成立する．したがって，m 倍振動では，空気中の音速を V とすると，弦と同様に考えて[注7]

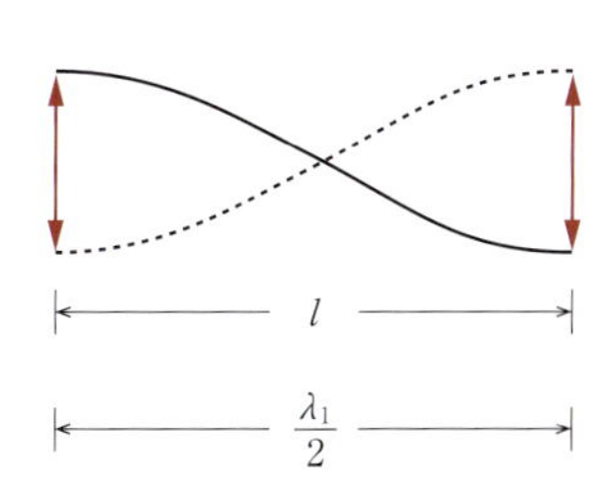

図 7.4

$$f_m = \frac{V}{\lambda_m} = \frac{V}{2l} \cdot m \qquad (7.7)$$

となる．

注7　空気中を伝わる音速は，一般に気温を t [℃] とすると $V = 331.5 + 0.6\,t$ [m/s] と表され，約 15 [℃] のときはおよそ 340 [m/s] である．

一方，閉管気柱では，開口部が自由端で腹となり，閉口部が固定端で節となるので，波長の最も長い基本振動は図 7.5 のようになる．これより，閉管気柱の長さを l とすると，

$$l = \frac{\lambda_1}{4} \cdot 1 \qquad (7.8)$$

となり，基本振動における波長 λ_1 は，

$$\lambda_1 = \frac{4l}{1} \qquad (7.9)$$

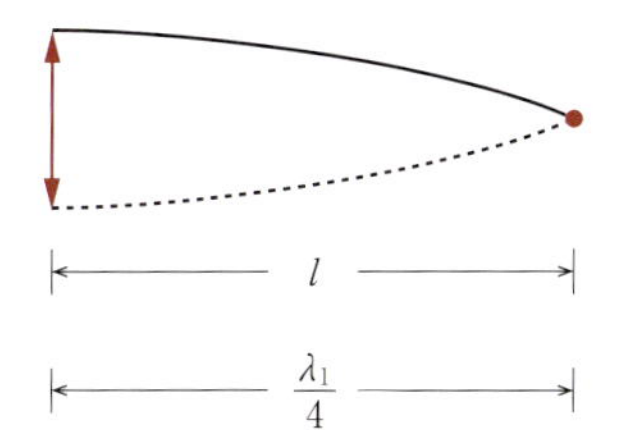

図 7.5

となる．しかし，次ページの図 7.6 で示したように，閉管気柱では偶数倍振動は存在せず，奇数倍振動しか許されない．したがって，m 倍振動の波長 λ_m は，

$$\lambda_m = \frac{4l}{m} \quad (m：奇数) \qquad (7.10)$$

となる．これより，閉管気柱での定常波の振動数は，以下のように表される．

$$f_m = \frac{V}{\lambda_m} = \frac{V}{4l} \cdot m \quad (m：奇数) \qquad (7.11)$$

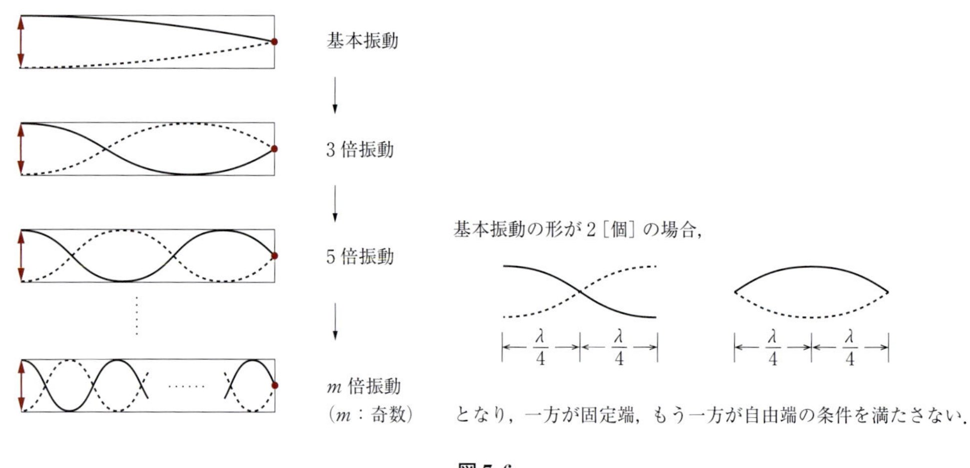

図 7.6

例題 7.1

次の文章において，下線部分が正しい場合には○，誤っている場合には×をつけ，さらに文章が正しくなるように下線部を訂正せよ．

(1)　音の大きさは，振動数が大きいほど，大きい．

(2)　音の高さは，振幅が大きいほど，高い．

(3)　音色の違いは，波形の違いによるものである．

(4)　音の強さとは，単位時間に音波が運ぶエネルギーのことである．

(5)　音の強さは，振動数にのみ依存する．

解　(1)　×　振幅が大きい．

(2)　×　振動数が大きい．

(3)　○

(4)　○

(5)　×　振動数と振幅に．　◆

問 7.1　以下の問(1), (2)に答えよ．

(1)　両端を固定した弦を弾いたところ，3倍振動の定常波ができた．弦の長さを l とするとき，波長 λ を l で表し，振動数を λ および，弦の張力 T，線密度 ρ を用いて表せ．

(2)　閉管気柱において，3倍振動の定常波ができている．管の長さを l とするとき，定常波の節の位置を管口からの長さで示せ．また，振動数を l と音速 V を用いて表せ．

§7.2　ドップラー効果

音源や観測者が移動すると，音源が静止しているときに発する振動数とは異なる振動数が観測される．この現象を**ドップラー効果**という．日常では，救急車がサイレンを鳴らしながら自分の目の前を通過するときや，遮断器のある踏切を電車に乗って通過するときなどに観測される現象である．この現象は，音波だけでなく電磁波においても観測される現象で，野球のボールの速度の測定や，車の速度取り締まり，竜巻の観測，血流速度の測定，魚群探知機など，多くの分野に応用されている．この現象を，空気中の音速を V，音源が発する音の振動数を f として，音源が動く場合と，観測者が動く場合に分けて，振動数がどのように変化するかを考えてみる．

（1） 音源が動く場合

図7.7のように，音源が音を発しながら速さ v_S で右向きに移動しており，観測者として音源の前方にA君，後方にB君が静止している場合を考える．音源が右に移動しながら音を発するため，波面の中心が少しずつ右へ移動し図のような波面ができる．この波面図からもわかるように，明らかにA君とB君が観測する音の波長は異なり，A君側が短く，B君側が長くなる．このため，A君が単位時間に受け取る波の数は増加し振動数が大きくなるため，音源が出す本来の音よりも高音で聞こえることになる．一方，B君側では，単位時間に受け取る波の数が少なくなり振動数が小さくなって低音で聞こえることがわかる．救急車が自分の目の前を横切った瞬間に，そのサイレンの音が急に低く聞こえるのはこのためである．

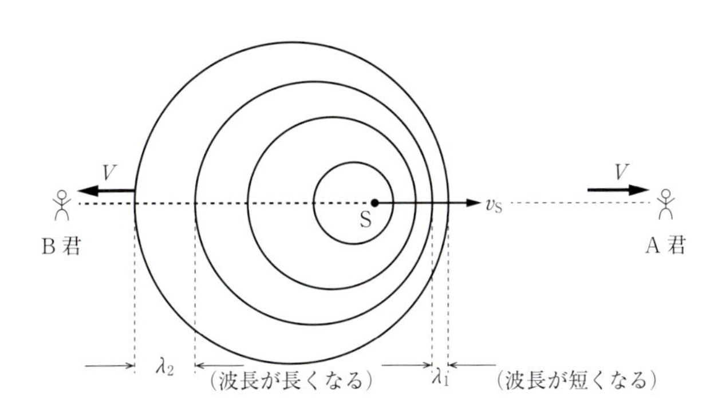

図7.7 為近和彦著：「2018年 夏期講習（テキスト4028）為近和彦の物理（熱・波動）」（代々木ゼミナール，2018年）より

以上の内容を定量的に考えてみる．A君側では，音源から発せられた音が単位時間に進む距離は V に等しいが，その間に音源は距離 v_S 進むので，結局，距離 $V - v_S$ の中に波が f［個］入っており，音源が静止しているときに発する音の波長より短くなることがわかる．このときの波長を λ_1 とおくと，音源にとっての波の基本式は，

$$V - v_S = f\lambda_1 \tag{7.12}$$

となる（図7.8）．一方，観測者A君は静止した状態で，この短くなった波長を受け取ることになる．A君にとっての基本式は，観測される音の振動数を f_1 とすると，

$$V = f_1\lambda_1 \tag{7.13}$$

となる（図7.9）．2式より λ_1 を消去すると，以下のようになる．

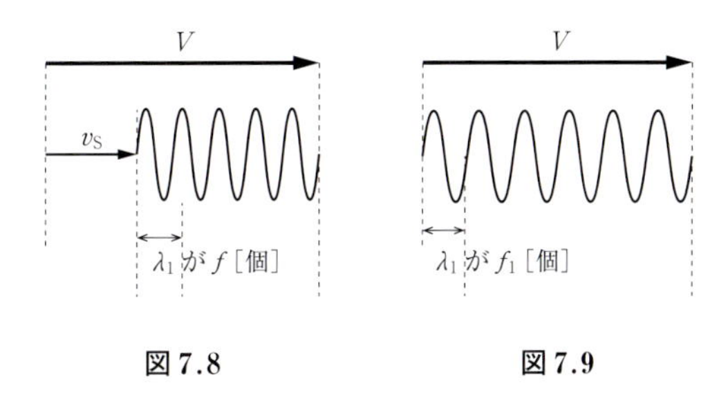

図7.8　　**図7.9**

$$\boldsymbol{f_1 = \frac{V}{V - v_S} \cdot f} \tag{7.14}$$

意味 **波長が $\lambda_1 = (V - v_S)/f$ となって短くなったため，振動数が大きくなった．**

これより，音源が出す音の振動数よりも大きな振動数が観測でき（$f_1 > f$），高音で聞こえることがわかる．

一方で，観測者B君側でも同様に考える．音源にとっての基本式は，長くなった波長を λ_2 とすると，

$$V + v_S = f\lambda_2 \qquad (7.15)$$

となり（図7.10），B君にとっての基本式は，観測される音の振動数を f_2 とすると

$$V = f_2\lambda_2 \qquad (7.16)$$

となる（図7.11）．これらの式より，B君が観測する音の振動数は，以下のようになる．

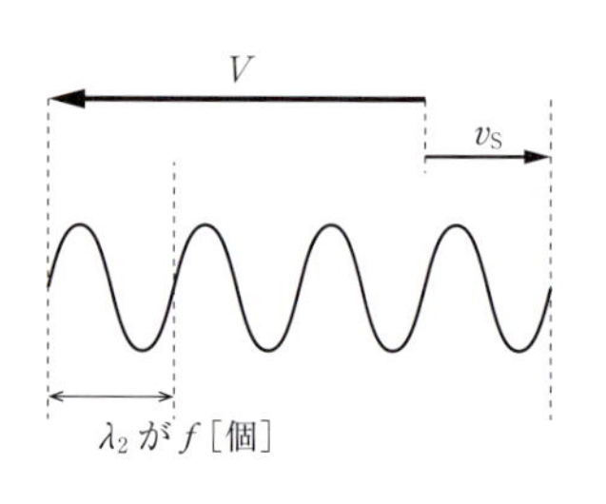

図7.10

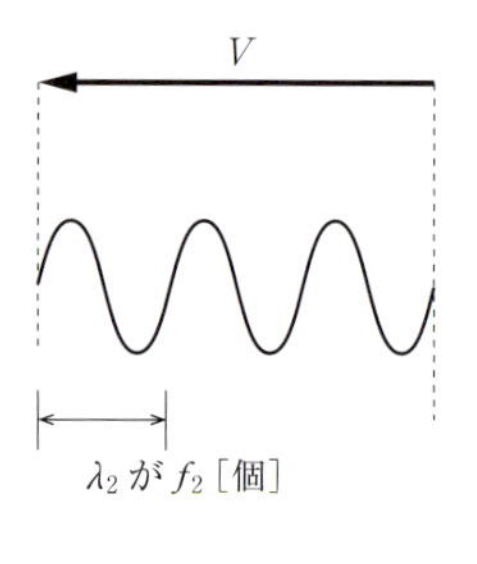

図7.11

$$f_2 = \frac{V}{V + v_S} \cdot f \qquad (7.17)$$

意味　**波長が $\lambda_2 = (V + v_S)/f$ となって長くなったため，振動数が小さくなった．**

これより，低音で聞こえる（$f_2 < f$）ことが確認できる．

(2)　観測者が動く場合

図7.12のように，静止している音源が出す音を，音源に向かって移動する観測者C君と，音源から遠ざかる向きに移動する観測者D君が聞く音について考える．図からも分かるように，(1)の場合と異なり，C君，D君に届く音の波長は音源が発した波長と同じである．しかし，C君の場合には，速さ V でやってくる音に対して速さ v_O で向かっていくので，見かけの音速が $V + v_O$ となり，単位時間に受け取る波の数が多くなって振動数が大きく高音で聞こえることがわかる．このように考えると，D君側では，見かけの音速が $V - v_O$ となり，振動数が小さく低音で聞こえることがわかる．

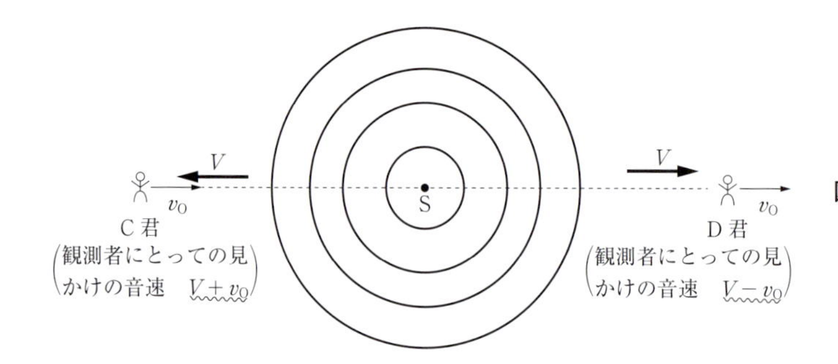

図7.12　為近和彦 著：「2018年夏期講習（テキスト4028）為近和彦の物理（熱・波動）」（代々木ゼミナール，2018年）より

先ほどと同様に，これらの現象を定量的に議論する．音源にとっての基本式は，音源が出す音の波長を λ として，

$$V = f\lambda \qquad (7.18)$$

と書ける．この音をC君，D君が観測する．

まず，初めにC君が観測する振動数 f_3 に着目する．図7.13のように，C君を単位時間に通過する音波の長さは $V + v_O$ となり，この中に，入っている波長の数だけ聞くことになるので，C君にとっての基本式は，

$$V + v_O = f_3\lambda \qquad (7.19)$$

となり，(7.18)で割ると，以下のようになる．

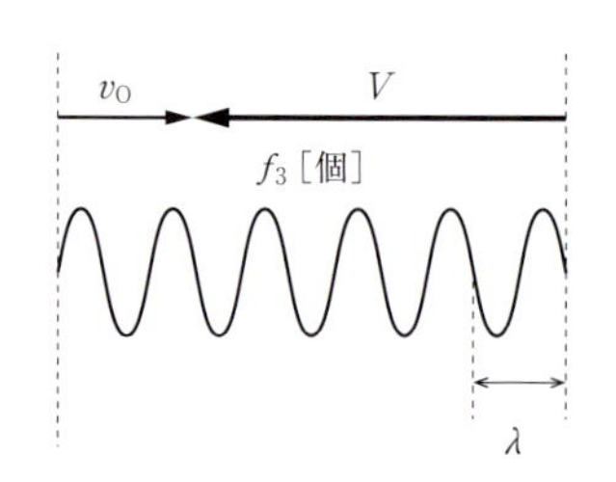

1秒間に観測者を通過した波

図7.13

$$f_3 = \frac{V + v_O}{V} \cdot f \tag{7.20}$$

意味 見かけの音速が $V + v_O$ となって速くなったため，振動数が大きくなった．

これより，高音で聞こえること ($f_3 > f$) が定量的にも示された．

D 君が聞く音の振動数 f_4 も同様に考えると，図 7.14 のように，単位時間に通過する音波の長さ $V - v_O$ の中にある波の数だけ受け取ることになるので，D 君にとっての基本式は，

$$V - v_O = f_4\lambda \tag{7.21}$$

となり，先ほどと同様に(7.18)で割ると，以下のようになる．

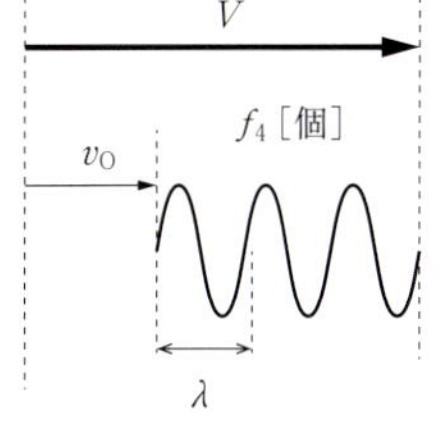

図 7.14

$$f_4 = \frac{V - v_O}{V} \cdot f \tag{7.22}$$

意味 見かけの音速が $V - v_O$ となって遅くなったため，振動数が小さくなった．

これより，低音で聞こえる ($f_4 < f$) ことが定量的にわかる．

以上のように，ドップラー効果を考えるときには，まず最初に観測される振動数が，音源が出す音の振動数よりも大きくなるか，小さくなるかを定性的に捉えてから，それぞれの基本式を立式することが大切である．

例題 7.2

図 7.15 のように，音源が西に速さ v_S で移動し，観測者が東に速さ v_O で移動する場合を考える．音速を V，音源が出す音の振動数を f として，以下の問に答えよ．

図 7.15

(1) 観測者に届く音の波長を求めよ．

(2) (1)の結果を用いて，観測者が受け取る音の振動数を求めよ．

解 (1) 音源にとっての基本式より，以下のようになる（図 7.16）．

$$V + v_S = f\lambda \quad \therefore \lambda = \frac{V + v_S}{f}$$

(2) 観測者にとって基本式より，以下のようになる（図 7.17）．

$$V - v_O = f'\lambda$$

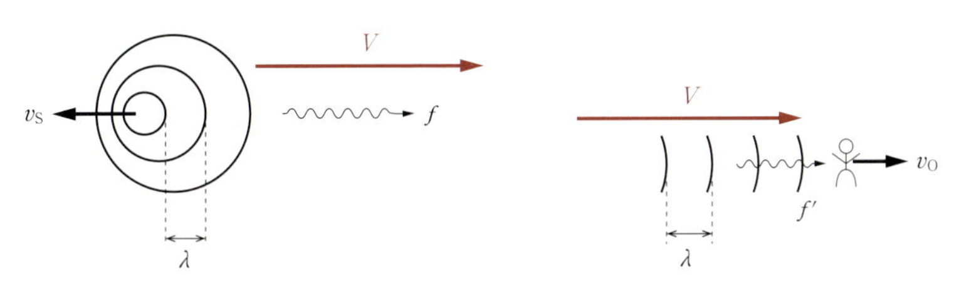

図 7.16　図 7.17

$$\therefore\ f' = \frac{V - v_0}{\lambda} = \frac{V - v_0}{V + v_S} f$$

◆

問 7.2　図 7.18 のように，速さ v_S で進みながら，振動数 f の音を出している飛行体 P を考える．この飛行体が，図の A 点を通過するときに出した音を O 点で観測するとき，以下の問に答えよ．ただし，音速は V とする．

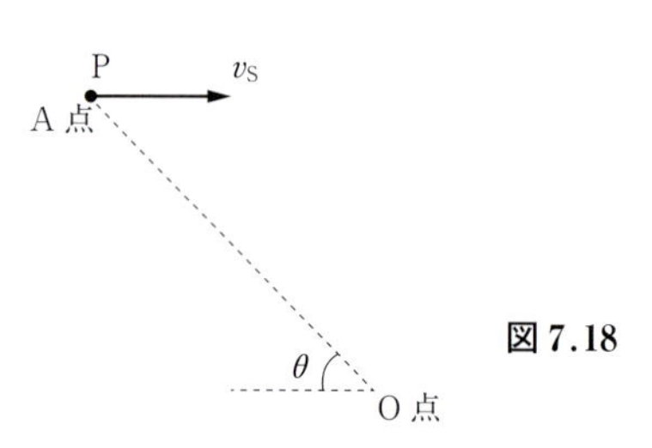

図 7.18

(1)　飛行体 P の AO 方向の速度成分 v はいくらか．v_S と図の θ を用いて答えよ．

(2)　AO 間を伝わる音の波長はいくらか．

(3)　O 点で観測される音の振動数はいくらか．

§7.3 うなり

振動数がわずかに異なる 2 つの音が重なると，ウォーン，ウォーンと，周期的に強弱を繰り返す現象が観測される．この現象を**うなり**という．全く同じ振動数の音が重なれば大きな音で聞こえ，大きく異なる振動数の音が同時に存在するときは 2 つの音として判断できるが，わずかに異なる振動数の場合には，これらが重なるとうなりとして観測される[注8]．身近なところでは，この現象はギターの調弦や，ピアノの調律などに用いられている．

注8　約 10 Hz 以上の差があるときはうなりとして観測されず，2 つの音として区別することができる．図 7.19 は，山の数を少なくして模式的に描いたものである．

振動数がわずかに異なる発音体 P，Q を用意し，これを同時に鳴らすことを考える．それぞれの振動数を f_P，f_Q とし，$f_P > f_Q$ とする．図 7.19 に示すように，発音体 P の振動の山と発音体 Q の振動の山が重なり，大きな音が聞こえるときを基準として，2 つの波が重ね合わされる様子を観測してみる．すると，山の位置は徐々にずれて，やがて，山と谷が重なり音が消えることがわかる．さらに，徐々にずれて，山 1 つ分ずれたとき再び山と山が重なり大きな音となる．このため，ウォーン，ウォーンと，周期的な音が聞こえることになる．ここで述べた，大きな音がするときから，次の大きな音がするときまでの時間のことを，**うなりの周期**という．

このうなりの周期を T とすると，時間 T の間に波の山の数はそれぞれ $f_P T$ [個]，$f_Q T$ [個] である．先ほどの考察より，山の数が 1 つずれて再び重なる現象であるから，これを式で表すと，

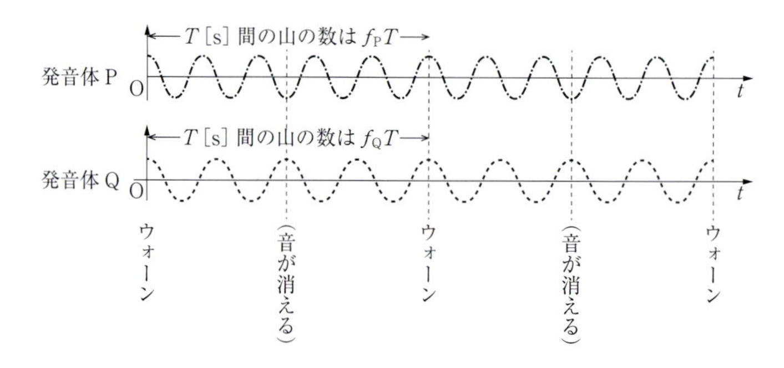

図 7.19　為近和彦 著：「2018 年　夏期講習（テキスト 4028）為近和彦の物理（熱・波動）」（代々木ゼミナール，2018 年）より

$$f_{\mathrm{P}}T - f_{\mathrm{Q}}T = 1 \tag{7.23}$$

意味　**周期 T の間に波の山の数が1つずれて，再び重なり大きな音となる．**

単位時間当りのうなりの回数を N とおくと，

$$N = \frac{1}{T} \tag{7.24}$$

であるから，(7.23)より，

$$N = \frac{1}{T} = f_{\mathrm{P}} - f_{\mathrm{Q}} \tag{7.25}$$

が成立する．この N のことを**うなりの振動数**という．

例題 7.3

振動数が600 [Hz] のおんさと振動数が f のおんさを同時に鳴らしたところ，単位時間当りのうなりの回数が5回だった．振動数 f を求めよ．

解　2つの振動数の差の大きさがうなりの回数に等しいので，うなりの式より $5 = |600 - f|$．これより求めるおんさの振動数 f は2つ考えられる．

$$f = 605\,[\mathrm{Hz}] \quad または \quad 595\,[\mathrm{Hz}]$$

◆

問 7.3　2つの発音体A，Bから同時に音が出ており，うなりの周期が0.2 [s]と観測された．発音体Aからは振動数500 [Hz]の音が出ているとし，発音体Bからの振動数は500 [Hz]よりもわずかに小さいとしたとき，発音体Bから出ている音の振動数を求めよ．

総 合 問 題

[1]　1本の弦が張力24 [N]で張られて両端が固定されている（図7.20）．この弦の長さは1.2 [m]であり，弦の質量は0.72 [g]である．以下の問に答えよ．

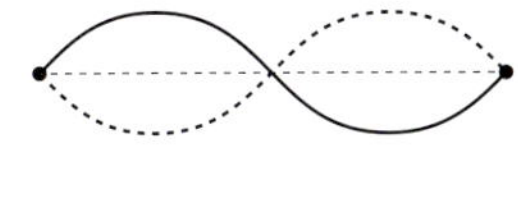

図 7.20

(1)　この弦の線密度を求めよ．

(2)　この弦を伝わる波の速さを求めよ．

(3)　この弦を弾くと2倍振動の定常波ができた．このときの波長と振動数を求めよ．

(4)　この弦の基本振動数を求めよ．

[2]　長さ20.0 [cm]の閉管気柱を考える（図7.21）．音速を340 [m/s]とし，開口端の位置に定常波の腹ができるものとして以下の問に答えよ．

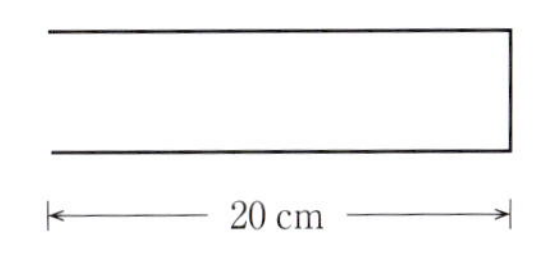

図 7.21

(1)　基本振動のときの波長と振動数を求めよ．

(2)　開口端も含めて3カ所に腹ができた．このときの波長と振動数を求めよ．

[3]　振動数 f の音を出す音源が静止している．図7.22のように，この音を速さ v_{R} で移動する反射板で反射させた．このようにすると，図の位置の観測者には音源からの直接音と反射音が同時に観測されることになる．ただし，音源と観測者は一直線上にいるものとする．音速を V として，以下の問に答えよ．

図 7.22

(1)　観測者が受け取る直接音の振動数 f_1 を求めよ．

(2)　反射板の位置に仮の観測者を置いて考える．この仮の観測者が受け取る音の振動数 f_R はいくらか．

(3)　反射板を振動数 f_R の音源と考えて，観測者が受け取る反射音の振動数 f_2 を求めよ．

(4)　実際には観測者はうなりを聞いた．うなりの周期 T とうなりの振動数 N を求めよ．

[4]　線密度 ρ，長さ l の弦が張力 T で張られており，一方を図 7.23 のようにおんさにつなぎ，他方を固定した．このおんさを振動させたところ，弦の両端を節とする基本振動の定常波が観測された．

おんさの振動数を f として，以下の問に答えよ．

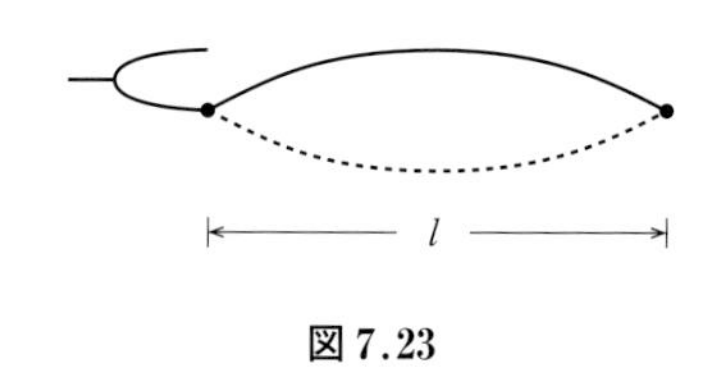

図 7.23

(1)　弦を伝わる波の速さを T と ρ のみで表せ．

(2)　定常波の波長を l のみで表せ．

(3)　弦の張力だけを変化させて，n 倍振動の定常波を作りたい．張力を何倍にすればよいか求めよ．

(4)　弦の線密度だけを変化させて，n 倍振動の定常波を作りたい．線密度を何倍にすればよいか求めよ．

(5)　おんさだけを交換して，n 倍振動の定常波を作りたい．振動数が何倍のおんさに交換すればよいか求めよ．

[5]　長さ l の閉管気柱に 5 倍振動の定常波ができている．音速を V として，以下の問に答えよ．

(1)　定常波の波長を l のみで表せ．

(2)　音の振動数を求めよ．

(3)　この状態から気温を徐々に上昇させたところ，定常波が観測できなくなったが，やがて再び観測することができた．このとき，何倍振動の定常波ができているか求めよ．

(4)　(3)のときの，定常波の波長を l のみで表せ．

[6]　図 7.24 のように，高度 h を保って飛行機 P が速さ v_P で飛行している．この飛行機 P を振動数 f の音源と考え，音速を V として以下の問に答えよ．

飛行機 P が観測者のいる O 点の上空を通過した際に発した音を，ある時刻において，観測者が振動数 f の音として受け取った．この時刻における飛行機 P の位置を考えて，O 点から飛行機 P までの距離を求めよ．

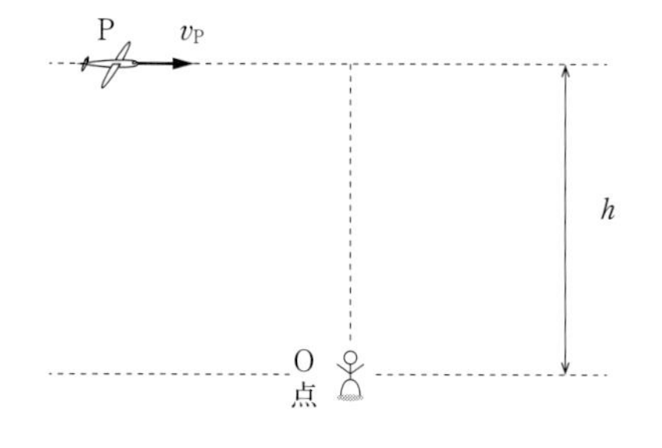

図 7.24

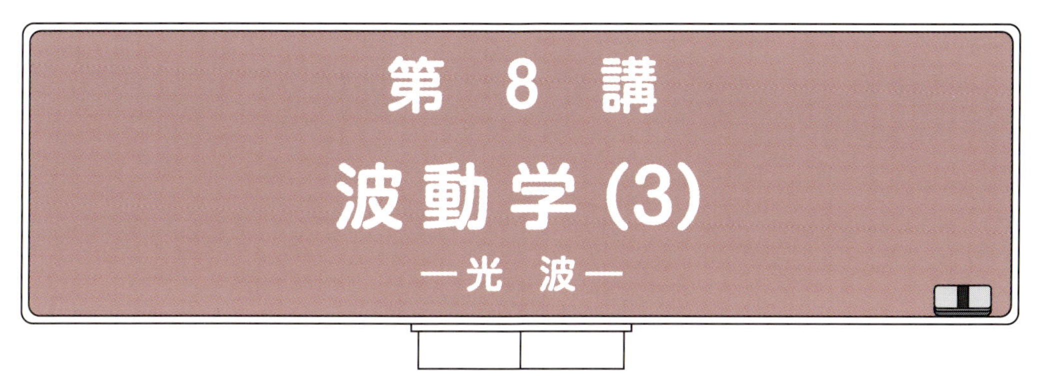

まず最初に，光の性質について簡潔に述べる．光が伝わる速さは，真空中ではおよそ 3.0×10^8 [m/s] であり，真空中以外では，媒質の種類によって光の速さは異なる[注1]．また，我々の目で観測できる光のことを**可視光**とよび，光の色の違いは，波長の違いによるものである．可視光で波長が最も短いものは紫色で，およそ 3.8×10^7 [m] 程度，また，可視光で波長が最も長いものは赤色で，およそ 7.7×10^7 [m] 程度となっている．**紫外線**や**赤外線**は，目で見ることができない光で，可視光よりも紫外線はより短い波長，赤外線はより長い波長領域にある．また，通信に用いる電波や，医療などに用いられる X 線なども光の一種である[注2]．

注1 光の速さは，正確には，$c = 2.99792458 \times 10^8$ [m/s] であり，1 秒間に地球をおよそ 7 周半回れる程度の速さである．

注2 光の分類：波長の長い順から並べると次のようになる（単位 [m]）．電波 $10^4 \sim 10^{-4}$，赤外線 $10^{-4} \sim 10^{-7}$，可視光線 10^{-7}，紫外線 10^{-8}，X 線 $10^{-8} \sim 10^{-12}$．

太陽光や白熱電球から発せられる光は，可視光領域のほぼ全域にわたった波長の光が混ざったものであり，**白色光**とよばれる．白色光をプリズムなどに入射させると，波長ごとに分かれて虹色の光が観測される．これに対して，単一の波長をもつ光のことを**単色光**とよぶ．単色光は，プリズムに入射させても，分かれることはない．

§8.1 光の反射と屈折，全反射

(1) 光の反射

図 8.1 のように，空気中を進んできた光が水面で反射することを考える．図に示した角度 i，角度 j のことをそれぞれ入射角，反射角とよび，反射面（ここでは水面）に対する法線とのなす角で定義されている．このとき，角度 i と j の間には，

$$i = j \tag{8.1}$$

が成立し，**反射の法則**とよばれる．

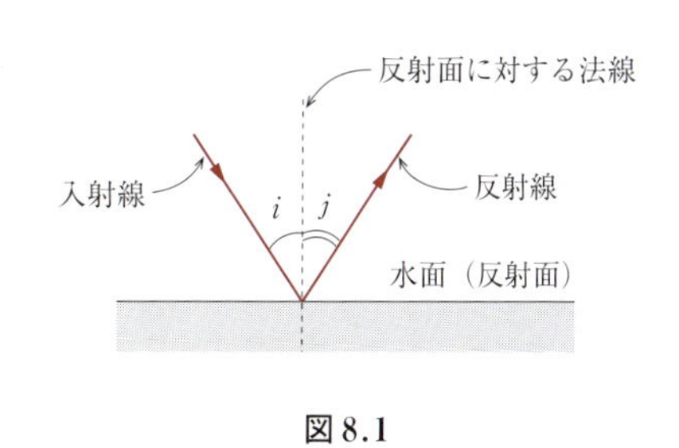

図 8.1

この法則をホイヘンスの原理を用いて説明する（次ページの図 8.2）．平行な 2 本の入射線を考えると，図の点線 AA′ は入射波の波面となる．A′ から B′ に入射線が届くまでの時間を t とすると，光の速さを v として A′B′ 間の距離は vt である．すでに A に達した入射線は，こ

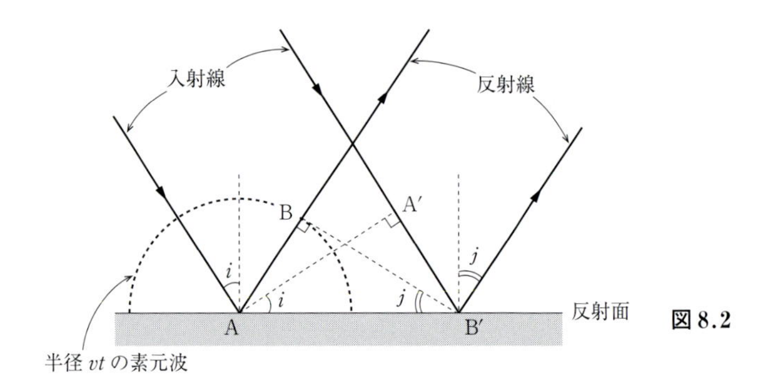

図 8.2

の間に半径 vt の素元波上の 1 点 B を反射線が通る形で反射することになる．すなわち，B′ を通り素元波に接する線分 BB′ が反射波の波面となり，これに垂直な線が反射線となる．

このように考えると，直角三角形 ABB′ と B′A′A は，AB = B′A′ = vt，AB′ 共通であることから合同であることがわかる．これより，直角三角形内の角度 i と j は等しく，図の入射角 i と反射角 j が等しくなり，(8.1) は示されたことになる．平面鏡などでの反射では，この反射の法則に従って光が進行することになる．

(2) 光の屈折

今度は，空気中を進んできた光が水中に入る場合を考える．このとき，光は屈折して進むことが知られている（図 8.3）．図の角度 r のことを屈折角とよび，先ほどと同様に，境界面に対する法線とのなす角で定義されている．このとき，媒質の種類が決まれば，$\sin i$ と $\sin r$ の比が常に一定値を取ることが知られており，$\sin i/\sin r$ のことを空気（媒質 1）に対する水（媒質 2）の屈折率と定義し，これを**相対屈折率**とよび一般に記号で n_{12} と書く．式で表すと，

$$\frac{\sin i}{\sin r} = n_{12}\ (\text{一定値}) \qquad (8.2)$$

となる．

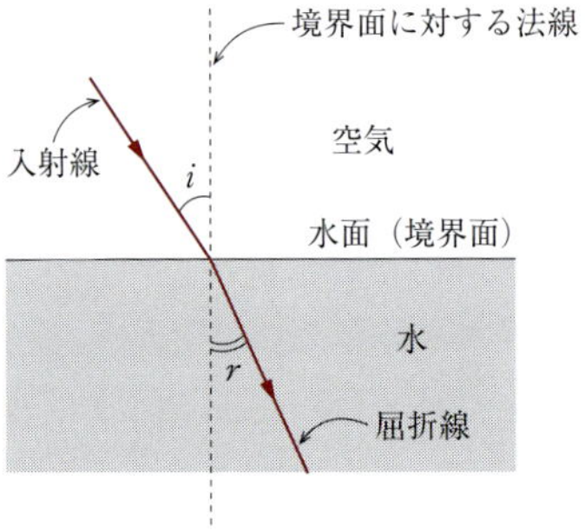

図 8.3

ここで，図 8.4 のように，一般的に，ある媒質 1 から別の媒質 2 へ光が進み屈折する場合を考える．なお，真空に対する媒質の屈折率を**絶対屈折率**（単に屈折率ということもある）とよび，媒質 1，媒質 2 の絶対屈折率をそれぞれ n_1, n_2 とすると，(8.2) は，

$$\frac{\sin i}{\sin r} = n_{12} = \frac{n_2}{n_1} = (\text{一定値}) \qquad (8.3)$$

となり，この式を積の形で書き直すと，

$$\boldsymbol{n_1 \cdot \sin i = n_2 \cdot \sin r} \qquad (8.4)$$

と書ける．このことを，**屈折の法則**という．

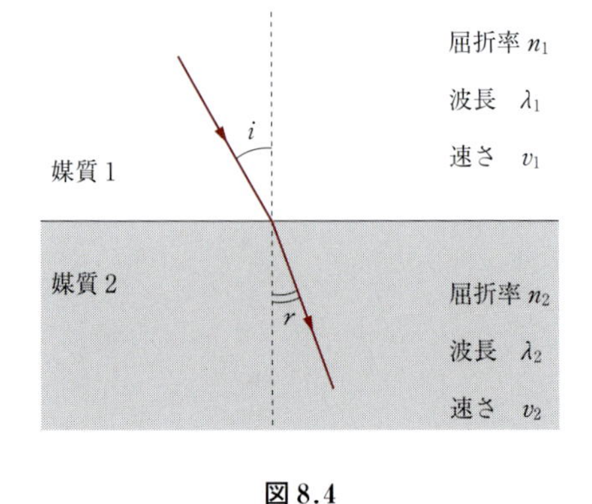

図 8.4

また，媒質 1，媒質 2 での光の速さをそれぞれ v_1, v_2，波長をそれぞれ λ_1, λ_2 とすると，

$$\boldsymbol{n_1 \cdot v_1 = n_2 \cdot v_2, \qquad n_1 \cdot \lambda_1 = n_2 \cdot \lambda_2} \qquad (8.5)$$

と書くこともでき，これも屈折の法則とよばれる．

これらの式を，理由を考えながらホイヘンスの原理を用いて説明する（図 8.5）．まず，反射のときと同様に，平行な 2 本の入射線を考え，AA′ がある時刻の波面であるとする．A′ の光が B′ に達するまでに t だけの時間を要したとすると，A′B′ の距離は v_1t となる．このとき，A からの光は，媒質 2 の中に入るので，A を中心とした半径 v_2t の素元波上の 1 点に達することになる．B′ から素元波上に接線を引いて，媒質 2 中での波面は図の BB′ となる．

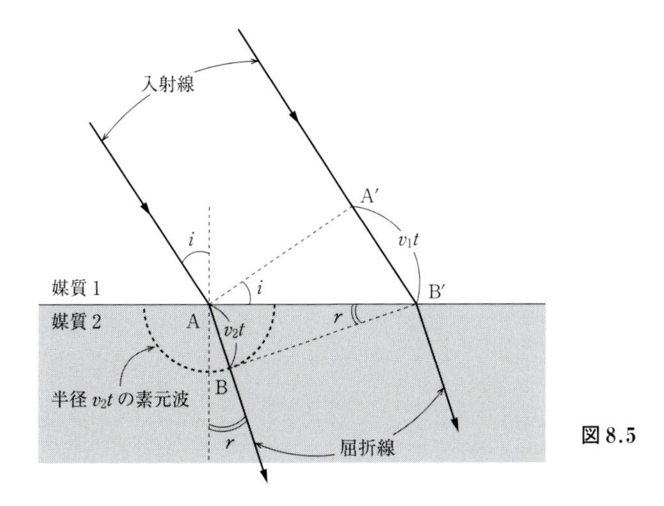

図 8.5

ここで，図のように，直角三角形の中に角度 i，角度 r を持ち込むと，

$$A'B' = v_1t = AB'\sin i, \qquad AB = v_2t = AB'\sin r \tag{8.6}$$

となり，商をとると $v_1/v_2 = \sin i/\sin r$ となる．これを媒質 1 に対する媒質 2 の相対屈折率と定義して，

$$n_{12} = \frac{n_2}{n_1} = \frac{v_1}{v_2} = \frac{\sin i}{\sin r} \tag{8.7}$$

とすれば，常に一定値を取ることがわかる[注3]．また，屈折では振動数 f は不変なので，波の基本式から[注4]，

$$v_1 = f\lambda_1, \qquad v_2 = f\lambda_2 \tag{8.8}$$

が成立するので，(8.4)，(8.5) が成立することがわかる．

注3　v_1, v_2 は媒質によって決まる値であるから，この比は必ず一定値となる．
注4　振動数は単位時間当りの振動する回数なので，反射や屈折では変化しない．

(3)　全反射

今度は，絶対屈折率 n_2 の水中に光源があり，この光源からの光が絶対屈折率 n_1 の空気中に出て行く場合を考える．入射角 i，屈折角 r の光線 1 に着目する（次ページの図 8.6）．ここで，入射角が i よりも少し大きな光線を考えると，屈折角も r より大きくなり，光線 2 のように進むことがわかる．さらに，入射角が大きな光線を考えると，屈折角が 90° となるような光線が存在することがわかる（光線 3）．このときの入射角を i_C とおくと，屈折の法則より，

$$n_2\cdot\sin i_C = n_1\cdot\sin 90^\circ \tag{8.9}$$

となり，$\sin 90^\circ = 1$ であることから，i_C は，

$$\sin i_C = \frac{n_1}{n_2} \tag{8.10}$$

を満たす．屈折角が 90° となるときの入射角 i_C のことを**臨界角**とよぶ．

さらに，入射角が i_C よりも大きい光線は，屈折して空気中に出ることができず，境界面で反射することになる（光線4）．この現象のことを**全反射**とよぶ．真夏のアスファルト上の逃げ水や，蜃気楼などは，この全反射で説明できる自然現象である．

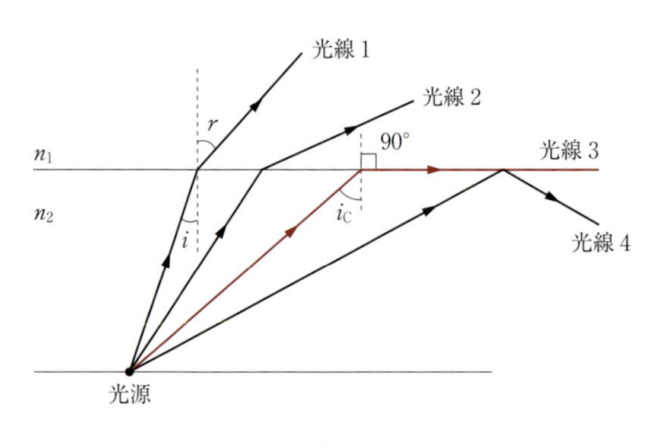

図 8.6

例題 8.1

水平な境界面に，入射角 60° で光線が入射する場合を考える．図 8.7 の，媒質 1 に対する媒質 2 の相対屈折率が $\sqrt{3}$ のとき，反射光と屈折光，および反射角と屈折角を図中に書き込め．

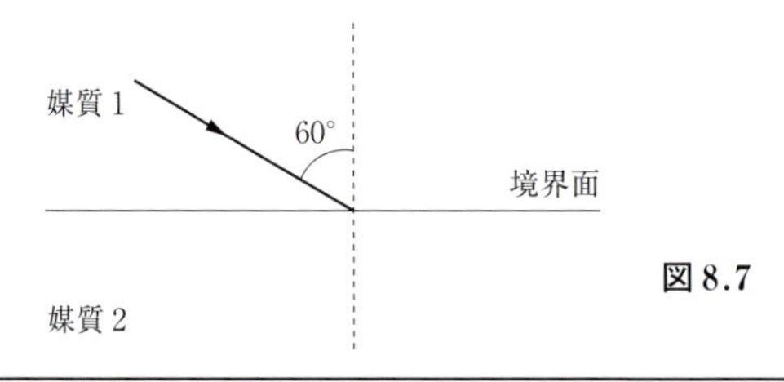

図 8.7

解　反射の法則より，反射光は反射角 60° となる（図 8.8）．反射の法則より，屈折角を r とすると以下のようになる．

$$1 \cdot \sin 60^\circ = \sqrt{3} \cdot \sin r$$

$$\therefore\ \sin r = \frac{1}{2} \quad \therefore\ r = 30^\circ$$

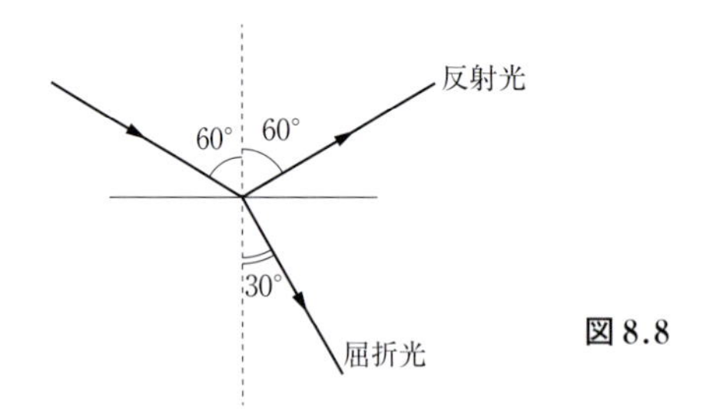

図 8.8

◆

問 8.1　図 8.9 のように，絶対屈折率 n のガラス中を進む光線が，絶対屈折率 1 の真空中に出てくる場合を考える．真空中の光の速さを c，波長を λ として以下の問に答えよ．

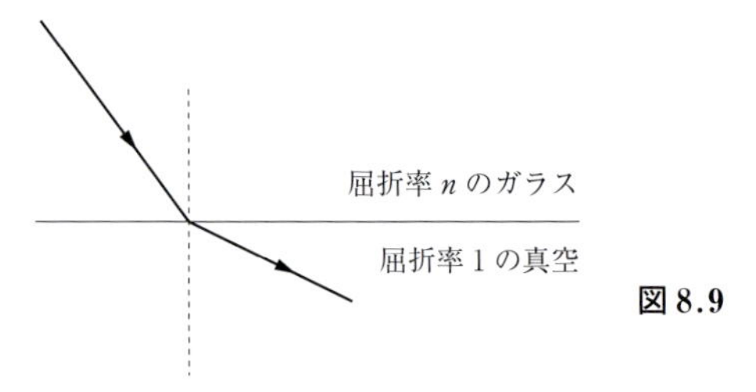

図 8.9

(1)　ガラス中での光の速さを c と n を用いて表せ．

(2)　ガラス中での光の波長を λ と n を用いて表せ．

(3)　(1), (2) の結果を用いて，ガラス中での光の振動数を求めよ．

(4)　この現象における臨界角を θ_C とするとき，$\sin\theta_C$ を求めよ．

§8.2 レンズ光学

(1) 凸レンズによる実像

最初に**凸レンズ**で実像ができる場合を考える注5．このときは，図8.10で表されるような**光路**を描くことで，**実像**の大きさや位置を知ることができる．ここで，**光源**の大きさをl_1，像の大きさをl_2，**焦点**距離をf，レンズから光源までの距離をa，レンズから像までの距離をbとすると，三角形の相似関係より以下の比例式が得られる．

$$\text{三角形 A と三角形 B} \quad l_1 : l_2 = a - f : f \tag{8.11}$$

$$\text{三角形 C と三角形 D} \quad l_1 : l_2 = f : b - f \tag{8.12}$$

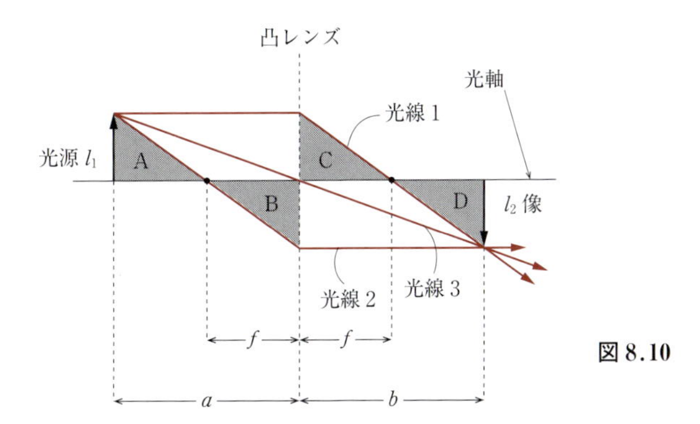

図 8.10

これら2式を比較すると，右辺の比が等しくなるので

$$a - f : f = f : b - f \tag{8.13}$$

が成立する．この式を変形すると，

$$\frac{1}{a} + \frac{1}{b} = \frac{1}{f} \tag{8.14}$$

が得られる．

注5 光路の描き方　光線1：**光軸**に平行な光はレンズ通過後，焦点を通過する．光線2：手前の焦点を通る光はレンズ通過後，光軸に平行に進む．光線3：レンズの中央を通る光は，そのまま直進する．

(2) 凸レンズによる虚像

次に，凸レンズで**虚像**ができる場合を考える．虫眼鏡などで，小さな物体が大きく見える現象がこれに相当する．先ほどと同様に，図8.11の相似関係を考えると，以下のようになる注6．

$$l_1 : l_2 = a : b = f - a : f \tag{8.15}$$

これを変形すると，

$$\frac{1}{a} - \frac{1}{b} = \frac{1}{f} \tag{8.16}$$

が得られる．

注6 光路の描き方　光線1：光軸に平行な光はレンズ通過後，焦点を通る．光線2：手前の焦点から出たかのように進む光はレンズ通過後，光軸に平行に進む．光線3：レンズの中央を通る光は，そのまま直進する．

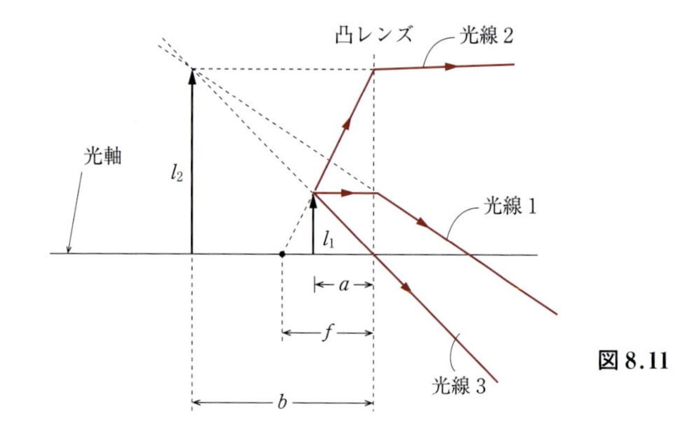

図 8.11

(3)　凹レンズによる虚像

次に，**凹レンズ**で虚像ができる場合を考える．先ほどと同様に，図 8.12 の相似関係を考えると，以下のようになる[注7]．

$$l_1 : l_2 = a : b = f : f - b \tag{8.17}$$

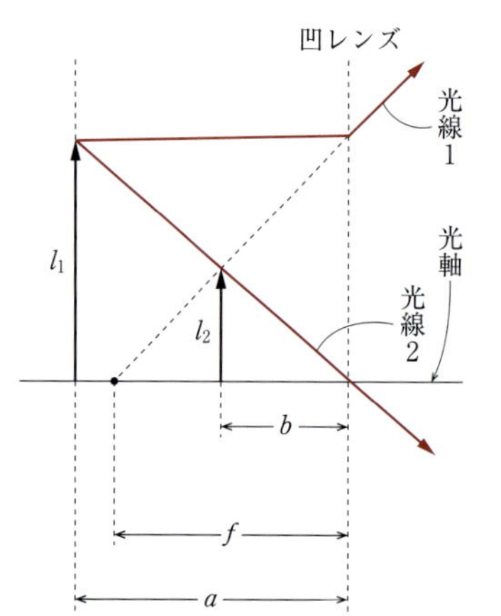

図 8.12

注7　光路の描き方　光線 1：光軸に平行な光は，手前の焦点から出たかのように進む．光線 2：レンズの中央を通る光は，そのまま直進する．

これを変形すると，以下の関係が得られる．

$$\frac{1}{a} - \frac{1}{b} = -\frac{1}{f} \tag{8.18}$$

(4)　写像公式と倍率公式

(1)～(3) までの議論において，(8.14), (8.16), (8.18) を以下のように書きかえて並べてみる．

$$\frac{1}{a} + \frac{1}{b} = \frac{1}{f} \tag{8.19}$$

$$\frac{1}{a} + \frac{1}{-b} = \frac{1}{f} \tag{8.20}$$

$$\frac{1}{a} + \frac{1}{-b} = \frac{1}{-f} \tag{8.21}$$

(8.20) は，(8.19) において b を $-b$ に，(8.21) は，さらに f を $-f$ におきかえればよいことがわかる．(8.20)，(8.21)の場合は，いずれもレンズの左方に像ができるから，レンズの位置を原点として右方を正に取ることで，bを負として考え，さらに，(8.21)では，凹レンズなのでfを負として考えると約束すれば，b，fを正と負両方の値を取ることができるとして，(8.19)のみで表すことができる．ここでは，aも座標と考えて，図8.13の座標のもとで，

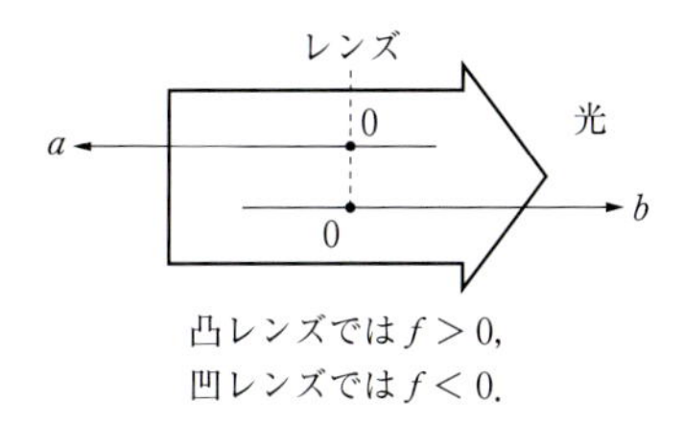

図8.13

$$\frac{1}{a}+\frac{1}{b}=\frac{1}{f} \tag{8.22}$$

と表す．この式のことを**写像公式**という．このとき，図8.10の実像，図8.11，図8.12の虚像を見てもわかるように，

$b>0$ のとき実像，$b<0$ のとき虚像

であることがわかる（図8.10～図8.12）.

次に，倍率について考える．図8.10～図8.12の相似関係から

$$l_1 : l_2 = |a| : |b| \tag{8.23}$$

であることは明らかである．ここで，図8.10の倒立像と，図8.11，図8.12の正立像を区別するために，倍率mを

$$m=-\frac{b}{a} \tag{8.24}$$

と決め，

$m>0$ のとき正立像，$m<0$ のとき倒立像

と約束すればよいことがわかる（図8.14）．この式のことを**倍率公式**という．

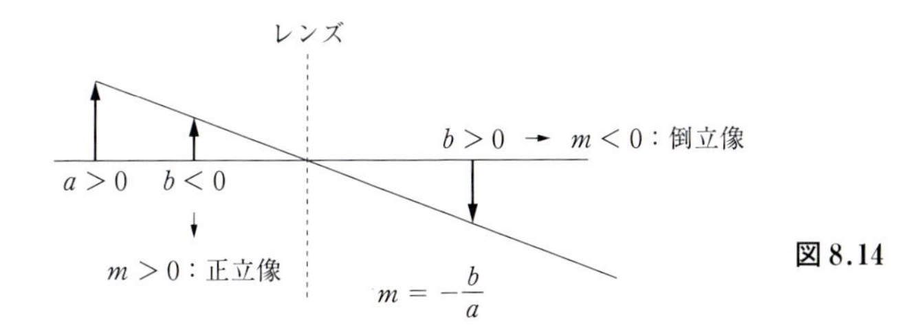

図8.14

例題8.2

以下の各場合について，像のできる位置，倍率，実像か虚像か，正立像か倒立像か，すべてについて答えよ．

(1)　焦点距離20 [cm] の凸レンズの前方60 [cm] の位置に，光源を置いた場合.

(2)　焦点距離20 [cm] の凸レンズの前方10 [cm] の位置に，光源を置いた場合.

(3)　焦点距離10 [cm] の凹レンズの前方10 [cm] の位置に，光源を置いた場合.

解　写像公式，倍率公式を用いて導出する.

(1)　$\frac{1}{+60}+\frac{1}{b_1}=\frac{1}{+20}\quad\therefore\ \frac{1}{b_1}=\frac{1}{+30}$

$\therefore\ b_1=+30>0$ (実像)，$m_1=-\frac{+30}{+60}=-\frac{1}{2}<0$ (倒立像)

これより，レンズ後方30 [cm] の位置に1/2倍の倒立実像ができる.

(2)　$\dfrac{1}{+10}+\dfrac{1}{b_2}=\dfrac{1}{+20}$　$\therefore\ \dfrac{1}{b_2}=\dfrac{1}{-20}$

$\therefore\ b_2=-20<0$ (虚像)，$m_2=-\dfrac{-20}{+10}=+2>0$ (正立像)

これより，レンズ前方 20 [cm] の位置に 2 倍の正立虚像ができる．

(3)　$\dfrac{1}{+10}+\dfrac{1}{b_3}=\dfrac{1}{-10}$　$\therefore\ \dfrac{1}{b_3}=\dfrac{1}{-5}$

$\therefore\ b_3=-5<0$ (虚像)，$m_3=-\dfrac{-5}{+10}=+\dfrac{1}{2}>0$ (正立像)

これより，レンズ前方 5 [cm] の位置に 0.5 倍の正立虚像ができる．◆

問 8.2　焦点距離 20 [cm] の凸レンズの前方 40 [cm] の位置の光軸上に，点光源を置いた．ここで，光軸に対して垂直に光源を 1.0 [cm/s] で移動させたとき，像はどのようになるか説明せよ．

§ 8.3　光波の干渉

光が粒子の流れであるか，波であるかが議論されていたとき，イギリスの物理学者ヤングによって光の干渉実験が行われ，光が波であることが確認された[注8] (§ 6.3 の (2) を参照)．

注 8　後にアインシュタインによって，光は波でもあり粒子でもあることが示された．

(1)　ヤングの干渉実験

ヤングは，図 8.15 のように，シングルスリット S_0 をダブルスリット S_1, S_2 から等距離にある位置に置き，光の回折現象を利用して，光源から S_1, S_2 を経て同位相の光が出るようにした．この装置を用いた干渉実験のことを**ヤングの干渉実験**という．ここで，S_1, S_2 から回折されて出た同位相の光が，スクリーン上の P 点で強め合う条件を求めてみる．簡単のため，光源からの光は単色光であるとする．実際の実験では，S_1S_2 間の距離 d は 0.1 [mm] ～ 0.3 [mm] 程度であり，ダブルスリットからスクリーンまでの距離 L は 1 [m] 程度であるから，L に比べて d は十分小さいので，S_1P と S_2P が平行であると近似して考える (図 8.16)．

このとき経路差は，図のように $d\sin\theta$ と表すことができる．なお，θ が小さいとき $\sin\theta \fallingdotseq \tan\theta$ ($\cos\theta \fallingdotseq 1$) が成立するので，経路差は，

$$d\sin\theta \fallingdotseq d\tan\theta = \frac{d\cdot x}{L} \tag{8.25}$$

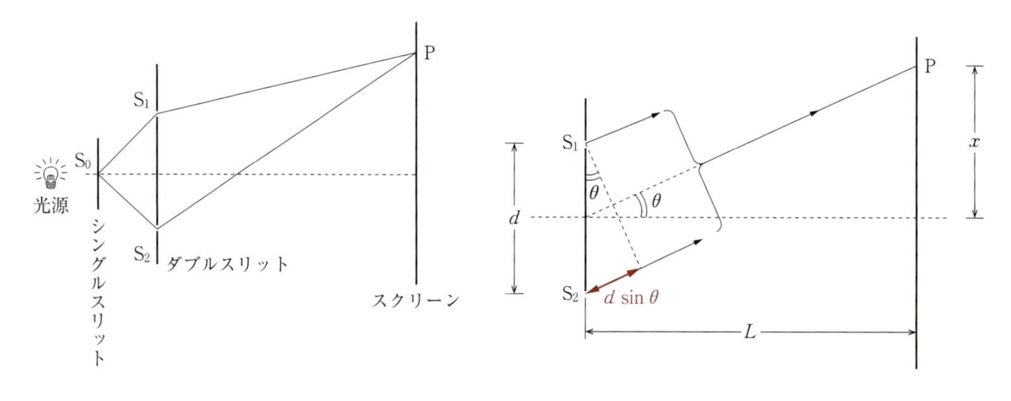

図 8.15　　図 8.16

と書ける．この経路差の中に，光の波長 λ が整数個入っていればP点で光は強め合い（明条件），その状態から半波長ずれると光が弱め合う（暗条件）ことがわかる．これより，明条件，暗条件はそれぞれ，$m = 0, \pm 1, \pm 2, \cdots$ として，

$$\textbf{明条件：}\frac{xd}{L} = m\lambda \quad \textbf{（図 8.17）} \tag{8.26}$$

$$\textbf{暗条件：}\frac{xd}{L} = m\lambda \pm \frac{\lambda}{2} \quad \textbf{（図 8.18）} \tag{8.27}$$

と書ける．

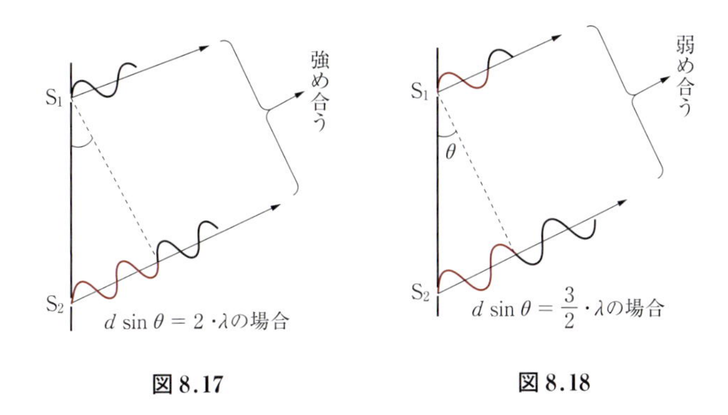

図 8.17 **図 8.18**

この明条件の式から，スクリーン上のどこに明線が現れるかを考える．(8.26)より，

$$x = \frac{L\lambda}{d} \cdot m \tag{8.28}$$

であるから，スクリーン上には，図 8.19 のように，間隔 $L\lambda/d$ で明線が等間隔に並ぶことがわかる．このように，回折を利用して光を干渉させることで，光が波であることが実証されたのである．

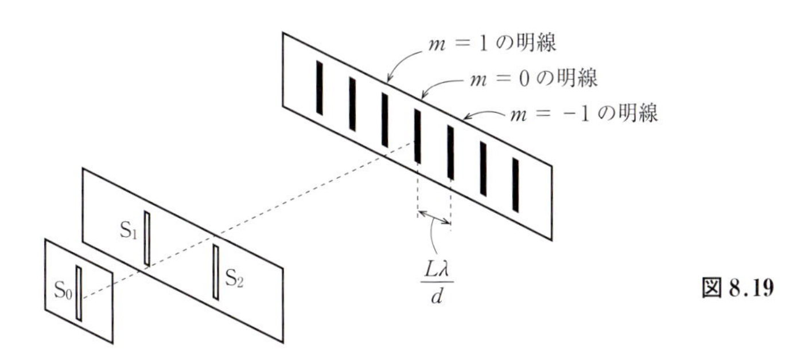

図 8.19

(2) 回折格子

透明な平板ガラスに，1 [cm] 当り数百本もの平行な溝を等間隔に引いたものを**回折格子**という．これに，次ページの図 8.20 のように光を照射すると，溝の部分は磨りガラスのようになって光が乱反射して通り抜けないが，溝と溝の間の透明な部分は光が通過する．このとき，透明な部分は溝間の距離が非常に小さいためにスリットの役割をし，光はここで回折することになる．よって，1 [cm] の間に，数百本のスリットが並んでいる状態と考えればよい．

ここで，隣り合うスリットから回折され，次ページの図 8.21 のように，光の入射方向から角 θ の方向に回折光が強め合う条件を考える．隣り合うスリット間隔を d（**格子定数**という）とすると，経路差は $d\sin\theta$ であるから，明条件は，

$$d\sin\theta = m\lambda \tag{8.29}$$

となる．この式が成立するときは，すべてのスリットが等間隔で並んでいるため，隣り合う回折光だけでなく，すべての回折光が角 θ の方向で強め合うことがわかる（図8.22）．このように，回折格子を用いると鋭い明線が得られ，明線間隔を測定することで光の波長などを測定することが可能となる．

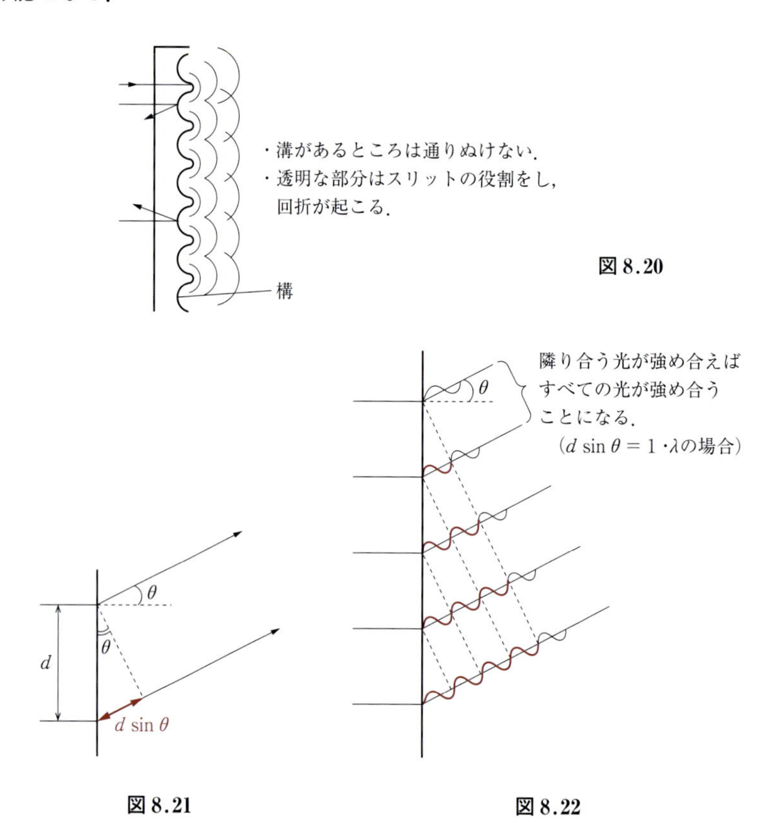

図8.20

図8.21

図8.22

(3)　空気層薄膜の干渉

ここでは，平板ガラスを2枚用いるくさび型空気層による干渉を考える．図8.23のように，2枚のガラス板を重ねて，一方の端に薄い紙などを挟み，くさび型の空気層を作る．実際には，L に比べて D は十分に小さく，2枚のガラス板はほぼ平行である．しかし，わかりやすくするために，図のように描いた．上のガラス板の下面で反射する光と，下のガラス板の上面で反射する光が干渉を起こす．その結果，このガラス板を真上から見ると明暗の縞が等間隔に並んでいるのが観測される．着目している位置の空気層の厚さを d とすると，2光線の経路差は $2d$ である．

本来であれば，この $2d$ の中に波長が整数個入っていれば強め合って明線となるが，この場合には逆に暗線となる．これは，下のガラス板の上面で反射した光は反射の際に，位相が180°ずれて，山が谷で，谷が山で返されるためである注9．このような反射が1カ所ある場合には一方の波の山と谷が反転するため，本来強め合うはずの条件が，弱め合う条件となるのである．

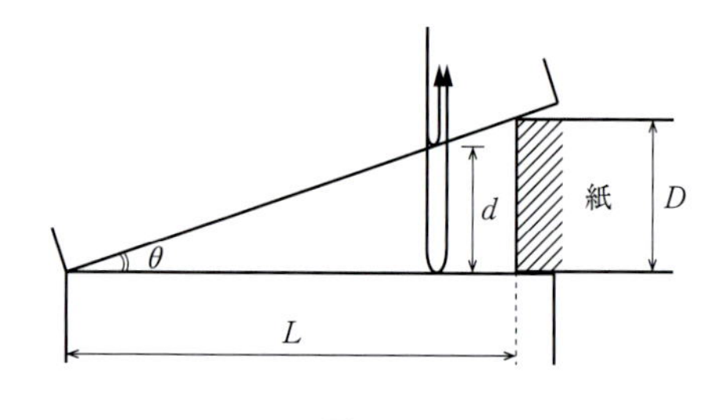

図8.23

注9 屈折率の小さいものから大きいものに入ろうとして反射するとき，位相が180°ずれて，波が反転することが知られている．

これより，明条件と暗条件はそれぞれ，$m = 0, 1, 2, \cdots$として，

$$\textbf{暗条件：} 2d = m\lambda \tag{8.30}$$

$$\textbf{明条件：} 2d = m\lambda + \frac{\lambda}{2} \tag{8.31}$$

となる．暗線の間隔aは，経路差（往復）にして1波長分の差があるので，図8.24より

$$\tan\theta = \frac{\lambda/2}{a} = \frac{D}{L}$$

が成立することになる．干渉縞の様子から，ガラス面が平らであるかどうかを確認することができる．

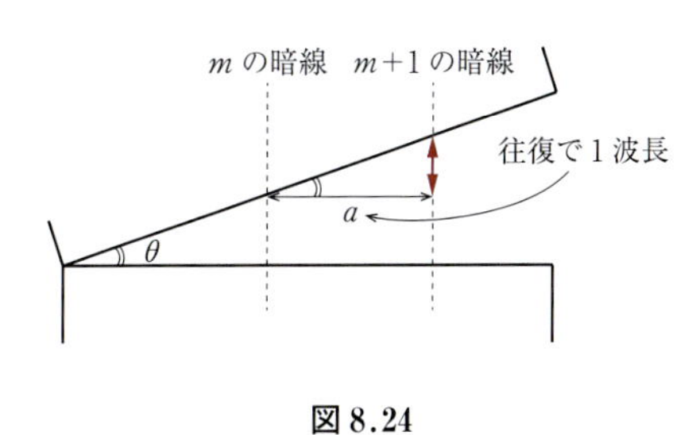

図8.24

例題 8.3

図8.25のような装置で，ヤングの干渉実験を考える．照射する光は単色光でその波長はλとする．スクリーン中央のO点からの距離xの位置に暗線ができたとするとき，以下の問に答えよ．

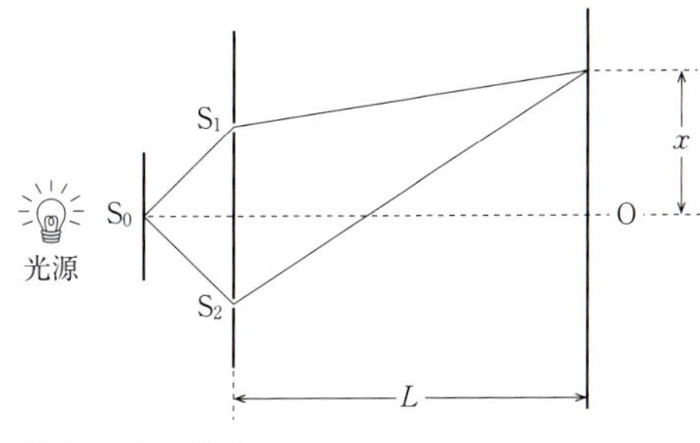

図8.25

(1) この暗線のO点からの距離xを，図中のd，Lと波長λ，および自然数mを用いて答えよ．（自然数：$m = 1, 2, 3, \cdots$）

(2) 暗線の間隔Dをd，L，λを用いて表せ．

解 (1) 平行近似を用いて

$$d\sin\theta \fallingdotseq d\tan\theta = d\cdot\frac{x}{L}$$

これより暗条件は，以下のようになる．

$$d\cdot\frac{x}{L} = m\lambda - \frac{\lambda}{2} \quad (m = 1, 2, 3, \cdots)$$

$$\therefore\ x = \frac{L\lambda}{d}\left(m - \frac{1}{2}\right)$$

(2) 間隔Dはmの係数となるので，$D = L\lambda/d$である． ◆

問 8.3 図8.26のような，くさび型干渉を考える．光は単色光で，上から照射し，上から観測するものとする．また，下のガラス板は固定されているが，上のガラス板は動かせるようになっているとする．最初の状態で，ガラス面上には，縞模様が等間隔で観測されているとする．

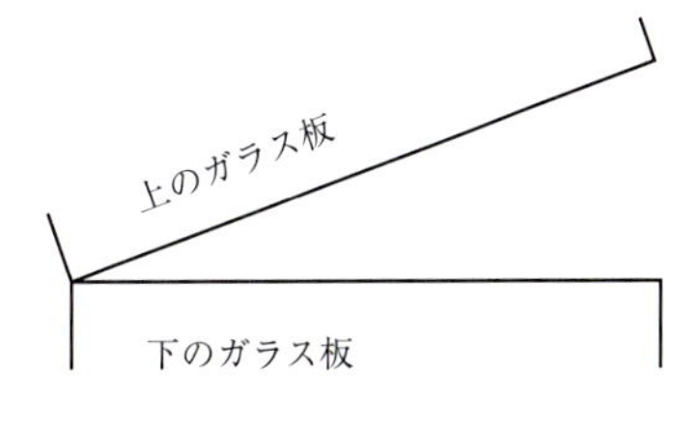

図8.26

(1)　上の板だけをゆっくり上方に移動させて，干渉縞を観察した．干渉縞はどのように変化するか．

(2)　ガラス板の左端の接点を中心にして，上の板をゆっくりと反時計回りに回した．干渉縞はどのように変化するか．

総合問題

[1]　図8.27は，光ファイバーの断面図を模式的に描いたものである．光ファイバーは，屈折率n_1のコアの外側を，屈折率n_2のクラッドで覆った構造になっている．

この光ファイバーのコアの中心に図のように入射角iで真空中から光を入射させた．以下の問に答えよ．

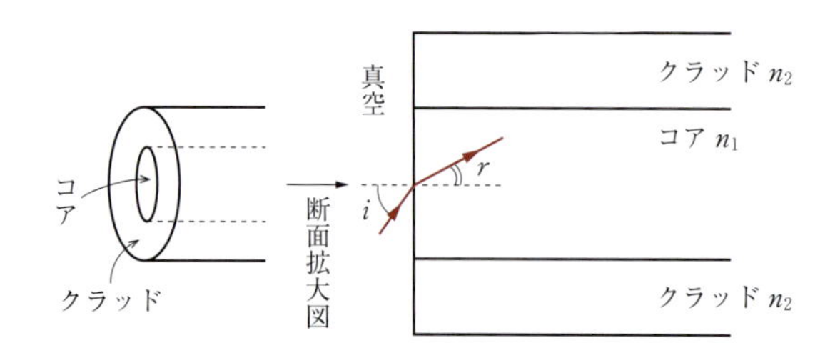

図8.27

(1)　コアへ入るときの屈折角をrとする．$\sin r$をn_1，iを用いて表せ．

(2)　さらに光が進み，コアからクラッドへ進もうとするときの，境界面における入射角θはいくらか，rのみを用いて表せ．

(3)　光がクラッドに進まないためのθの条件を，n_1，n_2を用いて表せ．

(4)　(3)が成立するためのiの条件を求めよ．

【ヒント】　$\sin^2\alpha + \cos^2\alpha = 1$，$\sin(90° - \beta) = \cos\beta$

[2]　水深dのプールの底に光源Sがある（図8.28）．これを空気中のほぼ真上から観測すると，図のS′の位置にあるように見える．角度i，rは十分小さいものとして以下の問に答えよ．ただし，水の屈折率をn，空気の屈折率を1とする．

(1)　d，d'，$\tan i$，$\tan r$の間に成立する関係式を書け．

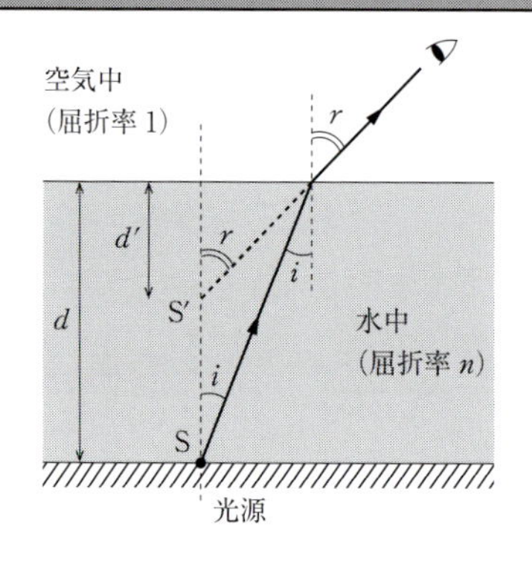

図8.28

(2)　屈折の法則と(1)を考えて，d'をnとdを用いて表せ．ただし，ここでは，$\tan i \fallingdotseq \sin i$，$\tan r \fallingdotseq \sin r$が成り立つものとする．

[3]　焦点距離fの凸レンズの前方5.0[cm]の位置に2.0[cm]の光源を光軸に垂直に置いたところ，レンズ後方20[cm]の位置に像ができた．以下の問に答えよ．

(1)　像は実像か，虚像か．

(2)　像の大きさは何cmか．また，正立像か，倒立像か．

(3)　焦点距離fを求めよ．

この凸レンズの後方40[cm]の位置に，焦点距離30[cm]の凹レンズをもう一枚置いた．

(4)　このときできる像について，①像の位置(凹レンズからの距離)，②実像か，虚像か，③正立像か，倒立像か，④像の大きさを答えよ．

[4]　図8.29のように，2枚のガラス板を用いてくさび型薄膜の干渉実験を行った．

2枚のガラス板がなす角をθ，接点をO点とし，O点からの距離がxとなる位置の空気層の厚さをyとする．ガラス板の上方から波長λの単色光を照射し，上方から観測するものとして，以下の問に答えよ．

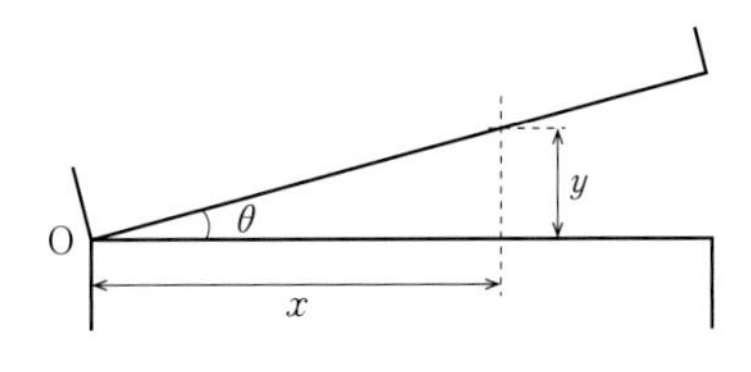

図 8.29

(1)　暗線ができるための条件式を，y, λ および m ($m = 0, 1, 2, \cdots$) を用いて表せ．

(2)　(1)の条件式を x, θ, λ, m を用いて表せ．

(3)　(2)の結果を用いて，暗線の縞の間隔を求めよ．

[5]　格子定数 d の回折格子に対して垂直に，波長 λ の単色光を入射させた．このとき，入射方向に対して角 θ の方向に強め合う回折光が観測された（図 8.30）．

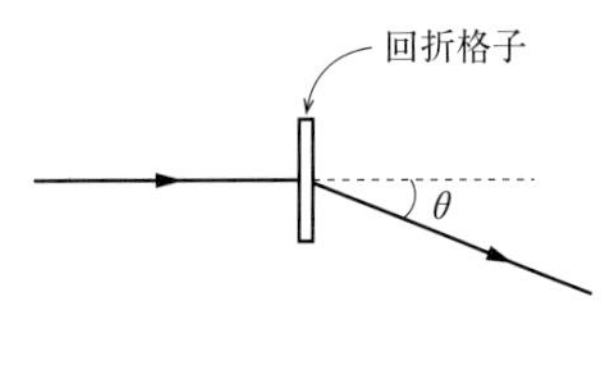

図 8.30

(1)　隣り合うスリット間からの光の経路差を d と θ のみを用いて表せ．

(2)　(1)の経路差を位相差で表すとどのように書けるか．

(3)　(2)の位相差を用いて，強め合いの条件式（明条件）が，

$$d \sin\theta = m\lambda \quad (m = 0, \pm 1, \pm 2, \cdots)$$

となることを示せ．

第 9 講
電磁気学 (1)
―電場と位置―

§9.1 静電気とクーロンの法則

(1) 物体の帯電と電気の正負

古代ギリシャ時代，琥珀を毛皮で擦ると，周りからほこりが吸い寄せられることは知られていた．これは，異なる2物体を擦り合わせることで，もともと電気的に中性であったものから，一方から他方へ電気が移動したために起こる[注1]．これにより，一方が正の，他方が負の電気を帯びることになる．このように，物体が電気を帯びることを**帯電**という．また，物体が帯電してその電気が移動しないとき，この電気のことを**静電気**という．物体が帯電した状態でもっている電気のことを**電荷**といい，その量を**電気量**という．一般に，電気量の単位は **[C (クーロン)]** を用いる[注2]．静電気間には力がはたらく．同種の電荷（正と正，負と負）間には斥力がはたらき，異種の電荷（正と負）間には引力がはたらく．これらの力のことを**静電気力**という（**クーロン力**という場合もある）．

注1 「電気の移動」という表現を用いたが，実際には「負の電気をもつ電子の移動」が正しい．ただ，電子の発見は1895年のことであり，正電荷が移動すると考えて議論を進めてもよい．

注2 1 [C] は，導線に 1 [A] の電流が流れているとき，単位時間に流れる電気量で定義されている．

実際には，帯電は**電子**の移動で起こることがわかっている．電子は負の電荷をもち，その電気量は，-1.6×10^{-19} [C] であることが知られている．電子の電気量の大きさは電気素量とよばれ，記号 e で表し，

$$e = 1.6 \times 10^{-19} \text{ [C]} \tag{9.1}$$

と書ける．したがって，電子の電気量は，$-e$ [C] となる．電子の不足した状態が正に帯電した状態であり，電子の過剰になった状態が負に帯電した状態である．

物質には，金属などのように電気をよく通すものと，紙や発泡スチロールのようにほとんど電気を通さないものがある．電気をよく通すものを**導体**，通さないものを**絶縁体**（**不導体**ともいう），その間のものを**半導体**とよぶ．

(2) クーロンの法則

2つの電荷が互いに及ぼし合う力について初めて定量的な実験式を導いたのは，フランスの物理学者クーロンである．彼は，2つの点電荷間にはたらく力を，ねじれ秤（ばかり）とよばれる装置を用いて以下の関係を見出した[注3]．

・クーロンの法則

2 つの点電荷間にはたらく静電気力の大きさ F [N] は，点電荷の電気量 Q [C]，q [C] の大きさに比例し，点電荷間の距離 r [m] の 2 乗に反比例する．

注 3　点電荷とは，大きさ（体積）が無視できるほど小さな帯電体のことをいう．

この法則を式で表すと，比例定数を k とおいて，

$$F = \frac{k|Q|\cdot|q|}{r^2} \tag{9.2}$$

と書ける（図 9.1）．比例定数 k は 2 つの点電荷間の物質によって異なる値を取るが，真空中では一般に k_0 と表記し，およそ，

$$k_0 = 9.0 \times 10^9\ [\mathrm{N\cdot m^2/C^2}] \tag{9.3}$$

注4

であることがわかっている．

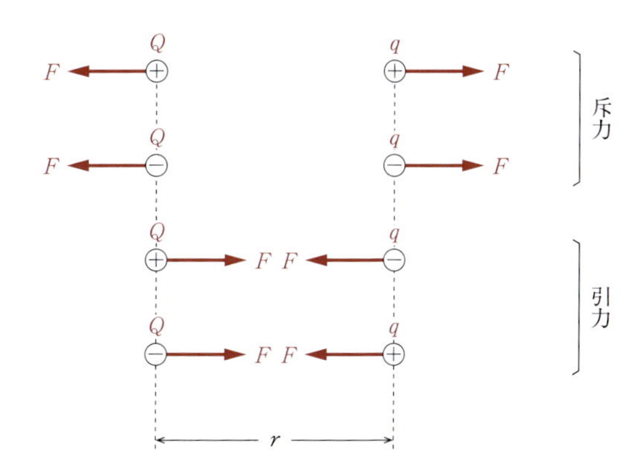

図 9.1

すべての力の大きさは $F = k\dfrac{|Q||q|}{r^2}$ となる．

注 4　(9.2) より，k を計算すると $k = F\cdot r^2/|Q||q|$ となるので，(9.3) で表される単位となる．

例題 9.1

1.0 [C] の 2 つの点電荷が 1.0 [m] 離れて置かれている．このとき，2 つの点電荷間にはたらくクーロン力を求め，1.0 [kg] の物体にはたらく重力の何倍程度になるかを求めよ．ただし，クーロンの法則の比例定数 k，および重力加速度 g の大きさは，それぞれ

$$k = 9.0 \times 10^9\ [\mathrm{N\cdot m^2/C^2}], \qquad g = 10\ [\mathrm{m/s^2}]$$

とする．

解　クーロン力は

$$F_c = k\frac{Qq}{r^2}$$

$$= 9.0 \times 10^9 \cdot \frac{(1.0)\cdot(1.0)}{(1.0)^2} = 9.0 \times 10^9\ [\mathrm{N}]$$

となる．一方，1.0 [kg] の物体にはたらく重力 F_g は，以下のようになる．

$$F_g = mg = 1.0\cdot 10 = 1.0 \times 10\ [\mathrm{N}]$$

$$\therefore\ \frac{F_c}{F_g} = 9.0 \times 10^8\ \text{倍}$$

◆

問 9.1　絶縁体でできた軽い糸の先端に質量 m の点電荷を取りつけ，糸の他端を天井に固定した．この点電荷の電気量は $Q\ (>0)$ である．ここで，別の点電荷（電気量 $q>0$）を図 9.2 のように水平方向から近づけたところ，糸が鉛直線と角 θ となったところで静止した．

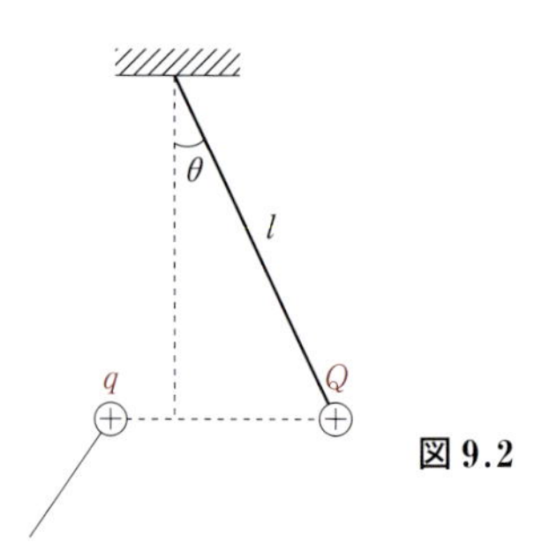

図 9.2

(1)　糸の張力を，m，g（重力加速度の大きさ），θ を用いて表せ．

(2)　2つの点電荷間の距離を，Q，q，m，g，θ およびクーロンの法則の比例定数 k を用いて表せ．

§9.2　電場とガウスの法則

固定された電荷 Q（電気量 Q の電荷のことをいう）の近くに電荷 q を置くと，電荷 q は電荷 Q から静電気力を受ける．この事実を次のように捉える．すなわち，『電荷 Q が周囲の空間を変化させて，電荷 q はその変化した空間から力を受ける．電荷 Q によって電荷 q に静電気力を及ぼす空間のことを，電荷 Q が作る**電場**とよび，電荷 Q が静電気力を及ぼす空間には，**電場が存在する**』と考える．

そこで，点電荷に限らず一般的に，電場の向きや大きさを次のように定義する．

> 電場の中に，**+1 [C] の電荷**を置いたとき，この電荷が電場から受ける静電気力の大きさを**電場の強さ**と決め，その静電気力の向きをその位置における**電場の向き**とする．

一般に，電場は記号 $\vec{E}$ を用いて表す．電荷 q にはたらく静電気力を $\vec{F}$ とすると，上記の定義より電場 $\vec{E}$ を単位電荷当りの力と考えて，

$$\vec{E} = \frac{\vec{F}}{q} \tag{9.4}$$

と書ける．$\vec{E}$ は大きさと向きをもつベクトル量であり，(9.4) より，単位は [N/C] であることがわかる（図 9.3）．

点電荷 Q が周囲に作る電場の強さは，静電気力 F が(9.2)で表されることから，

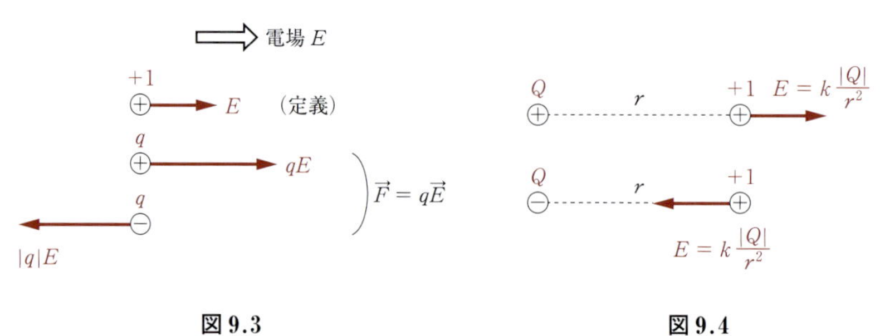

図 9.3　　　図 9.4

$$E = \frac{F}{q} = \frac{k\,|Q|}{r^2} \tag{9.5}$$

となることがわかる（図 9.4）.

空間の各点の電場を表すベクトルをつないで得られる曲線（あるいは直線）のことを，**電気力線**という．いいかえれば，電場の中に置かれた +1 [C] の電荷を，電場から受ける力に沿って少しずつ移動させたときの曲線と考えればよい．電気力線は，空間にできた電場の様子を視覚的に捉える上で有用なものである．簡単な例を図に表すと以下のようになる（図 9.5 ～ 図 9.7）.

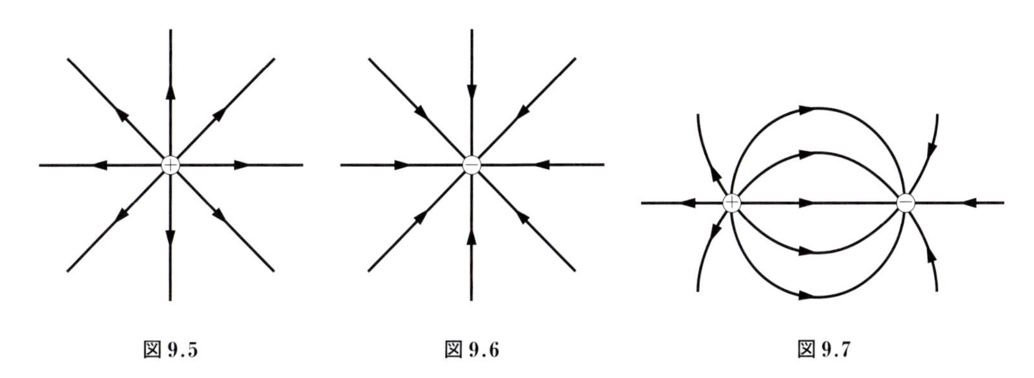

図 9.5　　**図 9.6**　　**図 9.7**

これらの図のように，電気力線は，+1 [C] の電荷を電場の向きにゆっくりと移動させたときの道筋（軌跡）と考えれば，容易に描くことができる．電気力線には，次のような性質があることもわかる．

・正電荷から出て負電荷に入る．

・正電荷のみの場合は，正電荷から出て無限遠に向かう．

・負電荷のみの場合は，無限遠から来て負電荷に入る．

・空間の途中で発生したり，消滅したりしない．

・交わることも，枝分かれすることもない．

この電気力線の考え方を用いると，点電荷に対して成立するクーロンの法則を，球面電荷や平面電荷の式に拡張することができる．まず最初に，電気力線を描く本数について以下のように決める．

空間に電場 E [N/C] があるとき，単位面積を垂直に貫く電気力線の本数を E [本] とする．

このように決めると，正の電気量 Q [C] の点電荷から出る総電気力線数 N が算出される．点電荷からは，電気力線が図 9.8 のように放射状に広がり，半径 r の球面を貫くと考えれば，球の表面積が $4\pi r^2$ であることより，

$$N = \frac{kQ}{r^2} \times 4\pi r^2 = 4\pi kQ \text{ [本]} \tag{9.6}$$

となる．すなわち，

正の電気量 Q [C] の点電荷からは，$4\pi kQ$ [本] の電気力線が湧き出している

ことになる．このことを**ガウスの法則**とよんでいる．(9.6) からもわかるように，電気力線の総

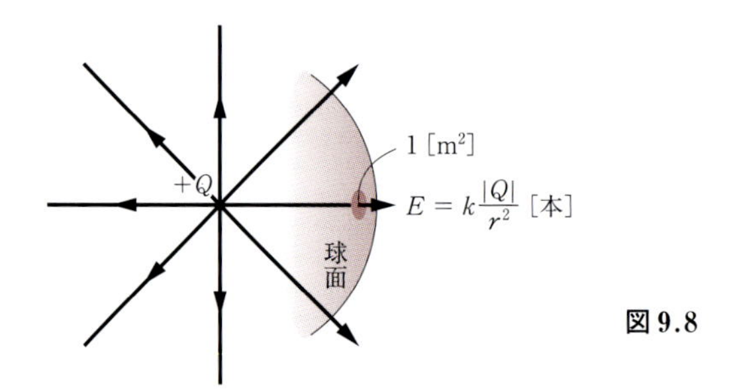

図 9.8

本数 N は，形状に依存せず (r に依存せず)，電気量にのみ依存 (Q にのみ依存) することになる．

これを用いて，平面極板に均等に電荷が分布する場合の電場を求めてみる．この平板の周りに $+1$ [C] を置いて平面板から垂直に移動する道筋を考えれば，図 9.9 のような電気力線が得られる．$+Q$ [C] の電荷からは，全体として $4\pi kQ$ [本] の電気力線が湧き出しているので，左右に $2\pi kQ$ [本]ずつ湧き出していることは明らかである．平板の面積を S [m^2] とすると，極板の両側での電場 E は，単位面積当りの電気力線の本数を考えて

$$E = \frac{2\pi kQ}{S} \tag{9.7}$$

と求めることができ，点電荷のクーロンの法則を拡張して，平面電荷による電場の大きさが求まったことになる．

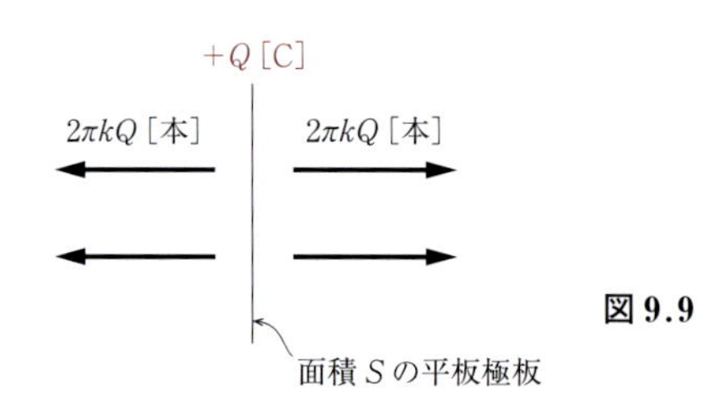

図 9.9

例題 9.2

図 9.10 のように，xy 平面上の点 A $(a, 0)$ の位置に電気量 $+Q$ $(Q > 0)$ の電荷が固定されている．

(1)　原点 O$(0, 0)$ における電場の大きさと向きを求めよ．

(2)　点 A の電荷に加えて，点 B $(0, a)$ に電気量 $-Q$ の電荷を固定した．原点 O$(0, 0)$ における電場の大きさを求めよ．また，電場の向きを xy 平面座標上に図示せよ．

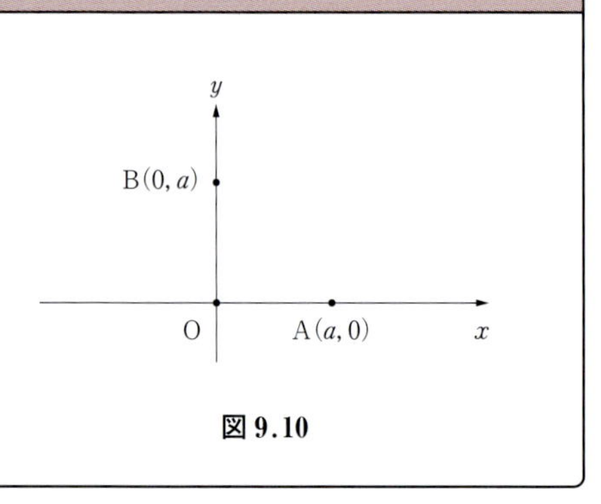

図 9.10

解　(1)　原点 O$(0, 0)$ に $+1$ [C] の電荷を置いて，これが受ける力を考えればよい．図 9.11 とクーロンの法則より，以下のように求まる．

$$E_{0\mathrm{A}} = k\frac{Q}{a^2} \quad \text{向きは } x \text{ 軸負の向き．}$$

(2)　(1) と同様に考えると，$E_{0\mathrm{A}} = E_{0\mathrm{B}}$ であるから，図 9.12 より以下のように求まる．

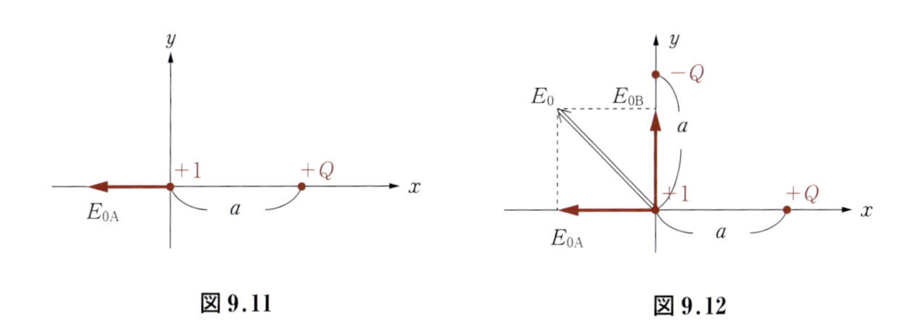

図 9.11　　図 9.12

$$E_0 \cos 45^\circ = E_{0A}$$

$$\therefore\ E_0 = \frac{\sqrt{2}kQ}{a^2}\quad \text{向きは図の } E_0 \text{ の向き．}$$ ◆

問 9.2　半径 a の絶縁体の球がある．この球の表面に，正の電気量 Q が一様に分布している場合を考える．電荷は表面にのみ存在し，クーロンの法則における比例定数を k とせよ．球の中心からの距離を r として以下の問に答えよ．

(1)　電気力線の様子を図示せよ．

(2)　球体内部 $(r < a)$ における電場 E を求めよ．

(3)　球体外部 $(r > a)$ における電場 E を求めよ．

§9.3　静電エネルギーと電位

最初に，一様な電場について考える．電場の大きさが E である一様な電場の中に，正の点電荷 q を置く．この点電荷には，qE の力がはたらくが，この力に逆らって外力 F を加えてゆっくり距離 d だけ移動させるときの仕事 W は，仕事の定義から，

$$W = F\cdot d = qE\cdot d \tag{9.8}$$

となる (図 9.13)．この仕事は経路に依存しないので，この仕事によって位置エネルギーを定義することが可能となる．これは，重力 mg に逆らって，外力 F を加えてゆっくり距離 h だけ移動させたときの仕事 W から，重力による位置エネルギーを $U = mgh$ と定義したことと同じである．ここでは，静電気力に逆らって移動させたときの仕事から定義される位置エネルギーで，

$$U = qEd \tag{9.9}$$

と表され，**静電エネルギー**とよばれる．

ここで，

+1 [C] の電荷がもつ静電エネルギー

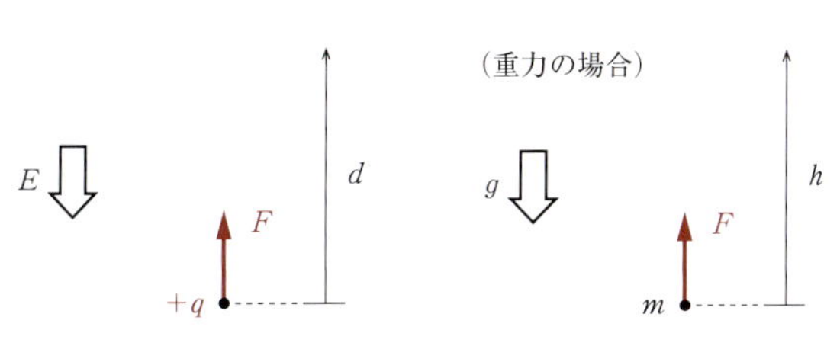

図 9.13

のことを電位と定義し，単位は[V(ボルト)]で表す．上の定義より，

$$1\,[\mathrm{V}] = 1\,[\mathrm{J/C}] \tag{9.10}$$

が成立し，(9.9)の U を用いて表すと，電位 V [V] は，

$$V = \frac{U}{q} = Ed \tag{9.11}$$

となる．電位を考えるときには，どこが基準であるかを常にはっきりさせておく必要がある．また，2点間の電位の差を**電位差**（または**電圧**）という．

次に，点電荷による電位を考える．点電荷では，クーロン力による静電エネルギー，およびクーロン力の距離的効果を考えて，

$$U = \frac{kQq}{r} \tag{9.12}$$

と書ける．ここで，この位置エネルギーの基準は $U = 0$ となる位置で，無限遠 ($r = \infty$) となる．正の点電荷 q を，無限遠より，正の点電荷 Q から距離 r の位置 ($r = r$) に運ぶまでの仕事は正であるから，この場合は $U > 0$ である．しかし，両電荷がともに負の場合も同様に仕事が正となり，$U > 0$ である．一方，どちらかが正電荷で他方が負電荷の場合には，これらの電荷間にはたらく力が引力となるため，仕事は負となり，$U < 0$ となる．以上のことを考慮して，(9.12)で定義される静電エネルギーは，電気量の符号も含めて代入すればよいことがわかる（図9.14）．

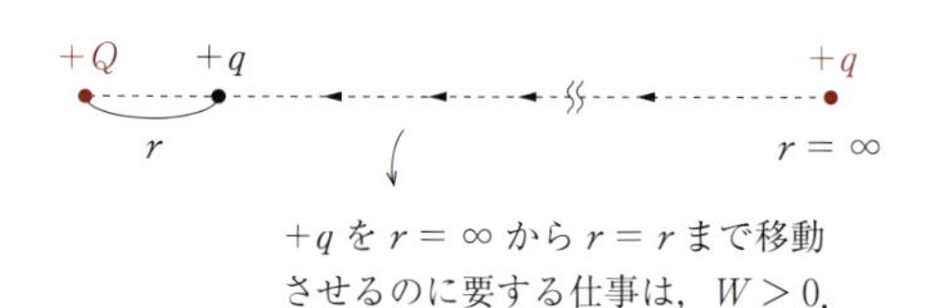

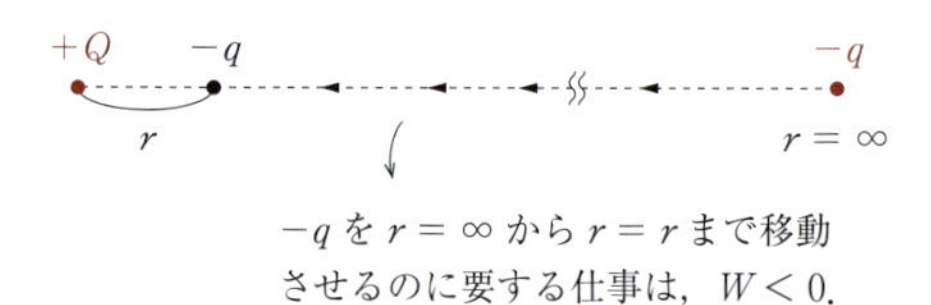

図9.14

ここで電位の定義より，点電荷 Q から距離 r の位置での電位 V は，無限遠を基準として，

$$V = \frac{U}{q} = \frac{kQ}{r} \tag{9.13}$$

と書けることがわかる．ここでも，$Q > 0$ であれば，それによる電位 V は正であり，$Q < 0$ であれば，それによる電位 V は負となるので，(9.13)中の Q は符号も含めて代入すればよいことがわかる．

例題 9.3

2枚の広い平板電極A，Bを平行にして距離 d だけ離して置き，電位差を V に保ち，極板B側をアース（接地）した（図9.15）．このとき，極板AB間には一様な電場 E ができた．アースした点を電位の基準と考えて，以下の問に答えよ．

(1)　極板AB間にできた一様な電場の大きさ E を求めよ．

(2)　図のP点とQ点の電位を求めよ．

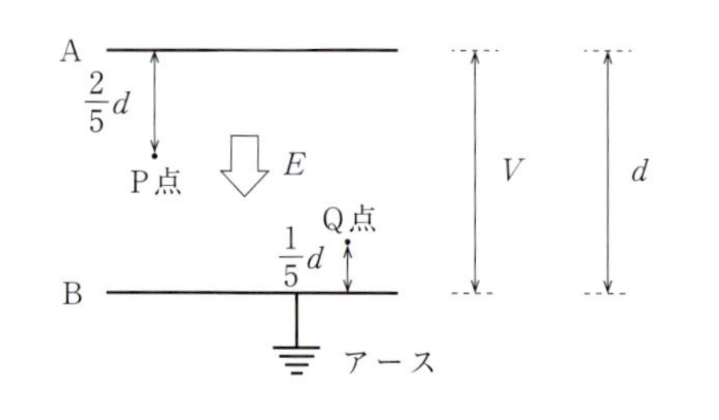

図9.15

解　(1)　+1 [C] 当りの仕事とエネルギーの関係より，以下のようになる．

$$V = E \cdot d \quad \therefore\ E = \frac{V}{d}$$

(2)　基準となる B から(1)で求めた E に逆らって，P，Q 点まで $+1$ [C]の電荷を移動させるのに要する仕事に等しい．

$$\therefore\ V_{\mathrm{P}} = E\cdot\left(d - \frac{2}{5}d\right) = \frac{3}{5}V$$

$$V_{\mathrm{Q}} = E\cdot\frac{1}{5}d = \frac{1}{5}V$$

◆

問 9.3　図 9.16 のように，xy 平面上の点 A$(a, 0)$ の位置に電気量 $+Q\,(Q > 0)$ の電荷が固定されている．電位の基準は無限遠として，以下の問に答えよ．

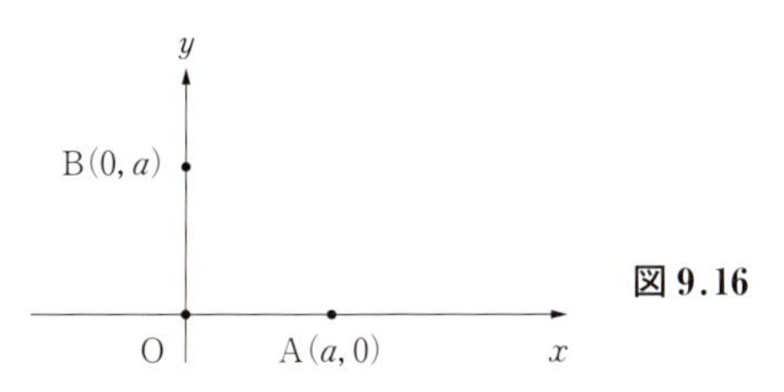

図 9.16

(1)　原点 O$(0, 0)$ における電位を求めよ．

(2)　点 A の電荷に加えて，点 B$(0, a)$ に電気量 $-Q$ の電荷を固定した．原点 O$(0, 0)$ における電位を求めよ．

総 合 問 題

[1]　図 9.17 のように，xy 平面上の点 A$(a, 0)$，点 B$(-a, 0)$，点 C $(0, a)$ の位置に，$+Q$，$+Q$，$-Q$ の電気量 $(Q > 0)$ をもつ電荷が固定されている．それぞれの電荷を電荷 A，電荷 B，電荷 C とよぶこととする．クーロンの法則の比例定数を k とし，電位の基準は無限遠として以下の問に答えよ．

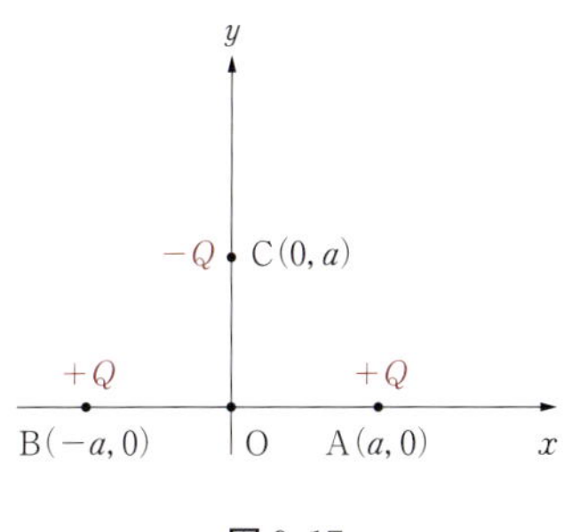

図 9.17

(1)　電荷 A と電荷 B が点 C の位置に作る電場の大きさと向きを求めよ．

(2)　電荷 A と電荷 B による点 C の位置の電位を求めよ．

(3)　電荷 C が受ける力の大きさと向きを求めよ．

(4)　電荷 C がもつ静電エネルギーを求めよ．

(5)　ここで，電荷 C の固定を解いた．電荷 C は初速 0 で運動を始め，原点 O$(0, 0)$ を通過した．原点を通過するときの電荷 C の速さを求めよ．

[2]　図 9.18 のように，半径 a の絶縁体の球に一様に電荷が分布している．総電気量は $+Q$ $(Q > 0)$ である．クーロンの法則の比例定数を k として，以下の問に答えよ．

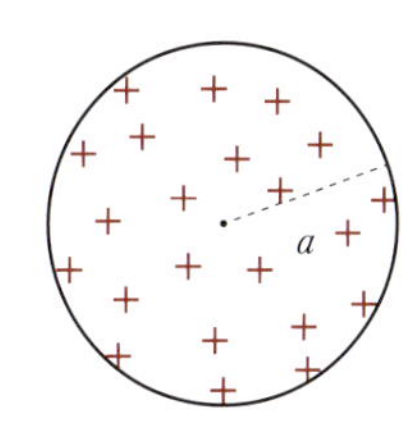

図 9.18

(1)　球の中心から距離 $r > a$ の位置を考える．この点における電場の大きさと無限遠を基準にした電位を求めよ.

(2)　球の中心からの距離 $r < a$ の位置における電場の大きさを，r の関数としてグラフに描け．ただし，r 内の電気量は，体積比を考えて $(r^3/a^3)\cdot Q$ と書けるものとする.

(3)　球の中心と球の表面の電位差を求めよ.

[3]　図 9.19 は，電位差が 200 [V] である導体の周りにおける電位の様子を表したものである．(同じ電位を結んだ線のことを**等電位線**とよぶ.)

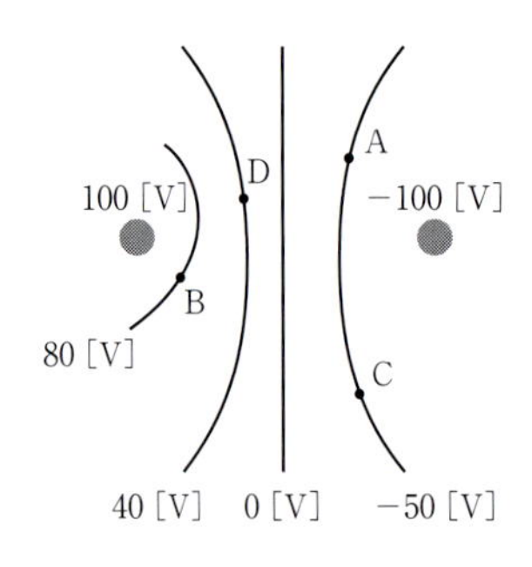

図 9.19

(1)　A 点に対する B 点の電位はいくらか.

(2)　A 点から C 点まで，+1 [C] の電荷を移動させるのに要する仕事はいくらか.

(3)　D 点から C 点まで，+1 [C] の電荷を移動させるのに要する仕事はいくらか.

(4)　+1 [C] の電荷を，A 点→B 点→C 点→D 点と順に移動させた．このときに要する全仕事を求めよ.

[4]　3 枚の平行極板 A，B，C が，一定の電位差 V (AC 間の電位差)，極板間距離 d (AC 間の距離) で固定されている．極板 B は接地されており，電位の基準とする．また，極板 B の厚さは無視できるものとし，極板 B は極板 A，C 間を平行に保ったまま移動できるものとする (図 9.20).

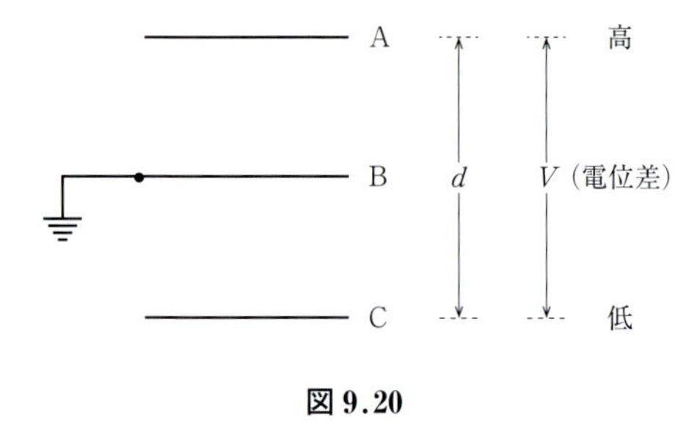

図 9.20

(1)　AC 間の電場の大きさを求めよ.

(2)　極板 A の方が極板 C よりも高電位であるとする．AB 間，BC 間の距離が等しく $d/2$ であるとき，極板 A と極板 C の電位を求めよ.

(3)　(2)の状態から極板 B を極板 A 側に $d/4$ だけ移動させた．このとき，極板 A と極板 C の電位を求めよ.

(4)　(2), (3)のときの電位と AC 間の距離の関係をグラフで表せ．(2), (3)の違いが明確にわかるように，1 つのグラフの中に，(2)は実線で，(3)は破線で描け.

第 10 講
電磁気学 (2)
― 回路の解析 ―

§10.1 抵抗を含む回路

電気ストーブや電磁調理器などでは，抵抗に電流を流すことで熱エネルギーを生じさせ，白熱電球などでは光を生じさせている．我々の身の回りには，抵抗に電流を流すことによって必要なエネルギーを取り出し，生活の中で利用している例が多くある．

(1) 電流の定義

荷電粒子の流れのことを**電流**という[注1]．電流の担い手である荷電粒子のことを特に**キャリヤー**とよび，一般に導体を流れる電流のキャリヤーは**自由電子**である[注2]．

注1　荷電粒子とは，電荷をもった，すなわち帯電した粒子のことをいう．
注2　導体の中には，自由に動き回ることのできる自由電子とよばれる荷電粒子が存在し，電気量は電気素量 e を用いて $-e$ [C] である．

電流の向きは，

正の電荷をもつキャリヤーの流れの向き

で定義される．したがって，電流は高電位から低電位へと流れることとなる．導体では負電荷の自由電子がキャリヤーであるから，電流の流れる向きとキャリヤーの移動する向きは逆向きである（図 10.1）．

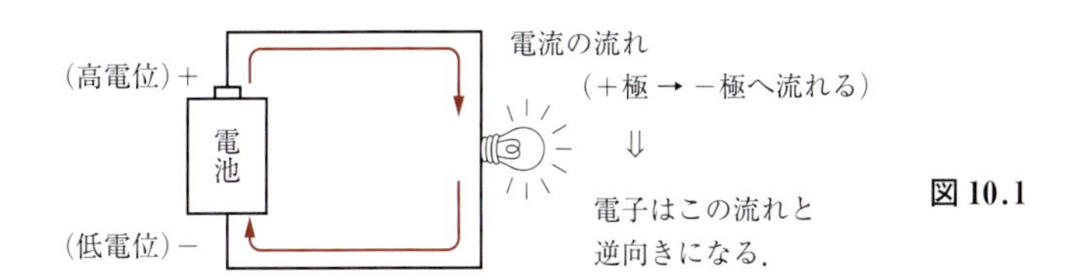

図 10.1

電流の大きさは，

単位時間当りに任意の断面を通過する電気量

で定義される．ある導線の断面を，時間 Δt の間に Δq の電気量が移動したとすると，電流 i はこの定義より，

$$i = \frac{\Delta q}{\Delta t} \tag{10.1}$$

と書ける．この式より，電流 i の単位は [C/s] であるが，一般には **[A(アンペア)]** を用いる．

(2)　オームの法則と抵抗

導線を流れる電流の大きさ i は，その導線の両端の電位差(電圧) V に比例することが知られており，このことを**オームの法則**という．いいかえれば，導線の両端の電圧 V は，流れる電流の大きさ i に比例することになるので，比例定数を R とおいて，

$$\boldsymbol{V = Ri} \tag{10.2}$$

と書く．ここで，(10.2)において，V を一定値として考えると，電流 i が大きいときは比例定数 R が小さくなり，電流 i が小さいときには比例定数 R が大きくなることがわかる．すなわち，この比例定数 R は

電流の流れにくさの度合い

を表していることがわかる．したがって，この R を**抵抗**とよび，単位はドイツの物理学者オームにちなんで **[Ω(オーム)]** を用いる．

さらに，オームは実験で，この抵抗 R [Ω] が，導線の長さ l [m] に比例し導線の断面積 S [m^2] に反比例することを見出した[注3]．したがって，比例定数を ρ として，抵抗 R [Ω]は，

$$\boldsymbol{R = \rho \cdot \frac{l}{S}} \tag{10.3}$$

と書ける[注4]．このときの比例定数 ρ は**抵抗率**とよばれ，単位は(10.3)より [Ω·m] を用い，導線の材質や温度によって決まるものである．

注3　導線を車が走る道路と考えると容易にイメージできる．例えば，狭い道が長く続けばそれだけ車は通りにくくなる．これは，S が小さく，l が長いことに相当している．

注4　(10.2)，(10.3) の 2 つの式を抵抗の基本式という．

例題 10.1

断面積 S [m^2]，長さ l [m]，抵抗率 ρ [Ω·m] の抵抗があり，この抵抗の抵抗値が R [Ω] であるとする．以下の各場合，抵抗値は R [Ω] の何倍になるか答えよ．

(1)　抵抗率は不変で，断面積を $2S$ [m^2]，長さを $l/2$ [m] とした場合．

(2)　断面積は不変で，抵抗率を 4ρ [Ω·m]，長さを $l/4$ [m] とした場合．

(3)　長さは不変で，抵抗率を 2ρ [Ω·m]，断面積を $S/2$ [m^2]とした場合．

解　題意より，$R = \rho \cdot l/S$ [Ω] である．

(1)　$R' = \rho \dfrac{(l/2)}{2S} = \dfrac{1}{4} \cdot \rho \cdot \dfrac{l}{S} = \dfrac{1}{4}R \quad \therefore \dfrac{1}{4}$ 倍

(2)　$R' = 4\rho \dfrac{(l/4)}{S} = \rho \cdot \dfrac{l}{S} = R \quad \therefore 1$ 倍

(3)　$R' = 2\rho \dfrac{l}{S/2} = 4 \cdot \rho \cdot \dfrac{l}{S} = 4R \quad \therefore 4$ 倍　◆

次に，図 10.2 のように，抵抗値 R [Ω] の抵抗 R の両端に電圧 V [V] の電池を接続して，抵抗に電流 i [A] が流れている状態を考える．このとき，抵抗では熱が発生する．このように，抵抗に電流を流すことによって発生する熱のことを**ジュール熱**とよぶ．さて，この回路で

図 10.2

は，抵抗の両端の電圧が V [V] = [J/C] であり，流れる電流が i [A] = [C/s] である．単位からもわかるように，いいかえれば，抵抗では +1 [C] 当り V [J] のエネルギーが熱に変換されており，1 [s] 当り i [C] 流れているので，1 [s] 当り Vi [J] のエネルギーが熱に変換されていることになる．

したがって，単位時間当りに発生する熱エネルギー P は，

$$P = Vi \tag{10.4}$$

となる．P は単位時間当りに消費するエネルギーとも考えられるので，**消費電力**とよばれることもある．P の単位は[J/s]となり仕事率と同じ単位であるから，一般には **[W (ワット)]** を用いる．また，抵抗では(10.2)が成立するので，(10.4)は，

$$\boldsymbol{P = Vi = Ri^2 = \frac{V^2}{R}} \tag{10.5}$$

と表すこともできる．

ここで，簡単な回路図を用いて具体例を示す．図 10.3 のような回路図を考える．抵抗 R_1，R_2，R_3 の抵抗値を R，$2R$，$2R$ とし，それぞれに流れる電流を，i_1，i_2，i_3 とする．また，電池の電圧を V とする．図の AB 間の電圧を V_1，BC 間の電圧を V_{23} とすると，基本式より，それぞれの抵抗に対して

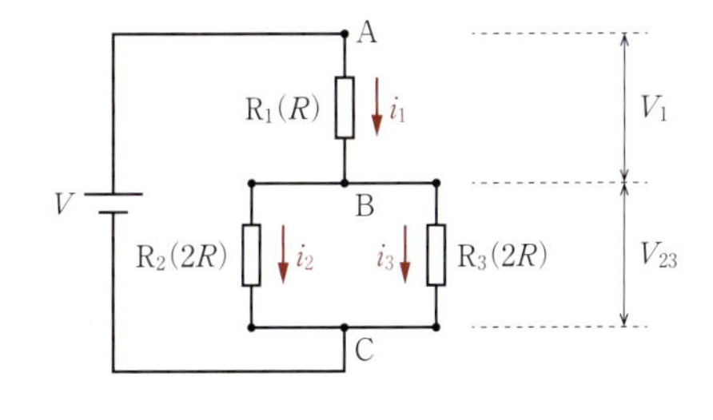

図 10.3

$$V_1 = Ri_1, \qquad V_{23} = 2Ri_2, \qquad V_{23} = 2Ri_3 \tag{10.6}$$

が成立する．次に，電流の関係式について考える．電流は電荷の流れであるから，途中で増加したり減少したりしない[注5]．これより，分岐点の B 点に着目すると，

$$i_1 = i_2 + i_3 \tag{10.7}$$

が成立し，この式のことを**電流保存則**という[注6]．さらに，電位の関係式について考える．回路図において高低差の関係を考えれば容易にわかるように，電位に関しては，

$$V = V_1 + V_{23} \tag{10.8}$$

が成立する[注7]．

注5 電池は，電荷に位置エネルギーを与える装置であると考え，ポンプをイメージすればよい．ポンプは水に位置エネルギーを与えるだけで，全体の水量が増加したり減少したりすることはない．

注6 キルヒホッフの第1法則という場合もある．

注7 キルヒホッフの第2法則という場合もある．

(10.6) ～ (10.8)までを連立すれば，i_1，i_2，i_3，V_1，V_{23} をすべて求めることが可能となり，

$$i_1 = \frac{V}{2R}, \qquad i_2 = i_3 = \frac{V}{4R}, \qquad V_1 = V_{23} = \frac{V}{2} \tag{10.9}$$

と計算される．これによって，すべての抵抗に流れる電流，かかる電圧が計算できたので，それぞれの抵抗でのジュール熱も(10.5)を用いれば計算可能となる．

このように，抵抗回路の解析では，基本式 $V = Ri$，電流保存則，電位の関係式に着目すればよいことがわかる．また，抵抗そのものに変更などがあるときは，(10.3)を用い，抵抗での消費電力（単位時間当りのジュール熱）の計算では，(10.5)を用いればよい．

問 10.1　図 10.4 で示される回路図において，以下の(1)〜(5)を求めよ．ただし，図で示したように，電池の電圧は 12 [V]，抵抗 R_1，R_2，R_3 の抵抗値はそれぞれ，1.0 [Ω]，2.0 [Ω]，3.0 [Ω] である．

(1)　R_3 に流れる電流
(2)　R_2 に流れる電流
(3)　R_1 にかかる電圧
(4)　R_3 での消費電力
(5)　R_1 と R_2 の消費電力の合計

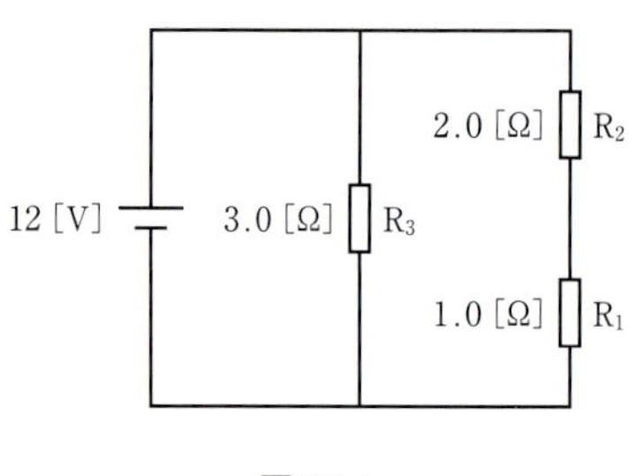

図 10.4

§10.2　コンデンサーを含む回路

図 10.5 のように，2 枚の金属板 A，B を平行に配置して固定し，それぞれ電池の正極（+極），負極（−極）に接続する．ここでスイッチを閉じると，B 側から正電荷が A 側へ移動し，A 側が正に，B 側が負に帯電することになる[注8]．電荷の移動は，AB 間の電圧が電源電圧と等しくなったときに止まる．これらの電荷は互いにクーロン力で引き合うため，スイッチを開いても電荷はそのまま保たれる．このように，電荷を蓄えることができる装置のことを**コンデンサー**という．特に，図 10.5 のように平行な 2 枚の金属板でできたコンデンサーのことを**平行平板コンデンサー**といい，この金属板のことを**極板**という．また，電荷が極板に蓄えられることを**充電**という．

注 8　実際には，負電荷の自由電子が A 側から B 側に移動しているが，正電荷の移動でイメージして差し支えない．

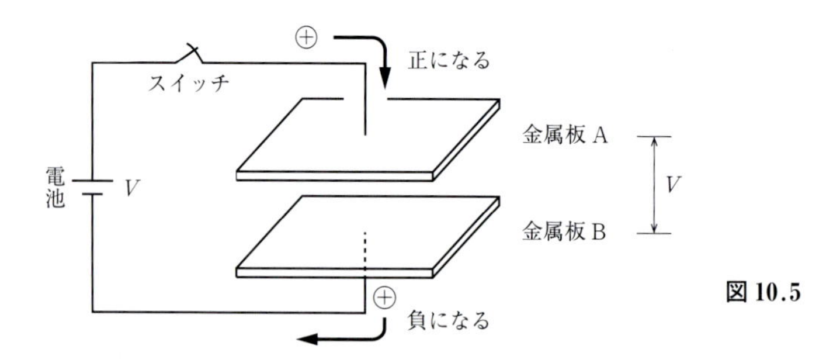

図 10.5

上記のように，電荷の移動により充電されるので，2 枚の極板に蓄えられる電気量の大きさは必ず等しくなり，それぞれ逆符号となる．すなわち，A 側に $+Q$ が蓄えられた場合には，B 側には $-Q$ が蓄えられることになる．このとき，コンデンサーが Q に充電されたという．この電気量 Q は極板間の電圧 V に比例しており，比例定数を C とおいて，

$$Q = CV \tag{10.10}$$

と書ける．この比例定数 C は，**静電容量**（または**電気容量**）とよばれ，単位は(10.10)を見てもわかるように [C/V] であるが，一般には **[F（ファラッド）]** を用いる．すなわち，1 [V] の電圧で 1 [C] の電荷が蓄えられるときの静電容量を 1 [F] と決めているのである．

ここで，さらに詳しく静電容量について議論する．図 10.6 のような，充電量が Q [C]のコンデンサーを考える．ガウスの法則より，極板間の電気力線の本数は $N = 4\pi kQ$ [本] であるから，極板面積を S とすると，極板間の電場の大きさ E は，単位面積当りの電気力線の本数を考えて，

$$E = \frac{4\pi kQ}{S} \tag{10.11}$$

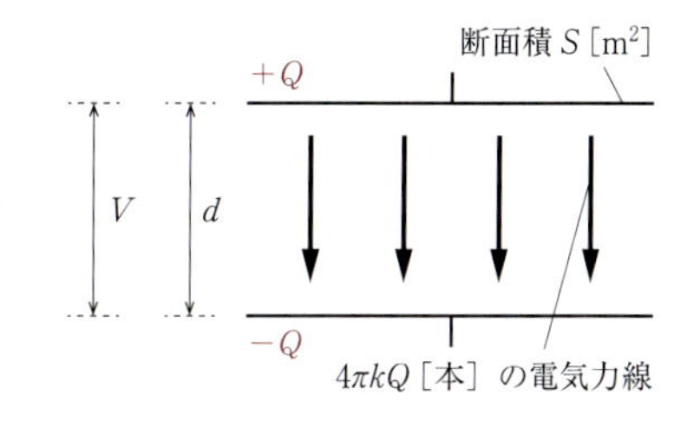

図 10.6

となる．一方，+1 [C] 当りの仕事とエネルギーの関係より $V = E \cdot d$ が成立するので，電場 E は，

$$E = \frac{V}{d} \tag{10.12}$$

と書くこともできる．したがって，電場 E に着目すると

$$\frac{4\pi kQ}{S} = \frac{V}{d} \tag{10.13}$$

が成立することになる．この式を Q について整理すると，

$$Q = \frac{1}{4\pi k} \cdot \frac{S}{d} \cdot V \tag{10.14}$$

と書けるので，(10.10) と比較すると，静電容量 C は，

$$C = \frac{1}{4\pi k} \cdot \frac{S}{d} \tag{10.15}$$

となることがわかる．これより，静電容量 C は極板面積 S に比例，極板間隔 d に反比例し，このときの比例定数が $1/4\pi k$ であることがわかる．

そこで，この比例定数を

$$\frac{1}{4\pi k} = \varepsilon \tag{10.16}$$

とおいて，**誘電率**とよんでいる．特に，真空においては，

$$\frac{1}{4\pi k_0} = \varepsilon_0 \tag{10.17}$$

と書いて，極板間が真空の場合のコンデンサーに対して用い，これを**真空誘電率**という．誘電率の単位は，(10.15) より [F/m] を用いる．

また，真空誘電率に対する誘電率のことを比誘電率とよび，一般に記号は ε_r を用いる．式で表すと，

$$\varepsilon_r = \frac{\varepsilon}{\varepsilon_0} \tag{10.18}$$

となる．

以上より，コンデンサーの基本式は，

$$\boldsymbol{Q = CV, \qquad C = \frac{\varepsilon \cdot S}{d}} \tag{10.19}$$

となることがわかる．また，極板間が真空の場合のコンデンサーの静電容量を C_0 としたとき，極板間に誘電率 ε の誘電体を挿入すると，その静電容量 C は，

$$C = \varepsilon \cdot \frac{S}{d} = \frac{\varepsilon}{\varepsilon_0} \cdot C_0 = \varepsilon_r C_0 \tag{10.20}$$

が成立する．

例題 10.2

極板面積 S [m²]，極板間隔 d [m] の平行平板真空コンデンサーがある．真空誘電率を ε_0 [F/m] として，以下の問に答えよ．

(1)　このコンデンサーの静電容量 C_0 [F] を求めよ．

(2)　極板間距離を 2 倍にし，極板面積を 2 倍にした．静電容量は C_0 の何倍になるか．

(3)　(2)におけるコンデンサーの極板間を誘電率 ε の誘電体で満たした．このときの静電容量は C_0 の何倍か．

解　(1)　静電容量の式より，$C_0 = \varepsilon_0 \dfrac{S}{d}$ [F]．

(2)　$C = \varepsilon_0 \cdot \dfrac{2S}{2d} = \varepsilon_0 \dfrac{S}{d} = C_0 \quad \therefore$ 1 倍

(3)　ε_0 を ε におきかえて，以下のようになる．

$$C' = \varepsilon \frac{S}{d} = \frac{\varepsilon}{\varepsilon_0} \cdot \varepsilon_0 \frac{S}{d} = \frac{\varepsilon}{\varepsilon_0} \cdot C_0 \quad \therefore \ \frac{\varepsilon}{\varepsilon_0} \text{ 倍}$$

◆

次に，コンデンサーに蓄えられる静電エネルギーについて考える．静電容量が C [F] のコンデンサーに電荷 Q [C] が蓄えられており，極板間の電圧が V [V]であるときの静電エネルギー U [J] は，電圧 V [V]が，1 [C] 当りの位置エネルギーであることに注意すると，容易に理解できる．1 [C] の電荷を極板間で移動させるとき，V [J] の仕事を必要とするが，電荷を移動させればそれだけ極板間の電圧は大きくなる．0 [C]から Q [C] まで運ぶのに必要な全仕事が，U [J] に等しい．したがって，図 10.7 の赤色部分の面積がコンデンサーの静電エネルギーに等しいことがわかる．すなわち，$V = Q/C$ より，1 [C] 当りの位置エネルギー V [J/C] は電気量が大きくなるほど大きくなるので，図の三角形の面積で表されることがわかる．よって，

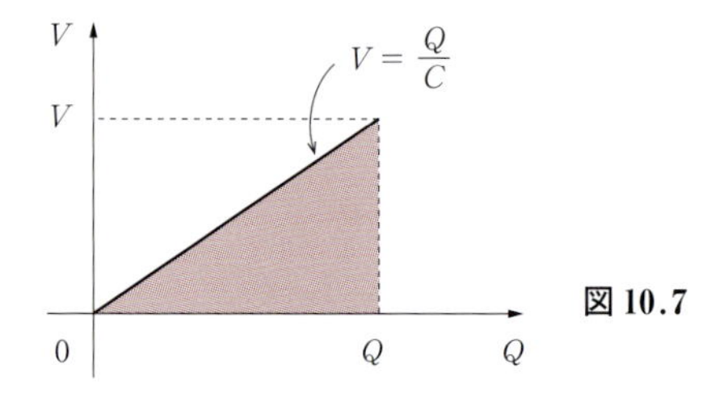

図 10.7

$$U = \frac{1}{2} QV \tag{10.21}$$

となる．ここで，$Q = CV$，$V = Q/C$ より，この式は

$$\boldsymbol{U = \frac{1}{2} QV = \frac{1}{2} CV^2 = \frac{Q^2}{2C}} \tag{10.22}$$

と書けることがわかる．

簡単なコンデンサーを含む回路を考える．図 10.8 のように，電圧 V [V] の電池，静電容量がそれぞれ $2C$ [F]，C [F]，C [F] のコンデンサー C_1，C_2，C_3 とスイッチを用いて回路を組んだ．コンデンサーは最初充電されていないものとする．この状態から，スイッチを閉じて充分時間が経過したとき，各コンデンサーに蓄えられている電気量 Q_1，Q_2，

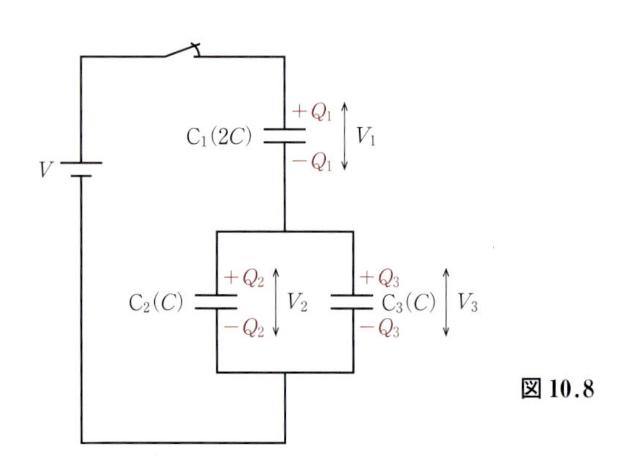

図 10.8

Q_3を求めることを考える．

基本式より，各コンデンサーにかかる電圧は，

$$V_1 = \frac{Q_1}{2C}, \qquad V_2 = \frac{Q_2}{C}, \qquad V_3 = \frac{Q_3}{C} \tag{10.23}$$

となる．また，電位の関係式は，

$$V = V_1 + V_2, \qquad V_2 = V_3 \tag{10.24}$$

が成立する．

ここで，**電荷保存則**を考える．電荷保存則とは，電池から孤立している部分に対して成立する式で，スイッチを入れる前と入れた後で電荷が不変であることを示す式である．電池から孤立していれば，電荷が増加することも減少することもないので，図10.9のように孤立回路に着目すればよい．式で表すと，

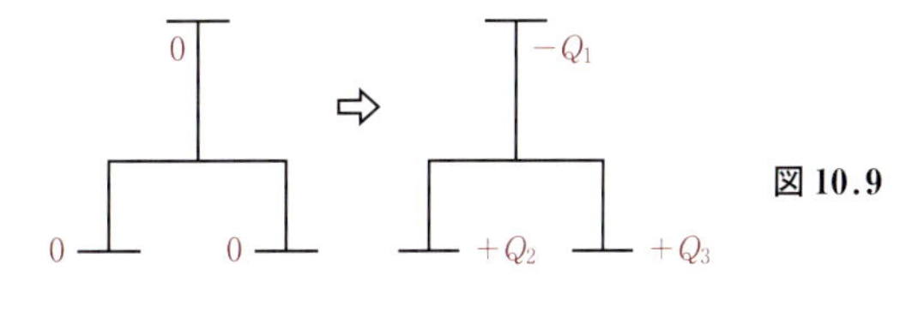

図10.9

$$0 + 0 + 0 = -Q_1 + Q_2 + Q_3 \tag{10.25}$$

となる．(10.23)～(10.25)を連立して，

$$Q_1 = CV, \qquad Q_2 = \frac{1}{2}CV, \qquad Q_3 = \frac{1}{2}CV \tag{10.26}$$

と算出される．

問 10.2　図10.10のように，電圧V[V]の電池，静電容量C[F]，$2C$[F]，$3C$[F]のコンデンサーC_1，C_2，C_3，スイッチを用いて，回路を組んだ．最初，コンデンサーは充電されていないものとする．スイッチを閉じて充分時間が経過したとき，以下の問に答えよ．

(1)　C_1に蓄えられた電気量を求めよ．

(2)　C_2に蓄えられた電気量を求めよ．

(3)　C_3の静電エネルギーを求めよ．

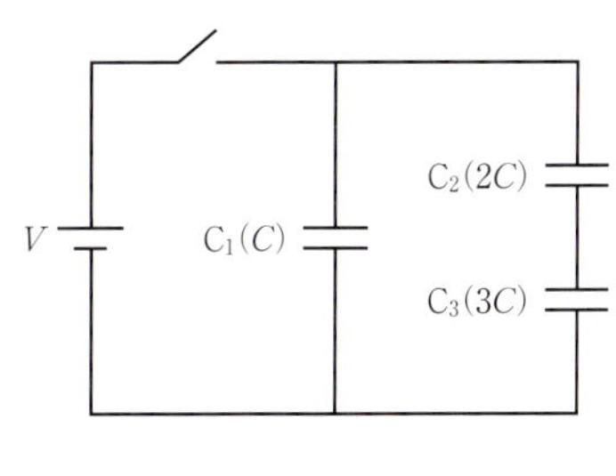

図10.10

§10.3　非オーム抵抗を含む回路

オームの法則に従わない抵抗のことを**非オーム抵抗**という．白熱電球など，電流が流れることで発熱し，電球自体の抵抗値が流れる電流で上昇するような素子もこれにあたる．すなわち，電流iと電圧Vの間に$V = Ri$が成立していても，Rが一定値を取らない場合，非オーム抵抗という扱いになる．

一般に，白熱電球を電源につないで，電源電圧Vを変化させたときに流れる電流iをグラフで表すと，図10.11のようになる（このグラフのことを**電流電圧特性グラフ**という）．すな

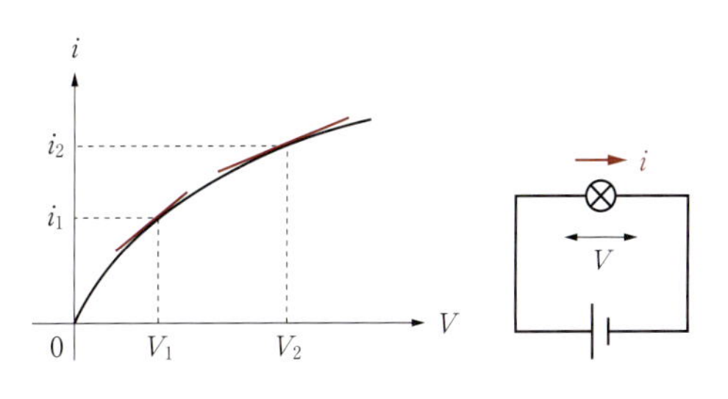

図10.11

わち，ある値から，電圧を上げてもそれに呼応して電流値が上昇しなくなる．グラフの傾きを，電圧 V_1，電流 i_1 のときと，電圧 V_2，電流 i_2 のときを比較すると，電圧 V_2 のときの方が小さいことがわかる．なお，このグラフの傾きは，i/V を示しており，抵抗値の逆数であることがわかる[注9]．つまり，このグラフでは，電圧 $V = V_2$ のときの方が，白熱電球の抵抗の値が大きくなっていることを示している．

注9　$V = Ri$ より $i/V = 1/R$ となり，抵抗の逆数となる．

さて，ここで具体的な回路を考えることで，非オーム抵抗である白熱電球に流れる電流を求める手順について考える．例として，図 10.12 の電流電圧特性グラフを満たす白熱電球と，オームの法則が成立する抵抗値 100 [Ω] の抵抗 R で，図 10.13 のような回路を組んだ．回路には分岐・合流点がないので，図に示したように流れる電流を i [A] と仮定できる．したがって 100 [Ω] の抵抗の両端の電圧は $100\,i$ [V] と表すことが可能となる．一方，白熱電球にかかる電圧を V [V] と決めると，電位の関係式は，

$$10 = 100\,i + V \tag{10.27}$$

と書ける．ここで，(10.27)の V と i は，白熱電球にかかる電圧，流れる電流と考えられるので，図 10.12 のグラフの V と i を満足しなくてはならない．したがって，図 10.12 のグラフに(10.27)を直線のグラフとして書き込み，交点を読めば電球にかかる電圧 V，流れる電流 i が算出できる（図 10.14）．これより，

$$V = 5\ [\mathrm{V}], \qquad i = 0.05\ [\mathrm{A}] \tag{10.28}$$

となることがわかる．このように，白熱電球の基本式が数式ではなく，特性グラフで与えられている場合には，グラフの交点を読むことで電圧値や電流値を求めればよいことがわかる．

白熱電球以外にも，ダイオードなどの半導体やネオン管なども非オーム抵抗として取り扱う場合もある．このような場合でも，与えられた電流電圧特性グラフが，その素子の基本式と考えればよい．

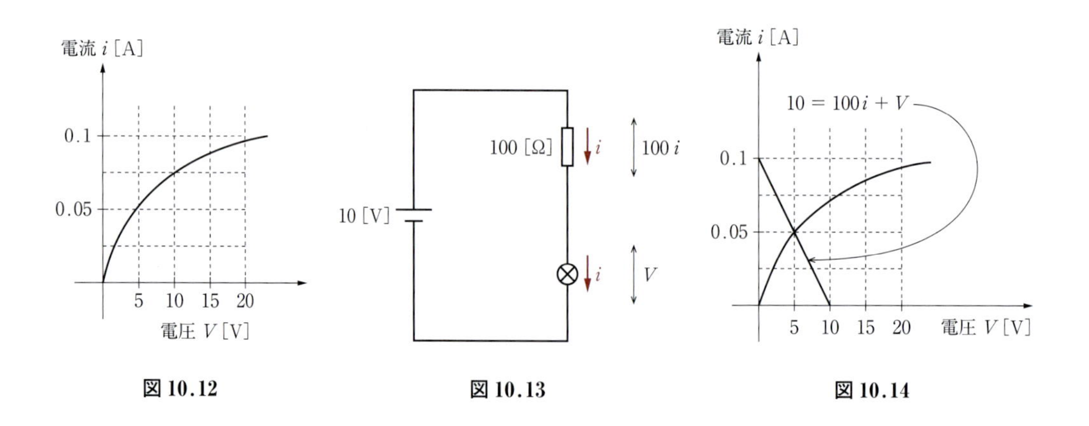

図 10.12　　図 10.13　　図 10.14

例題 10.3

図 10.15 のような電流電圧特性をもつ白熱電球がある．

(1)　この電球に 2 [V] の電圧をかけた．このとき，白熱電球での消費電力はいくらか．

(2)　消費電力が 1.2 [W] となるときの，白熱電球にかかる電圧および流れる電流はいくらか．

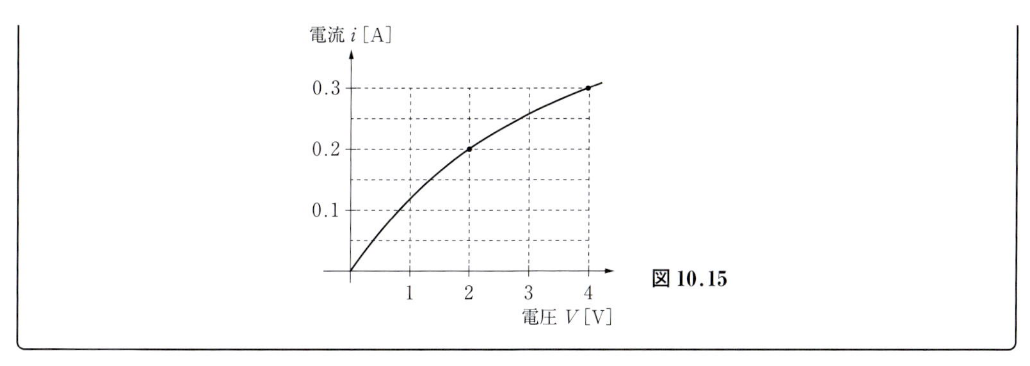

図 10.15

解　(1)　$V = 2$ [V] のとき，電流は $i = 0.2$ [A] であるから，以下のようになる．

$$P = V \cdot i = 0.4 \text{ [W]}$$

(2)　題意より，$Vi = 1.2$ [W] であるから，グラフより，以下のようになる．

$$\text{電圧}：V = 4 \text{ [V]}$$
$$\text{電流}：i = 0.3 \text{ [A]}$$
◆

問 10.3　例題 10.3 で与えられた特性をもつ白熱電球を用いて以下の回路を作った（図 10.16）．回路に流れる電流，白熱電球にかかる電圧，回路全体での消費電力を求めよ．

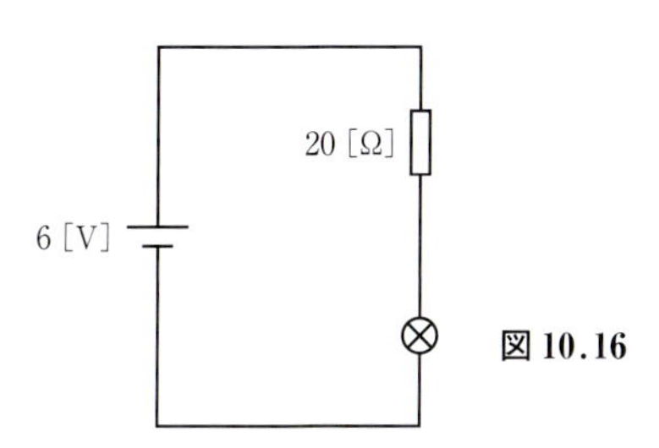

図 10.16

総合問題

[1]　図 10.17 のように，抵抗値が 20 [Ω]，40 [Ω]，60 [Ω]，30 [Ω] の 4 つの抵抗 R_1 ～ R_4 と 24 [V] の電源を用いて回路を作った．以下の問に答えよ．

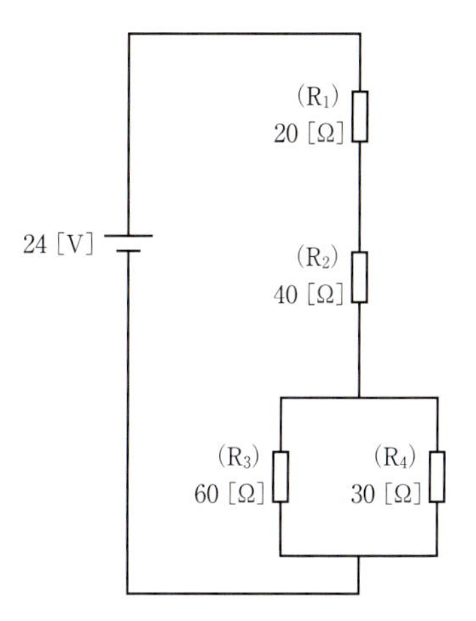

図 10.17

(1)　R_1 に流れる電流を求めよ．
(2)　R_3 にかかる電圧を求めよ．
(3)　R_4 に流れる電流を求めよ．
(4)　各抵抗での消費電力をそれぞれ求めよ．
(5)　(4)で求めた消費電力の和と，電源が供給した電力が等しいことを示せ．

[2]　図 10.18 のように，静電容量がすべて C の 4 つのコンデンサー C_1 ～ C_4，3 つのスイッチ S_1 ～ S_3，電圧 V の電源を用いて回路を作った．最初，すべてのスイッチは開いており，コンデンサーに電荷はないものとする．以下の問に答えよ．

S_1 のみを閉じ，十分時間が経過した．その後，S_1 を開き S_2 のみを閉じて十分時間が経過

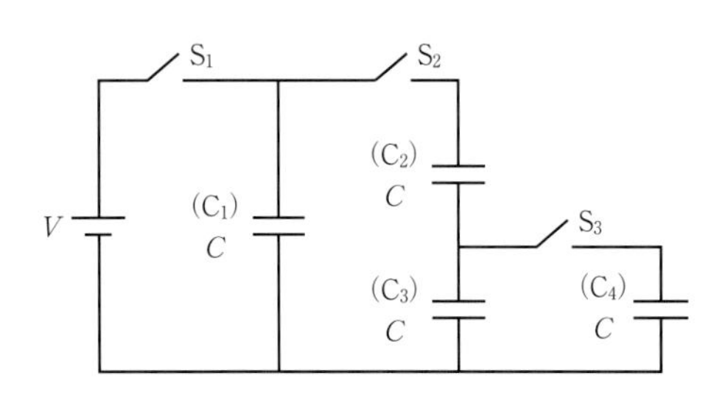

図 10.18

した．

(1)　C_1，C_2，C_3 に蓄えられた電気量を求めよ．

続いて S_2 を開き，S_3 のみを閉じて充分時間が経過した．

(2)　C_3，C_4 に蓄えられた電気量を求めよ．

ここで，S_3 を開き，S_2 のみを閉じて充分時間が経過した．

(3)　C_1，C_2，C_3 に蓄えられた電気量を求めよ．

[3]　図 10.19 のように，抵抗値 R の抵抗 R，静電容量 C のコンデンサー C，スイッチ S，電圧 V の電源 V を用いて回路を作った．コンデンサーの横には，比誘電率 ε_r の誘電体が置かれており，この誘電体はコンデンサーの極板面積と同じ断面積をもち，極板間隔と同じ厚さをもっている．スイッチを入れる前は，コンデンサーに電荷はないものとして以下の問に答えよ．

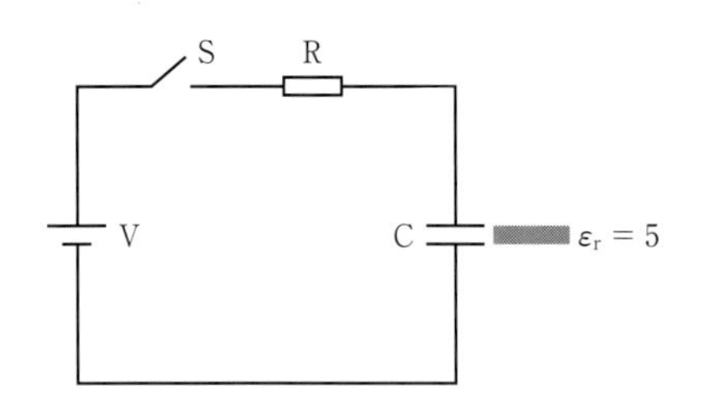

図 10.19

(1)　スイッチ S を閉じた直後，回路に流れる電流はいくらか．

(2)　スイッチ S を閉じて充分時間が経過したとき，コンデンサーに蓄えられた電気量はいくらか．

(3)　スイッチ S を閉じてから，コンデンサーの充電が完了するまでに電池がした仕事はいくらか．

(4)　(3)の間，抵抗で発生したジュール熱はいくらか．

(5)　スイッチ S を閉じたまま，誘電体を極板間に挿入し極板間を誘電体で満たした．充分時間が経過したとき，コンデンサーに蓄えられた電気量はいくらか．

(6)　誘電体を入れる前と入れた後でコンデンサーのエネルギーはどれだけ変化したか．

[4]　図 10.20 のような電流電圧特性をもつダイオード D を用いて，図 10.21 のような回路を作った．電源電圧 E は E [V]，抵抗 R の抵抗値は R [Ω] であるとする．図 10.20 中の V_0 [V]，傾き $1/r$ [1/Ω] も用いて，以下の問に答えよ．

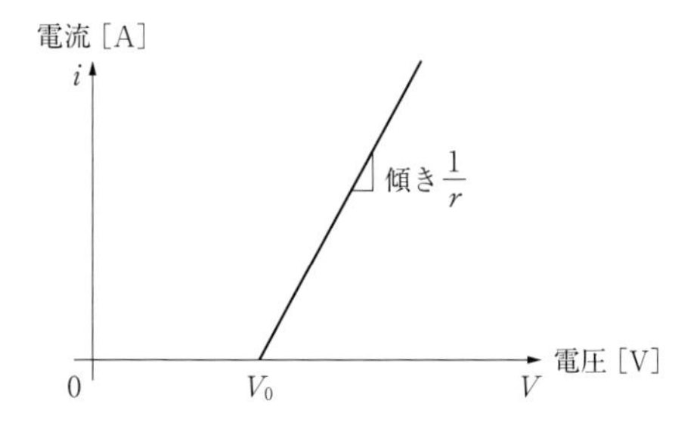

図 10.20

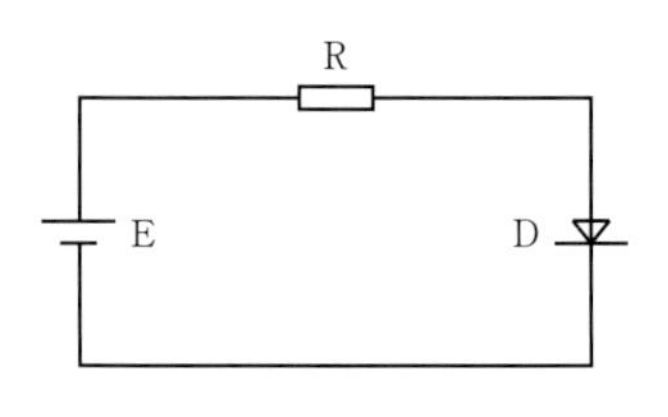

図 10.21

(1)　図 10.21 より，ダイオード D の基本式（電圧 V と電流 i の関係式）を導け．

(2)　回路に流れる電流を，R，r，E，V_0 を用いて表せ．

第 11 講
電磁気学 (3)
─ 磁場と電磁誘導 ─

§11.1 磁場と磁束密度

磁石には，互いに引力や斥力がはたらいたり，特定の金属を引きつけたりする性質がある．このときにはたらく力のことを**磁力**という．磁石の磁力は，磁石の両端付近が最も強く**磁極**とよばれ，**N 極**と**S 極**がある．磁極の強さは一般に**[Wb（ウェーバ)]**という単位で表される注1．また，このような磁力がはたらく空間には磁場が存在すると考え，1 [Wb] の磁極が受ける力の大きさと向きで**磁場**を定義する．磁極の強さが m [Wb] で，この磁極が $\vec{F}$ [N] の力を受けるとき，その場所における磁場 $\vec{H}$ は，

$$\vec{H} = \frac{\vec{F}}{m} \tag{11.1}$$

となり，この定義から単位は [N/Wb] となることがわかる．

注1　磁極の強さを表す単位 [Wb] は，静電気力における電荷の単位 [C] に対応する量と考えてよい．詳しくは，1 [m] 離しておいた磁極が $10^7/(4\pi)^2$ [N] の力を受けるとき，その磁極の強さを 1 [Wb] と決めている．

また，電場のときに用いた電気力線に倣って，磁場の様子を表すのに**磁力線**を用いる．これは，磁場中に小さな方位磁針を並べ，方位磁針の N 極が指す向きに少しずつ移動させることで得られる曲線のことをいい，N 極から出て S 極に入る (図 11.1)．しかし，正負の電気量をもつ電荷がそれぞれ存在するのとは異なり，磁極は N 極，S 極だけ単独で取り出すことはできない．そこで，磁極が受ける力で磁場を定義するのではなく，電流によって生じる磁場に着目して磁場の大きさを定義することを考える．

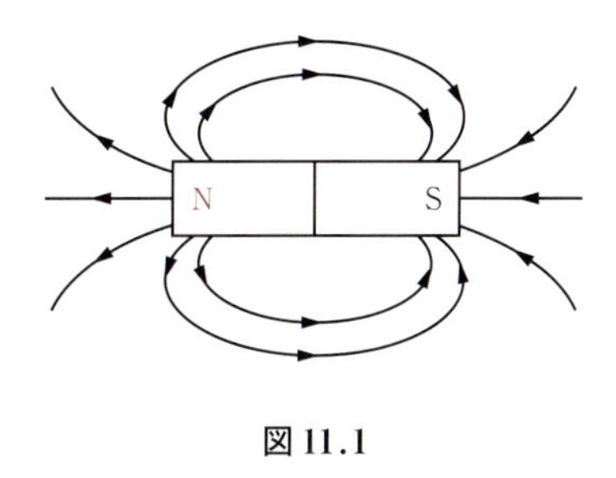

図 11.1

17 世紀，多くの物理学者達が電流の磁気作用を研究していたが，なかなか思うような結果が得られず断念していった．そんな中，1820 年，デンマークのエルステッドは，導線の近くに方位磁針を置き，その導線に電流を流すと方位磁針が大きく振れることを発見した．さらに，直線電流の周りに同心円状の磁場ができ，電流の大きさ I に比例し，導線からの距離 r に反比例することがわかり，磁場の大きさを，

$$H = \frac{I}{2\pi r} \tag{11.2}$$

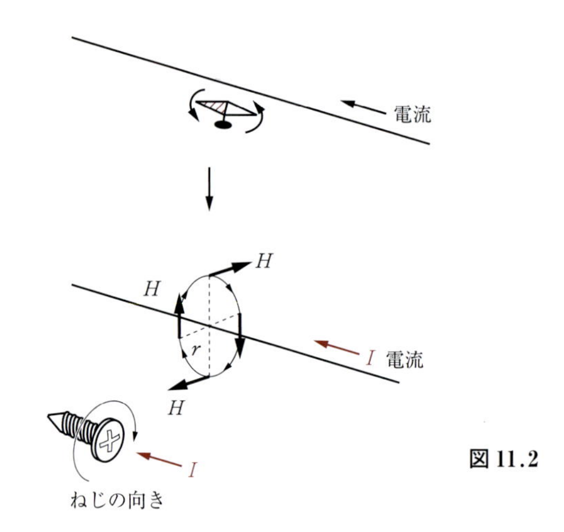

図 11.2

と決めた[注2]．このとき，電流の向きと右ねじが進む向きを一致させたとき，右ねじを回す向きに磁場が発生することがわかる．このことを**右ねじの法則**という (図 11.2)．これより，磁場の単位を [A/m] と書くこともある．

注2　H を円周に対して和を取ると，それが円周内を流れた電流の大きさに等しいと考え，$H \cdot 2\pi r = I$ として決めた．

一方，磁場が電流に及ぼす力で磁場の大きさを表すこともできる．電場を 1 [C] 当りの力から定義したように，磁場についても力に着目すると考えやすくなる利点をもつ．図 11.3 のように，U 字磁石の間を導線につながれたアルミ棒をブランコのようにぶら下げて，このアルミ棒に電流を流すと，フレミング左手の法則に従う向きに力を受ける．このとき，アルミ棒が磁場から受ける力の大きさ F は，磁極間の磁場の大きさ H，アルミ棒を流れる電流 I，磁場中のアルミ棒の長さ l に比例することが実験で確かめられた．ここで，比例定数を μ とおくと，

$$F = \mu H I l \tag{11.3}$$

と書ける．この比例定数 μ は**透磁率**とよばれ，磁場が発生している空間によって決まるものである．真空中で実験を行った場合には，特に μ_0 と表し，これを**真空透磁率**とよび，

$$F = \mu_0 H I l \tag{11.4}$$

となる．

この力の大きさで，磁場の大きさを表すことを考える．電場では 1 [C] の電荷にはたらく力に着目したが，ここでは，(11.4) において，1 [A] の電流にはたらく 1 [m] 当りの力に着目する．すなわち，新たに磁場の大きさを表す量として記号 B を用いて，

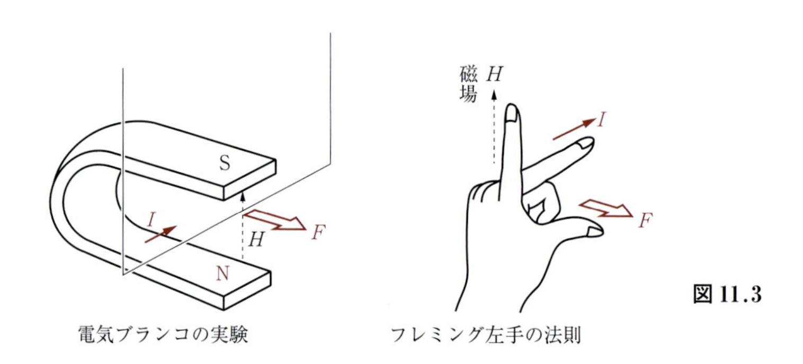

図 11.3

$$B = \frac{F}{Il} \tag{11.5}$$

と決めれば，(11.4)と比較して，

$$B = \mu_0 H \tag{11.6}$$

となり，場の大きさを表す量として適切であることがわかる．この磁場の大きさを表す B は**磁束密度**とよばれているが，(11.5)からもわかるように単位は [N/A·m] となる．

磁場 H を磁力線で表したように，磁束密度 B は**磁束線**を用いて表すことができる．磁束線は電気力線と同様に，1 [m^2] 当り B 本の磁束線を描くものと約束する．着目している断面の全磁束線の本数を**磁束**とよび，磁場の大きさを表しているので単位は [Wb] を用いる．すなわち，磁束密度 B は，磁束 Φ，着目している断面積を S とすると，

$$B = \frac{\Phi}{S} \tag{11.7}$$

と書くこともできる．これは，電場を単位面積当りの電気力線の数とした考え方に対応している(図 11.4)．これより，磁束密度の単位は先ほど述べた [N/A·m] 以外に，[$\mathrm{Wb/m^2}$] を用いることもある．また，簡単に，[T (テスラ)] という単位を用いる場合もある．

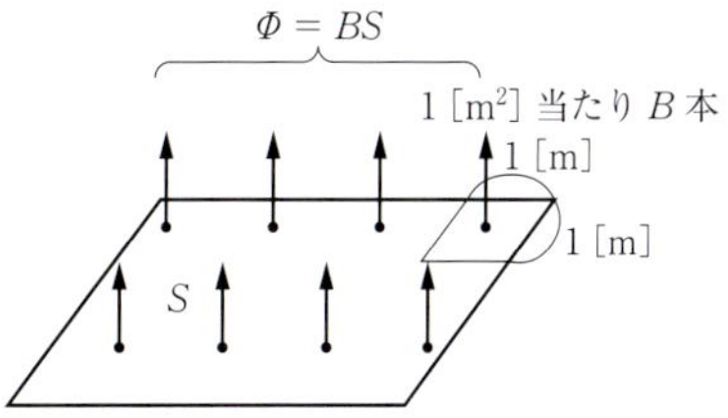

図 11.4

具体的な例として，2 本の直線電流が及ぼし合う力について議論する．図 11.5 のように，真空中に直線導線 P，Q が距離 r の間隔で平行に並べられており，図のように，それぞれの導線に同じ向きに電流 I_P，I_Q が流れているとする．

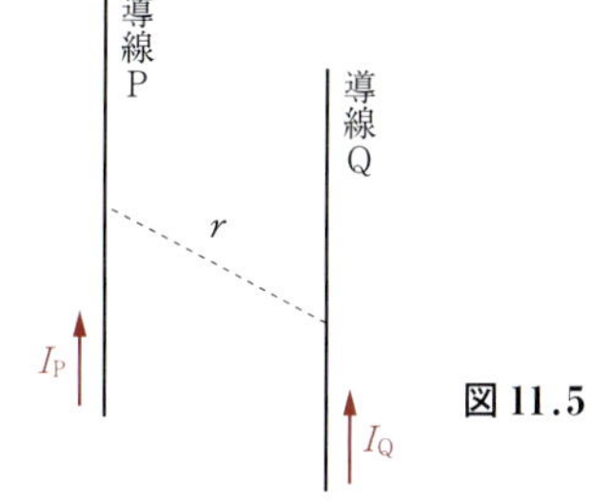

図 11.5

まず最初に，導線 P の電流 I_P が，導線 Q の位置に作る磁場 H を考える．(11.2)より，この磁場 H は，

$$H = \frac{I_\mathrm{P}}{2\pi r} \tag{11.8}$$

と書ける．これより，導線 Q の位置に電流 I_P が作る磁束密度 B は，(11.6)より

$$B = \mu_0 H = \frac{\mu_0 I_\mathrm{P}}{2\pi r} \tag{11.9}$$

となる．B の向きは右ねじの法則より，また，導線 Q が受ける力の向きはフレミング左手の法則より図 11.6 のようになる．ここで，導線 Q の長さ l の部分が受ける力の大きさは，(11.5)より $F = BIl$ であるから，ここでは

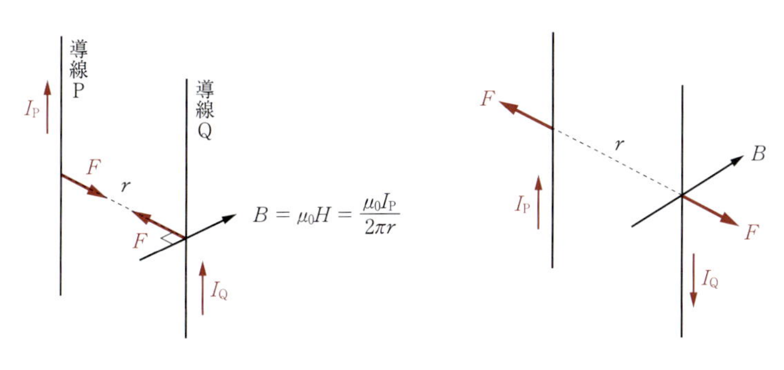

図 11.6　　図 11.7

$$F = BI_{\mathrm{Q}}l = \frac{\mu_0 I_{\mathrm{P}} I_{\mathrm{Q}} l}{2\pi r} \tag{11.10}$$

となる．このように，2 本の平行電流が受ける力は，それぞれの電流の大きさに比例し，電流間の距離に反比例することがわかる．

上記のように，電流が同じ向きに流れるときにはたらく力は引力となる．一方，互いに逆向きに流れる場合には，前ページの図 11.7 のように斥力となることも明らかである．

例題 11.1

図 11.8 のような xyz 座標において，x 軸に平行で，座標 $(0, r, 0)$ を通る直線導線に電流 I が流れている．

(1)　原点 $(0, 0, 0)$ の位置にできる磁場の大きさを求め，向きを図示せよ．

次に点線で示したように，x 軸に平行で，座標 $(0, -r, 0)$ を通る直線導線に先ほどと同じ向きに電流 $2I$ を流した．

(2)　原点の位置にできる磁場の大きさと向きを，(1) と同様に答えよ．

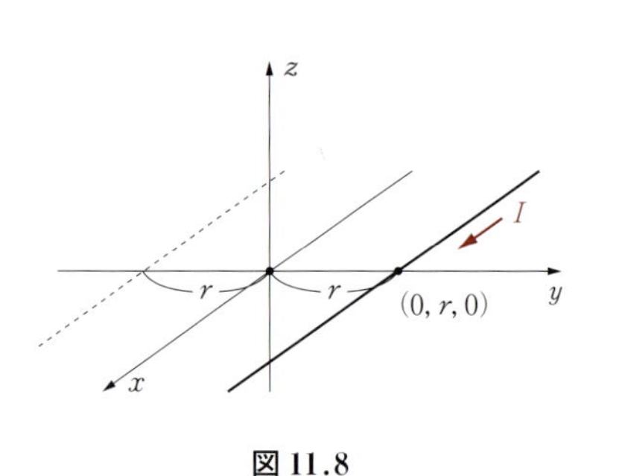

図 11.8

解　(1)　直線電流と原点との距離は r であるから，

$$H = \frac{I}{2\pi r}$$

となる．右ねじの法則より，z 軸負方向となる（図 11.9）．

(2)　右ねじの法則より，それぞれの直線電流による磁場は図 11.10 のようになる．よって，

$$\begin{aligned} H &= H_2 - H_1 \\ &= \frac{2I}{2\pi r} - \frac{I}{2\pi r} = \frac{I}{2\pi r} \end{aligned}$$

となる．$H_2 > H_1$ であるから，z 軸正方向となる（図 11.11）．

図 11.9

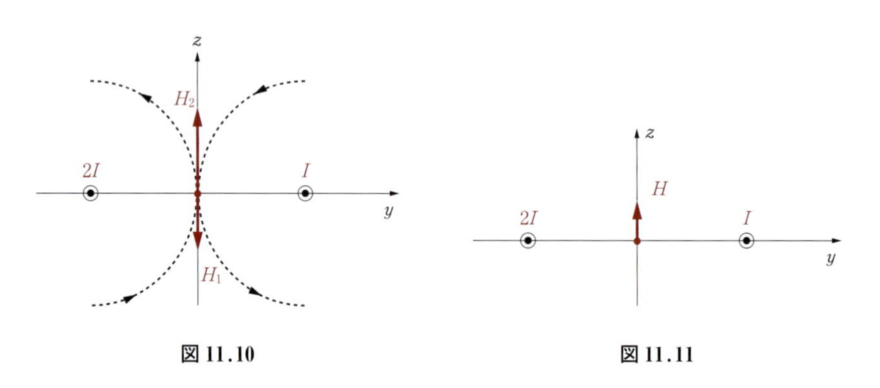

図 11.10　　　図 11.11

◆

問 11.1　鉛直上向きの一様な磁場がかけられており，磁束密度の大きさは B である．質量 m，長さ l のアルミ棒 MN を，質量の無視できる細い導線を用いて，回転軸に対して自由に回転できるようにした．アルミ棒に電流を流したところ，図 11.12 のように，鉛直線と角 θ をなした位置でつり合った．導線 MN に流れている電流を，B，l，θ，m，重力加速度の大きさ g を用いて表せ．また，電流の向きは M → N か，N → M かを答えよ．

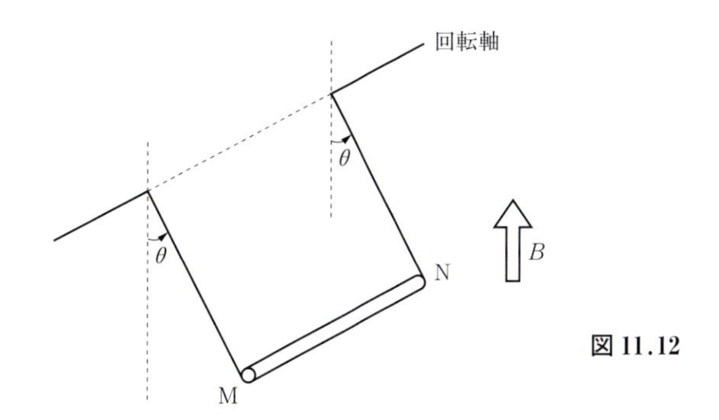

図 11.12

§11.2　ファラデーの電磁誘導の法則

ファラデーは，エルステッドの実験から電磁誘導の法則を発見した．簡単にいえば，電流が磁場を作るのであれば，磁場によって電流を発生させることができるのではないかと考えたのである．これは，簡単な実験によって示すことができる．図 11.13 のように，円形に導線を巻きつけたもの（コイルという）に磁石を近づけたり遠ざけたりすると，検流計に電流が流れることが確認できる．これは，磁石によってコイルに電位差が発生したことを意味しており，この現象のことを**電磁誘導**という．電磁誘導によって生じる電流のことを**誘導電流**といい，生じる電位差のことを**誘導起電力**という．

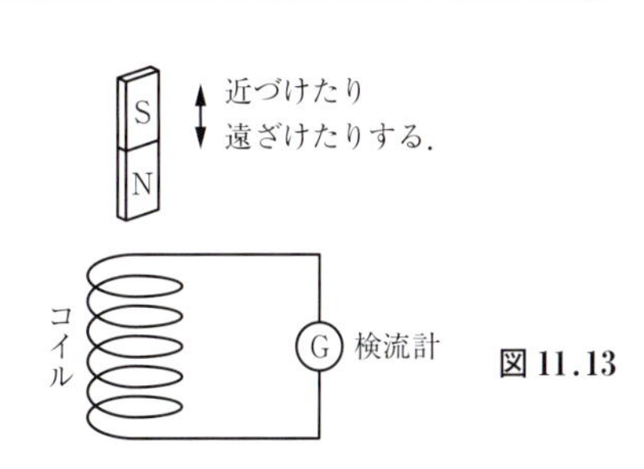

図 11.13

ここで，注意しなければならないことは，コイルに磁石を差し込んだだけでは，誘導起電力が発生せず，磁石を近づけたり遠ざけたりすることが必要なことである．すなわち，磁場がコイルを貫いていても電磁誘導現象が観測されず，コイルを貫く磁場が変化して初めて，その変化に応じた誘導起電力が生じるということである．

図 11.14 のように，コイルに磁石の N 極を近づけると，コイルを下向きに貫く磁束線が増加すると考えられる．このとき

誘導電流，誘導起電力は，磁束線の変化を妨げる向きに生じる

ことが知られている．すなわち，コイルを貫く下向きの磁束線の増加を妨げようと，上向きに

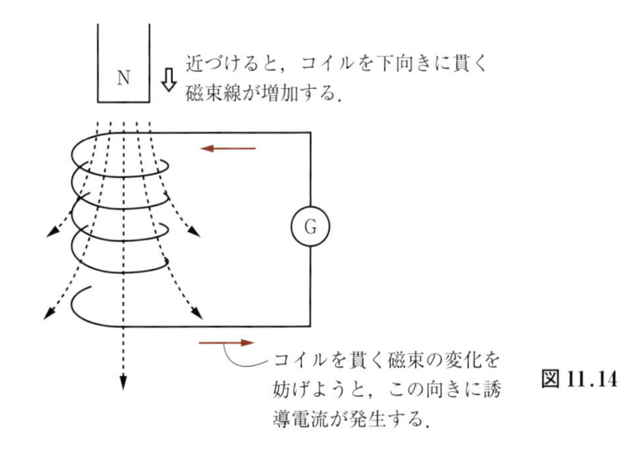

図 11.14

貫く磁場を作るように誘導電流が発生する．したがって，右ねじの法則より，誘導電流の向きは図のようになる．このように，磁場の変化を妨げる向きに，誘導電流や誘導起電力が発生することを，**レンツの法則**とよんでいる．

ここで，簡単のため1巻きのコイルで考える．1巻きコイルを貫く磁束Φが，時間Δtの間に$\Delta\Phi$だけ変化したとすると，コイルに生じる誘導起電力Vの大きさは，単位時間当りの磁束の変化に比例し，

$$V = \left| \frac{\Delta\Phi}{\Delta t} \right| \tag{11.11}$$

となる．向きは，レンツの法則に従う向きであり，N回巻きコイルでは，誘導起電力が(11.11)のN倍となる．このように，

誘導起電力の大きさがコイルを貫く磁束の単位時間当りの変化に等しくなる

ことを，**ファラデーの電磁誘導の法則**という．交通系のICカードなどは，変化する磁場にカードを近づけることでカード内に誘導起電力を発生させ，カード内に組み込まれた回路に電流を流して情報を記憶しているのである．

ここで，磁場中を移動する導体棒を例にとって，より具体的に深く考察する．図11.15のように，鉛直上向きに一様な磁束密度Bが存在する空間に，抵抗つきのコの字型導線を水平に置き，導線に垂直に導体棒を渡しておく．コの字型導線の幅をl，抵抗の抵抗値をRとする．導体棒を右向きに一定の速さvで移動させると，抵抗を含む閉回路を貫く上向きの磁束が増加することになる．

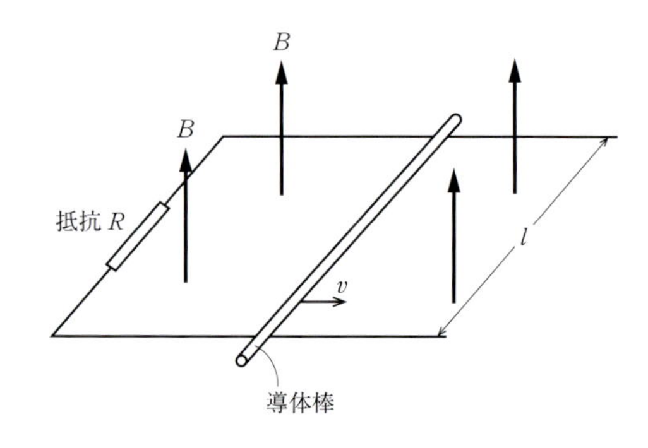

図11.15

導体棒は時間Δtの間に距離$v\Delta t$移動するので，閉回路の面積が$v\Delta t \cdot l$だけ増加するため，貫く磁束の変化は

$$\Delta\Phi = B \cdot v\Delta t \cdot l \tag{11.12}$$

となる．ここでファラデーの電磁誘導の法則より，この閉回路に生じる誘導起電力の大きさは，

$$V = \left| \frac{\Delta\Phi}{\Delta t} \right| = Bvl \tag{11.13}$$

となることがわかる．また，この誘導起電力Vの向きは，上向きの磁束の増加を妨げようと，右ねじの法則に従って上側から見て時計回りの電流Iを発生させる．このため，真上から見て図11.16のような回路図と同等になることがわかる．(図中の⊙は，磁束密度の方向が紙面裏から表であることを示す．) ここで，流れる電流Iの大きさは，オームの法則を考えて，

$$I = \frac{V}{R} = \frac{Bvl}{R} \tag{11.14}$$

となる．

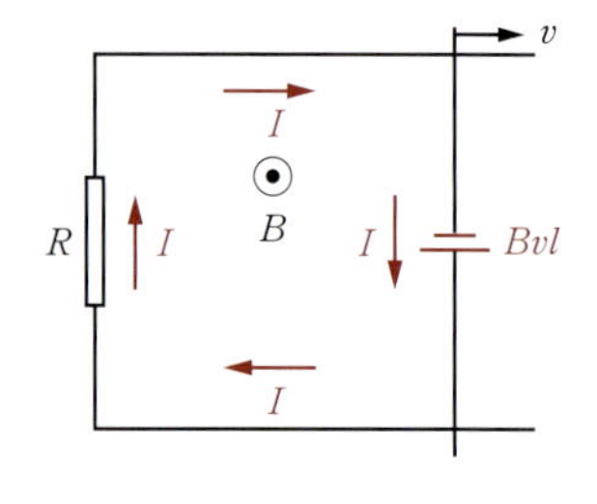

図11.16

さらに，この誘導電流Iによって，導体棒には，フレミング左手の法則に従って左向きの電磁力（電流が磁場から受ける力）BIlがはたらく[注3]．このため，導体棒を等速度vで移動させるためには，この力と同じ大きさの外力を右向きにはたらかせなくてはならない（図

11.17)．すなわち，力のつり合いより外力 F は，

$$F = BIl = \frac{B^2vl^2}{R} \qquad (11.15)$$

が必要となる．この外力が単位時間にする仕事（仕事率）は，

$$F\cdot v = \frac{B^2v^2l^2}{R} \qquad (11.16)$$

となり，抵抗での消費電力

$$P = VI = \frac{(Bvl)^2}{R} \qquad (11.17)$$

と等しくなっていることがわかる．すなわち，外力が単位時間にした仕事が，抵抗でジュール熱に変換されていることがわかる．

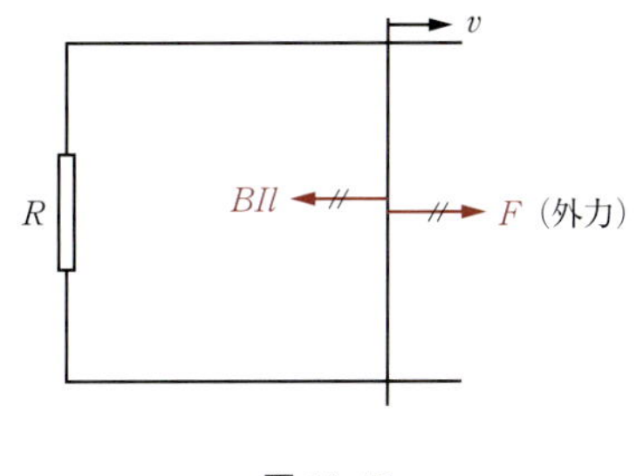

図 11.17

注3 導体棒の移動を妨げようとする向きに力が発生する，と考えても同じ向きとなる．

例題 11.2

図 11.18 の(1), (2)についてそれぞれ生じる誘導起電力の向きを，レンツの法則を用いて，理由を付して(イ)か(ロ)かを答えよ．

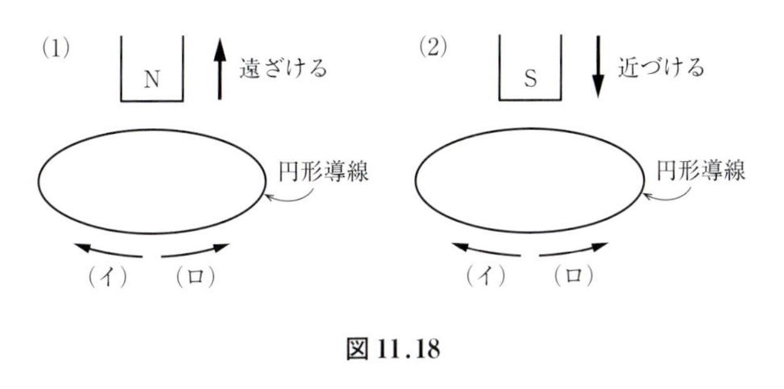

図 11.18

解 (1) N 極を遠ざけると，コイルを下向きに貫く磁束が減少する．この減少を妨げようと，下向きの磁束を作るような電流がコイルに発生する．これより，(イ)．
(2) S 極を近づけると，コイルを上向きに貫く磁束が増加する．この増加を妨げようと，下向きの磁束を作るような電流がコイルに発生する．これより，(イ)． ◆

問 11.2 1 辺の長さが a, b の長方形型コイルに対して，図 11.19 の向きに磁束密度 B の一様な磁場がかけられている．この磁束密度 B は，時間とともに変化し，時刻 $t = 0$ のとき $B = 0$, $t = t_0$ のとき $B = B_0$ で一定の割合で増加している．このコイルの抵抗値は R とする．

(1) 時刻が $0 < t < t_0$ の間，コイルを貫く磁束の変化量はいくらか．

(2) 生じる誘導起電力の大きさはいくらか．

(3) 流れる電流の大きさと向きを答えよ．

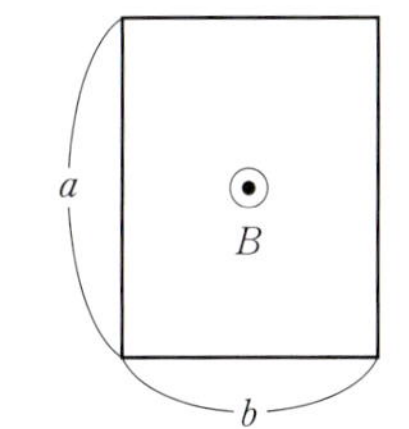

図 11.19

§11.3　荷電粒子の運動

(1)　ローレンツ力とは

電磁力 F は，(11.5) より，

$$F = BIl \tag{11.18}$$

であるが，これについてさらに深く考察する．電流 I とは，単位時間当りの電荷移動量である．長さ l の導線のある断面 S（断面積 S）を単位時間当りに通過する電子は，1 秒前では断面 S から手前に距離 v（電子の平均移動速度を v とする）までの間にある電子であったから，単位体積当りの電子の数を n とすると，電子の電気量を $-e$ として，電流 I は，

$$I = |-e|\cdot nvS = envS \tag{11.19}$$

と書ける (図 11.20)．

2 式(11.18)，(11.19) より，

$$F = B\cdot envS\cdot l \tag{11.20}$$

となるが，長さ l の導線内の全電子数は，nSl であるから，(11.20)を書き直して，

$$F = evB\cdot nSl \tag{11.21}$$

となる．導線内の個々の電子に evB の力がはたらき，その合力が電磁力として観測されていることがわかる．

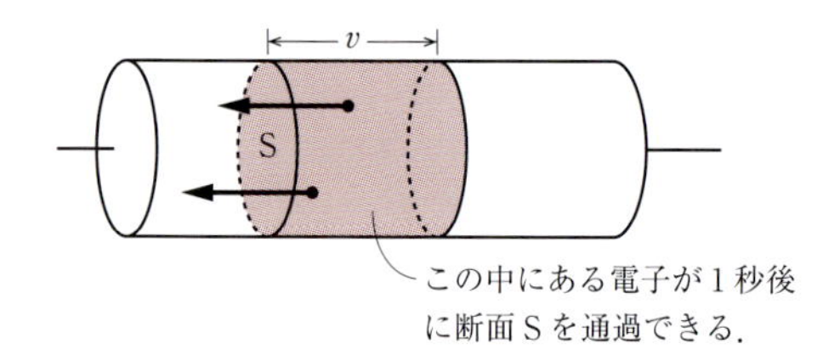

図 11.20

一般に，磁束密度 B 中を垂直に電気量 q の電荷（荷電粒子という）が速さ v で移動するとき，この荷電粒子には大きさ

$$f = qvB \tag{11.22}$$

の力がはたらき，その向きはフレミング左手の法則に従う[注4]．この力のことを，**ローレンツ力**とよんでいる．

注4　正電荷の場合には，v の向きを中指の向きと一致させ，負電荷では逆にして，フレミング左手の法則を適用する．

(2)　ローレンツ力と電磁誘導の関係

ローレンツ力を用いて，導体棒に生じる誘導起電力 Bvl について考える．図 11.21 のように，鉛直上向きの磁束密度 B の磁場中で，磁場に垂直に長さ l の導体棒を速さ v で移動させることを考える．このとき，導体棒中の電子も導線と一緒に速さ v で移動すると考えられるの

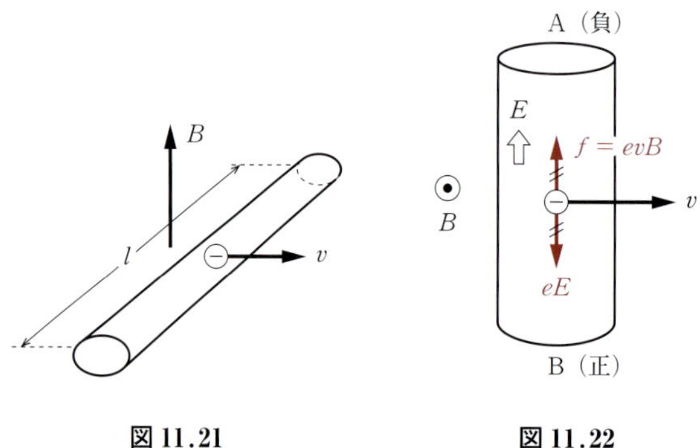

図 11.21　　図 11.22

で，電子にローレンツ力がはたらく．電子は負電荷であるから，ローレンツ力は図 11.22 の f の向きにはたらき，その大きさは evB である．このローレンツ力のため，導体棒中に電子の偏在が起こり，図のように，図の A 側が負に，相対的に B 側が正になる．これによって導体棒内に電場 E が発生し，電子には電場による力 eE がはたらき，ローレンツ力とつり合って定常状態となる[注5]．

注5　この電場 E のことを誘導電場という．

すなわち，定常状態で

$$eE = evB \tag{11.23}$$

が成立し，このときの電場 E は

$$E = vB \tag{11.24}$$

となることがわかる．これより，導体棒の AB 間の電位差 V は，

$$V = E \cdot l = vBl \tag{11.25}$$

となり（(9.11) 参照），ファラデーの電磁誘導の法則から導かれる誘導起電力 V の式と一致することがわかる．さらに，図 11.16 で示したように，誘導起電力の正負も一致していることがわかる．

(3)　磁場中での荷電粒子の運動

磁場中で，荷電粒子がどのような運動をするかを考える．ここで荷電粒子は，帯電量 q ($q > 0$)，質量 m で大きさの無視できる粒子であると考える．水平面に xy 座標を設定し，紙面の裏から表に向かう向きに一様な磁場が $x > 0$ の領域のみにかけられており，磁束密度の大きさを B とする．原点 O (0, 0) において x 軸正方向に初速度 v を荷電粒子に与えると，フレミング左手の法則に従って，図 11.23 のように，ローレンツ力は，粒子の進行方向に対して必ず垂直にはたらくので，粒子の速さを増加させることも，減速させることもできず，向心力となって，荷電粒子は等速円運動をすることになる．

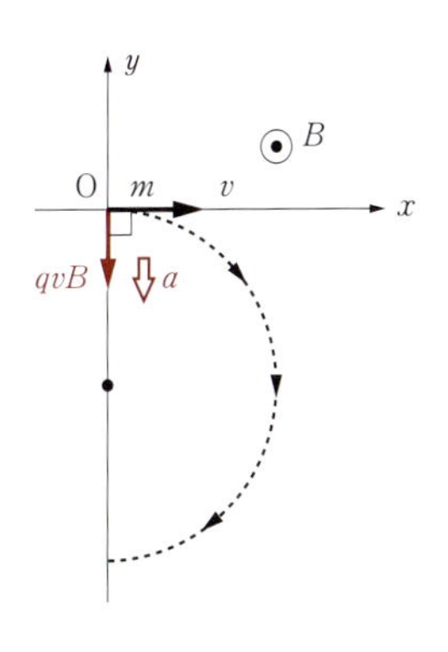

図 11.23

ここで，円運動の半径 r，周期 T を求めることを考える．荷電粒子の O 点における運動方程式は，

$$ma = qvB, \qquad a = \frac{v^2}{r} \tag{11.26}$$

となり，半径 r は

$$r = \frac{mv}{qB} \tag{11.27}$$

と求められ，磁場や荷電粒子の質量と電気量が決まれば，円運動の半径 r は荷電粒子の速さ v に比例していることがわかる．また周期 T は，周期の式より，

$$T = \frac{2\pi r}{v} = \frac{2\pi m}{qB} \tag{11.28}$$

となり，円運動の周期でありながら，その半径 r や速さ v に依存せず，磁場と荷電粒子の種類が決まれば定数となることがわかる．今回の例では，半円を描くことになるので，円運動を

している時間は $T/2 = \pi m/qB$ となる．

(4)　加速器サイクロトロンの原理

荷電粒子を加速する装置の1つとして**サイクロトロン**を考える．このサイクロトロンは，磁場中で円運動をさせながら半周ごとに加速する装置である．図11.24のように，N極とS極の磁石で中空電極D1，D2の中を荷電粒子に円運動をさせる．半周するごとに，電極の極性（正負）を逆転させ，電極の間隙を通過するごとに電極にかけた電位差で加速する．例えば，正の電荷であれば，D1からD2へ移動する際には，D2を負極にし，D2からD1に移動する際にはD1を負極にして加速するのである．このとき，荷電粒子が半周する時間は，先の議論より磁場と荷電粒子の種類が決まれば一定値を取るので，電極にかける電位差は一定の時間間隔で正負を入れかえればよいことになる．なお，加速器サイクロトロンの電源としては，交流電源などが用いられており，比較的容易に荷電粒子を加速することができるのである．

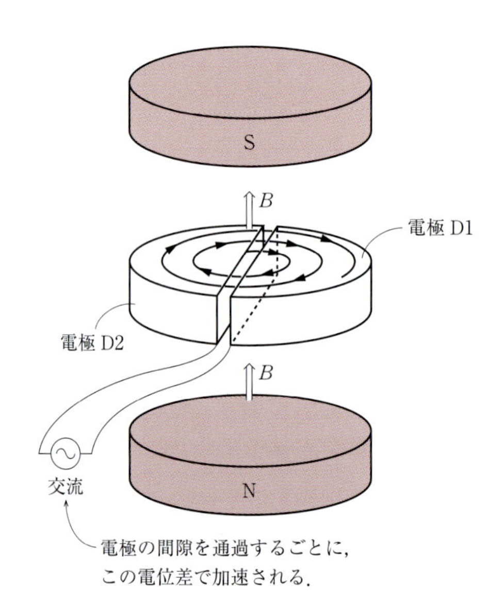

図 11.24

例題 11.3

xy 平面上において，紙面の裏から表に向かって，$y>0$ の領域のみに磁束密度の大きさが B の磁場がかかっている（図11.25）．原点で y 軸正方向に速さ v で入射した電子（電荷 $-e$，質量 m）は，どのような運動をするか．

軌跡を描き，xy 軸と交わる座標を書き込め．また，入射して初めて x 座標を横切るまでの時間を求めよ．

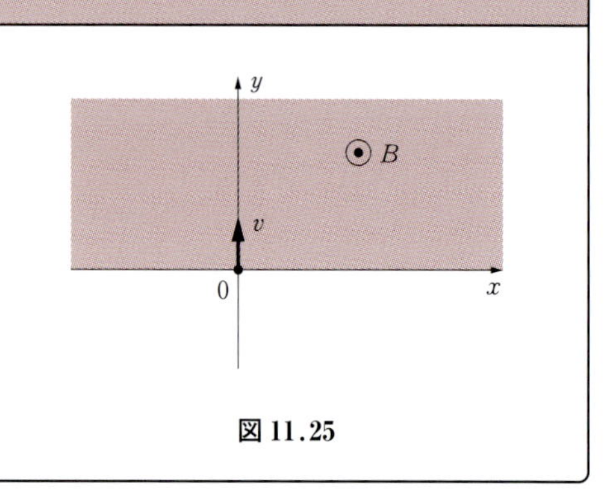

図 11.25

解　フレミング左手の法則より，原点においてローレンツ力がはたらくので，円運動の軌跡は図11.26のようになる．

運動方程式より，半径を r とすると以下のようになる．

$$ma = evB, \quad a = \frac{v^2}{r} \quad \therefore\ r = \frac{mv}{eB}$$

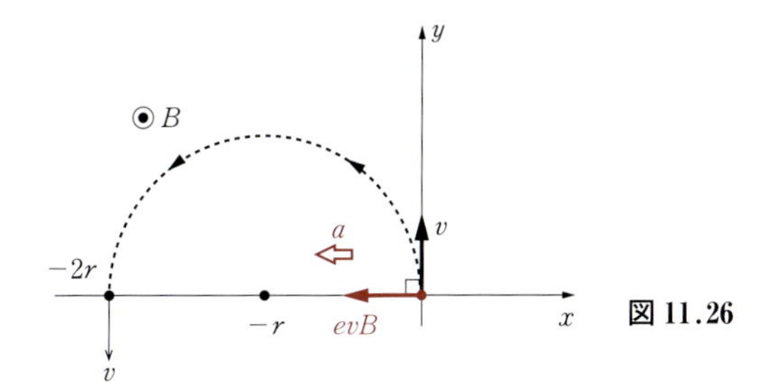

図 11.26

よって，x 軸を横切るときの座標は，

$$x = -2r = -\frac{2mv}{eB}$$

となる．また，このときまでの時間は，半周期に等しいので，以下のようになる．

$$t = \frac{\pi r}{v} = \frac{\pi m}{eB}$$

◆

問 11.3　加速器サイクロトロンにおいて，磁束密度の大きさを B，中空電極の間隙電位差を V とする．正の電荷 q をもつ荷電粒子を加速させるとき，以下の問に答えよ．

(1)　間隙を通過するたびに荷電粒子が得るエネルギーはいくらか．

(2)　最終的に半径が R になったとき，荷電粒子がサイクロトロンから出てきた．このとき，荷電粒子がもつ運動エネルギーはいくらか．

総 合 問 題

[1]　図 11.27 のように十分に長い 2 本の直線導線 L_1，L_2 があり，いずれも同じ電流 I が同じ向きに流れている．L_1，L_2 はそれぞれ，$(0, -d, 0)$，$(0, d, 0)$ を通り x 軸に平行である．透磁率を μ_0 として以下の問に答えよ．

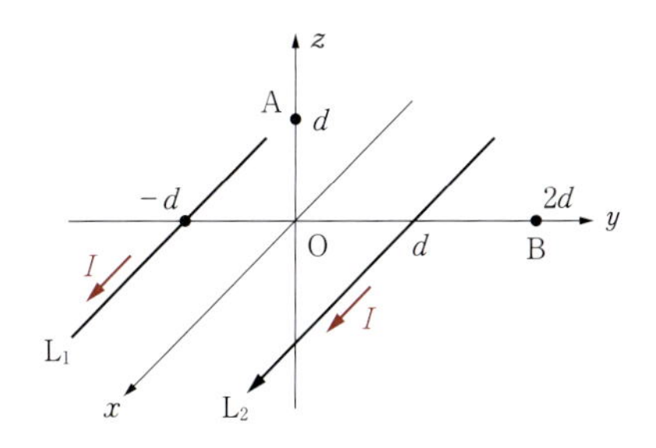

図 11.27

(1)　直線導線 L_1 に流れる電流が点 A $(0, 0, d)$ の位置に作る，磁場 H_1 の大きさを求めよ．

(2)　直線導線 L_1，L_2 に流れる電流がそれぞれ点 A $(0, 0, d)$ の位置に作る，磁場 H_1，H_2 の合成磁場 H_A の大きさを求めよ．また，合成磁場の向きを答えよ．

(3)　点 A $(0, 0, d)$ を通り，x 軸に対して平行に新たに直線導線 L_3 を配置し，x 軸負方向に電流 i を流し，L_3 にはたらく単位長さ当りの力の大きさと向きを求めよ．

L_3 を取り除いて，再び直線導線 L_1，L_2 のみにした．先ほどと同じ向きに電流 I を流した．

(4)　点 O $(0, 0, 0)$ における磁場 H_O の大きさを求めよ．

(5)　点 B $(0, 2d, 0)$ における磁場 H_B の大きさを求めよ．

[2]　図 11.28 のように，xy 平面上の $x > 0$ の領域に，紙面の裏から表の向きに磁束密度の大きさが B の一様な磁場がかけられている．ここに，$x < 0$ の領域から 1 辺の長さが l の正方形型のコイル PQRS が，RQ を x 軸と一致させて速さ v で移動している．コイル全体の抵抗を

R, PQ が y 軸を通過する時間を時刻の原点 $t=0$ として，以下の問に答えよ．

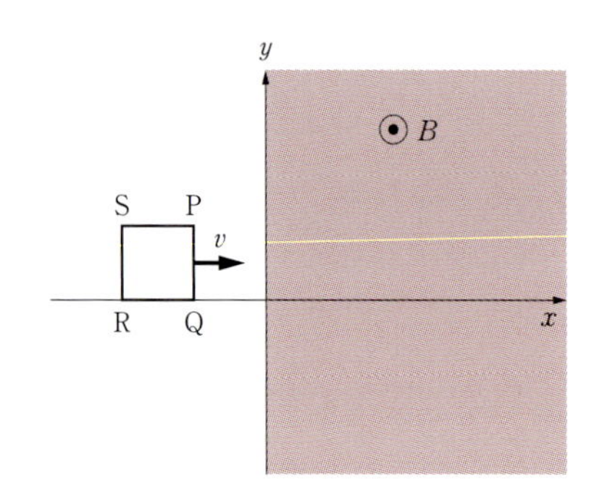

図 11.28

時刻 t が，$0<t<l/v$ において，

(1)　コイルを流れる電流の向きは，PQRS 向きか，PSRQ 向きか，理由をつけて答えよ．

(2)　コイルに流れる電流はいくらか．

(3)　コイル全体にはたらく力の向きは x 軸正方向か，x 軸負方向か，理由をつけて答えよ．

(4)　コイル全体にはたらく力の大きさはいくらか．

(5)　一定の速さで，コイルを移動させるために必要な単位時間当りの仕事はいくらか．

時刻 t が，$l/v<t$ において，

(6)　コイルに流れる電流はいくらか．

(7)　コイルにはたらく力の大きさはいくらか．

[3]　図 11.29 のように，鉛直上向きの一様な磁場の中に，2 本の平行導線を間隔 l，水平面とのなす角を θ となるように配置し，電位差 E の電池，抵抗値 R の抵抗を接続した．ここで，質量 m の導体棒を平行導線に垂直になるように静かに置いたところ，この導体棒は静止したままであった．磁場の磁束密度の大きさを B，重力加速度の大きさを g として，以下の問に答えよ．

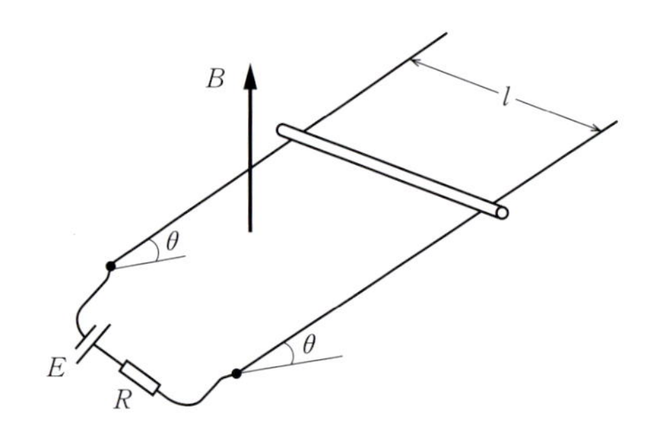

図 11.29

(1)　導体棒を流れる電流はいくらか．E，R を用いて表せ．

(2)　導体棒が磁場から受ける力の大きさはいくらか．B，E，R，l を用いて表せ．

(3)　導体棒にはたらく力のつり合いから，E を m，g，R，B，l，θ を用いて表せ．

次に，電池を電位差 E' のものに取りかえて同様の実験を行ったところ，導体棒は斜面上を上り始め，しばらくすると一定の速さ v となった．

(4)　導体棒に流れる電流を m，g，B，l，θ を用いて表せ．

(5)　E' を v を含む式で表せ．

第 12 講
熱力学 (1)
─ 状態方程式と分子運動論 ─

§12.1 状態方程式

一定量の気体を容器内に封入すると，気体分子は容器の壁と衝突し圧力が生じる．圧力とは，単位面積当りの力で定義される量で，文字 P で表し，その定義から単位は $[\mathrm{N/m^2}]$ となるが，[Pa(パスカル)] を用いることが多い．気体の体積を V $[\mathrm{m^3}]$ とすると，温度が一定のもとでは圧力 P と体積 V の積が常に一定となることが知られており，

$$PV = (\text{一定}) \qquad (12.1)$$

が成立する注1．このことを，**ボイルの法則**という (図 12.1)．

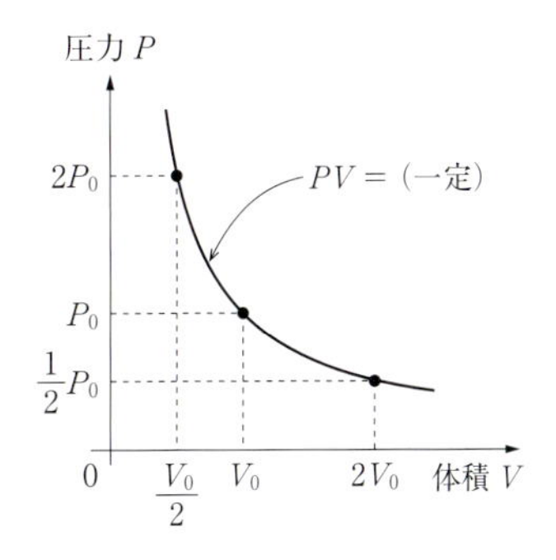

図 12.1

注1 封入気体の容器の体積を徐々に小さくしていくと，内部の圧力が徐々に大きくなることは容易にイメージできる．

また，圧力一定のもとで気体の絶対温度 T [K] が上昇すると，気体の体積 V $[\mathrm{m^3}]$ も大きくなり，体積 V と絶対温度 T の間に，

$$\frac{V}{T} = (\text{一定}) \qquad (12.2)$$

が成立することが知られている注2．このことを，**シャルルの法則**という．絶対温度 T [K] は，摂氏 [℃] と

$$T\,[\mathrm{K}] = t\,[℃] + 273 \qquad (12.3)$$

の関係がある．これは，図 12.2 のように，(12.2) をグラフにしたときに得られる関係式である．(12.1)，(12.2) の関係より，

$$\frac{PV}{T} = (\text{一定}) \qquad (12.4)$$

が成立し，これを，**ボイル - シャルルの法則**とよんでいる．

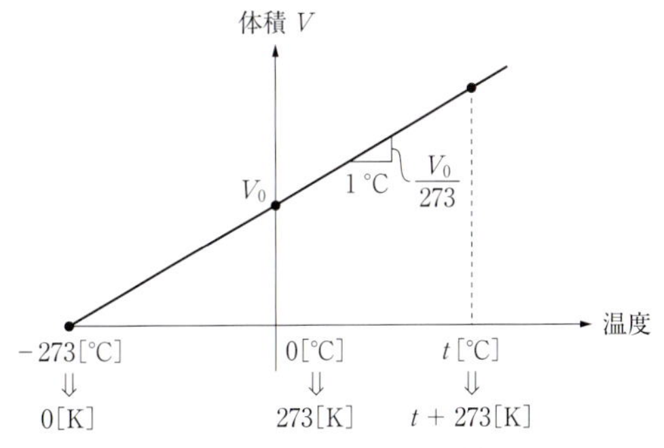

1℃上昇すると $\frac{V_0}{273}$ 膨張，1℃下がると $\frac{V_0}{273}$ 収縮することがわかっている．

図 12.2

注2 温度を上げると気体は膨張し，温度を下げると収縮することは容易にイメージできる．

ボイルの法則とシャルルの法則を用いてこれを簡単に証明する．状態Ⅰ (P_1, V_1, T_1) から温度一定で状態Ⅱ (P_3, V_2, T_1) になり，さらに，圧力一定のもとで，状態Ⅲ (P_3, V_3, T_3) になったとする (図 12.3)．

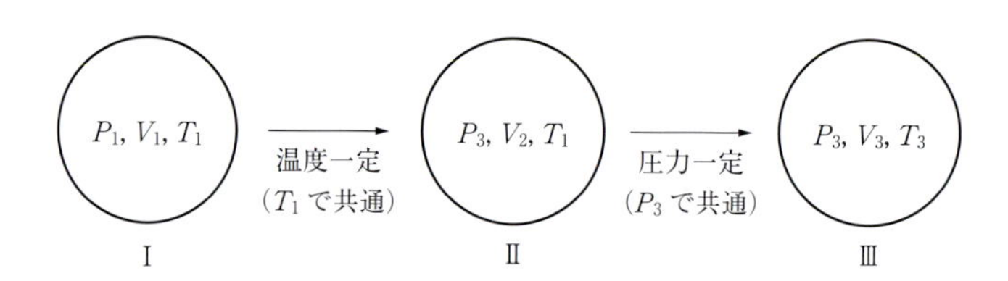

図 12.3

まず，状態Ⅰから状態Ⅱへの変化では，温度一定であるから，ボイルの法則より

$$P_1 \cdot V_1 = P_3 \cdot V_2 \tag{12.5}$$

が成立する．一方，状態Ⅱから状態Ⅲへの変化では，圧力一定であるから，シャルルの法則より

$$\frac{V_2}{T_1} = \frac{V_3}{T_3} \tag{12.6}$$

となる．この 2 式から，V_2 を消去すると

$$\frac{P_1 \cdot V_1}{T_1} = \frac{P_3 \cdot V_3}{T_3} \tag{12.7}$$

が成立することがわかる．

物理学や化学において，分子や原子などは，6.02×10^{23} [個] を 1 つの集団として扱い，この集団を **1 [mol]** という．このとき，1 [mol] 当りの分子や原子の数 **6.02×10^{23} [1/mol]** を**アボガドロ定数**という．また，0 [℃]，すなわち絶対温度 273 [K]，1 気圧 (1.013×10^5 [Pa])**注3** では，気体はその種類によらず，1 [mol] が 2.24×10^{-2} [m^3] である．

注3 この状態のことを，**標準状態**という．

理想気体 1 [mol] において，圧力を P [Pa]，体積を v [m^3]，絶対温度を T [K] とすると，上記の標準状態では，(12.7)で表される量は，

$$\frac{Pv}{T} = \frac{1.013 \times 10^5 \cdot 2.24 \times 10^{-2}}{273} \fallingdotseq 8.31 \tag{12.8}$$

となり，常に一定値を取ることがわかる．この値を**気体定数**とよび，一般に文字 R で表す．また，気体定数の単位は，1 [mol] 当りの Pv/T であることにより，単位は，

$$[\mathrm{N/m^2}] \cdot [\mathrm{m^3}] / ([\mathrm{mol}] \cdot [\mathrm{K}]) \rightarrow [\mathrm{N \cdot m}]/[\mathrm{mol \cdot K}] \rightarrow [\mathrm{J/(mol \cdot K)}]$$

となり，

$$R = 8.31\ [\mathrm{J/(mol \cdot K)}] \tag{12.9}$$

である．この値は 1 [mol] 当りであるから，一般に n [mol] で考えると体積が n 倍になるので，このときの体積を $V = nv$ とおくと，(12.8)の右辺は n 倍となり，

$$\frac{PV}{T} = nR \tag{12.10}$$

となる．この式を

$$PV = nRT \tag{12.11}$$

のように書きかえて，理想気体の**状態方程式**とよんでいる[注4].

注4 圧力が極端に高いときや，温度が極端に低いときには成立しないが，常温，常圧（我々が一般に生活している範囲）ではよい近似で成立することがわかっている.

例題 12.1

一定量の理想気体に対してさまざまな変化をさせた．以下の問に答えよ．

(1) 絶対温度一定のもとで，圧力を 2 倍にした．このとき体積は何倍になるか．

(2) 圧力一定のもとで，絶対温度を 2 倍にした．このとき体積は何倍になるか．

(3) 圧力を 2 倍にし，さらに絶対温度も 2 倍にした．このとき体積は何倍になるか．

解 ボイル - シャルルの法則 $PV/T =$（一定）より，以下のようになる.

(1) $\dfrac{PV}{T} = \dfrac{2PV'}{T} \quad \therefore \ V' = \dfrac{1}{2}V$ $\dfrac{1}{2}$ 倍

(2) $\dfrac{PV}{T} = \dfrac{PV'}{2T} \quad \therefore \ V' = 2V$ 2 倍

(3) $\dfrac{PV}{T} = \dfrac{2PV'}{2T} \quad \therefore \ V' = V$ 1 倍 ◆

問 12.1 状態方程式 $PV = nRT$ と，密度 ρ の定義を用いて，

$$\frac{P}{\rho T} = (\text{一定})$$

となることを示せ．必要ならば，気体の分子量（1 [mol] 当りの質量）を m とせよ．

§12.2 単原子分子の理想気体の分子運動論

気体は，気体を構成する個々の分子が，さまざまな向きにさまざまな速さをもって運動している集まりであると考えられる．この分子の運動によって，分子は容器の壁にぶつかるが，このときに容器の壁に与える力が圧力の原因となっているのである．このような考え方を**気体の分子運動論**とよび，気体の圧力だけでなく，気体の温度などもこの考え方をもとに定義される重要な理論である．

この理論の，最も基礎的な単原子分子の理想気体を例に取って議論する．単原子分子とは，1 [個] の原子からなる分子のことで，ヘリウム He，アルゴン Ar などが挙げられる．

気体分子の質量が m である単原子分子の理想気体が，1 辺の長さが l の立方体の容器中に，n [mol] 封入されているとする．封入気体は 1 種類であるとし，アボガドロ定数を N_A とおくと，この容器内の分子の総数は nN_A [個] である．そのうちの 1 [個] の分子の運動に着目し，その分子の速度が v (v_x, v_y, v_z) であると仮定する（図 12.4）．ここで，この分子が容器の位置 $x = l$ にある面 A に与える力積を計算する．

面 A との衝突を完全弾性衝突と仮定する．まずは，衝突で分子が受ける力積を考える．x 軸方向の分子の運動に対する力積と運動量の関係から，1 回の衝突で分子が受ける力積の大きさ i は，衝突前の運動量が $+mv_x$ であり，この分子に対して x 軸負方向に $-i$ の力積が加わって，衝突後の運動量が $-mv_x$ となったと考えて，

$$+mv_x + (-i) \ = -mv_x \tag{12.12}$$

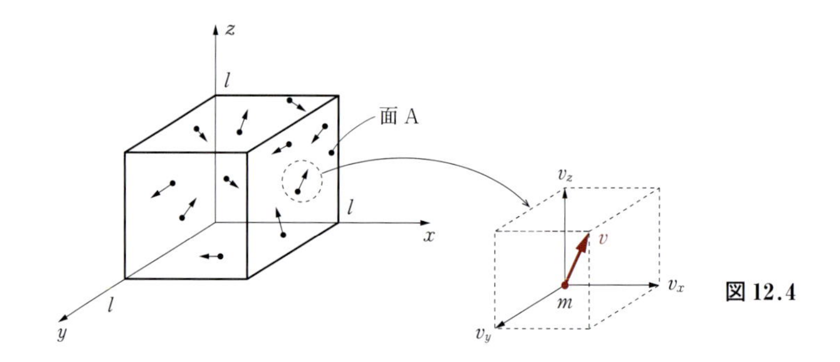

図 12.4

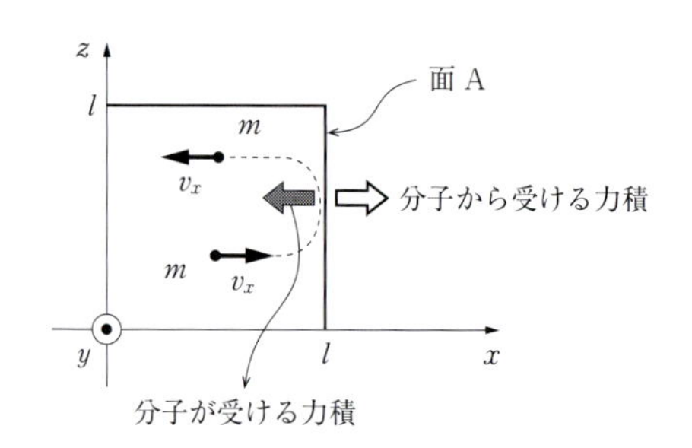

図 12.5

が成立する．したがって，

$$i = 2mv_x \tag{12.13}$$

となる（図 12.5 の灰色の矢印）．作用・反作用の法則より，分子が衝突することにより面 A が受ける力積の大きさは，この i に等しいことになる（図 12.5 の白色の矢印）．

面 A に衝突した分子が再び面 A に衝突するまでの衝突周期 T は，往復分の距離 $2l$ を進む時間を考えて，

$$T = \frac{2l}{v_x} \tag{12.14}$$

である．したがって，単位時間に衝突する回数は，逆数を取って，

$$(\text{単位時間当りの衝突回数}) = \frac{1}{T} = \frac{v_x}{2l} \tag{12.15}$$

となり，i が一回の衝突での力積なので，単位時間にこの分子から面 A が受ける力積は，

$$i \times \left(\frac{v_x}{2l}\right) = \frac{m{v_x}^2}{l} \tag{12.16}$$

となる．

単位時間当りの力積の大きさは，力の大きさに等しいので，この分子が面 A に及ぼす力 f は，

$$f = \frac{m{v_x}^2}{l} \tag{12.17}$$

に等しい．分子の数は nN_A [個] であるので，f の平均値を $\langle f \rangle$ とすると，分子全体が面 A に及ぼす力 F は，

$$F = nN_\mathrm{A} \cdot \langle f \rangle \tag{12.18}$$

と書ける．ここで，${v_x}^2$ の平均を $\langle {v_x}^2 \rangle$ とすると，

$$\langle f \rangle = \frac{m\langle {v_x}^2 \rangle}{l} \tag{12.19}$$

のように書けるので，面 A が受ける力 F は，

$$F = \frac{nN_\mathrm{A} m\langle {v_x}^2 \rangle}{l} \tag{12.20}$$

となる．

ここで，$\langle {v_x}^2 \rangle$ と，速さの 2 乗平均 $\langle v^2 \rangle$ の関係について理想化して議論する．まず，図

12.4 と三平方の定理より，

$$v^2 = {v_x}^2 + {v_y}^2 + {v_z}^2 \tag{12.21}$$

が成立するが，nN_A [個] について平均を取ると，y，z 軸方向についても同様の記号を用いて，

$$\langle v^2 \rangle = \langle {v_x}^2 \rangle + \langle {v_y}^2 \rangle + \langle {v_z}^2 \rangle \tag{12.22}$$

となる．さらに，重力の影響や気体の対流などを完全に無視して考えると，分子の運動は xyz 軸方向に対して偏りがなく，すべての方向についての速度成分の 2 乗平均はそれぞれ等しいと考えられる．したがって，

$$\langle {v_x}^2 \rangle = \langle {v_y}^2 \rangle = \langle {v_z}^2 \rangle \tag{12.23}$$

が成り立つ．(12.23)のことを，分子運動の**等方性**という．(12.22)，(12.23)より，

$$\langle {v_x}^2 \rangle = \frac{1}{3}\langle v^2 \rangle \tag{12.24}$$

となるので，面 A が受ける力 F は，(12.20)より，

$$F = \frac{1}{3}\frac{nN_\mathrm{A}m\langle v^2 \rangle}{l} \tag{12.25}$$

と書ける．以上より，面 A が受ける圧力 P は，圧力の定義より，

$$P = \frac{F}{l^2} = \frac{1}{3}\frac{nN_\mathrm{A}m\langle v^2 \rangle}{l^3} \tag{12.26}$$

となる．ここで，容器の体積を V とすると，$V = l^3$ であるから，圧力 P は，

$$\boldsymbol{P = \frac{1}{3}\frac{nN_\mathrm{A}m\langle v^2 \rangle}{V}} \tag{12.27}$$

と書ける．

状態方程式で扱う気体の圧力は，多数の気体分子の衝突を原因とする直接測定可能な量であり，**巨視的物理量**とよばれる．それに対して，気体分子の速さや質量のように個々の構成物質に依存する物理量を**微視的物理量**という．(12.27)は，巨視的物理量である圧力 P を微視的物理量で表した非常に重要な式である．

例題 12.2

面積 S の平面 S に，速さ v，質量 m の単原子分子が平面に対して垂直に完全弾性衝突をした．

(1)　1 回の衝突で，この分子が平面に与えた力積はいくらか．

(2)　単位時間に N [個] の分子が衝突すると仮定すると，この平面が受ける圧力はいくらか．

解　(1)　求める力積の大きさを i とすると，力積と運動量の関係より，以下のようになる（図 12.6）．

$$+mv + (-i) = -mv \quad \therefore\ i = 2mv$$

(2)　単位時間に平面が受ける力積は，$N\cdot i = N\cdot 2mv$ に等しいが，これは力の大きさに等しい．圧力の定義より，

$$P = \frac{N\cdot i}{S} = \frac{N\cdot 2mv}{S}$$

となる．◆

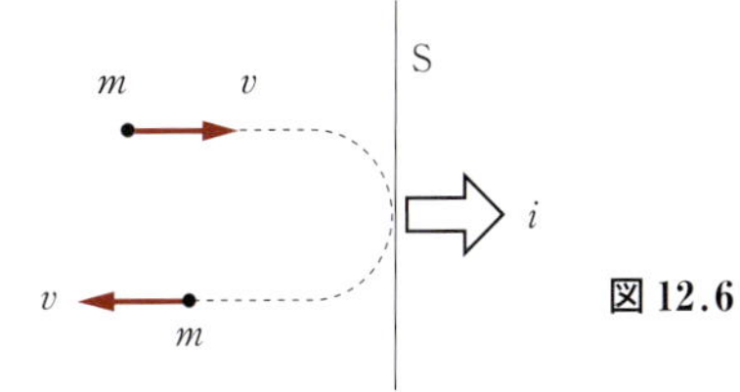

図 12.6

問 12.2　密閉された容器の中に一定量の単原子分子が封入されている．この気体の状態について，以下の文章のうち正しいものには○を，間違っているものには×を記し，×とした文章は下線部を訂正せよ．

(1)　気体の圧力は，気体分子の個数に反比例する.
(2)　気体の圧力は，気体分子の質量に比例する.
(3)　気体の圧力は，気体分子の速さの平均に比例する.
(4)　気体の圧力は，封入されている気体のモル数に比例する.

§12.3　絶対温度の定義と内部エネルギー

状態方程式で扱う気体の絶対温度も直接測定可能な巨視的物理量であるが，ここでは，この絶対温度を微視的物理量で表すことを考える.

(12.27)の両辺を V 倍すると，

$$PV = \frac{1}{3}nN_{\mathrm{A}}m\langle v^2\rangle \tag{12.28}$$

となる．これを気体の状態方程式（12.11）と比較して，互いの右辺が等しいとすると，

$$\frac{1}{3}nN_{\mathrm{A}}m\langle v^2\rangle = nRT \tag{12.29}$$

となる．この式を変形して，気体分子 1［個］の平均運動エネルギーは，

$$\frac{1}{2}m\langle v^2\rangle = \frac{3}{2}\frac{R}{N_{\mathrm{A}}}T \tag{12.30}$$

と書ける．ここで R/N_{A} は定数であり，

$$k = \frac{R}{N_{\mathrm{A}}} \fallingdotseq \frac{8.31}{6.02\times 10^{23}} \fallingdotseq 1.38\times 10^{-23}\ [\mathrm{J/K}] \tag{12.31}$$

と求められ，**ボルツマン定数**とよばれる．これを用いると，

$$\boldsymbol{\frac{1}{2}m\langle v^2\rangle = \frac{3}{2}kT} \tag{12.32}$$

となり，絶対温度 T は気体の種類によらず，分子の運動エネルギーの平均値で決まる量であることがわかる[注5].

注5　この式を絶対温度の定義と考えてよい.

(12.32)を用いて，気体分子の平均の速さの目安となる**2乗平均速度**とよばれる量を求めてみる．2乗平均速度とは $\sqrt{\langle v^2\rangle}$ で表され，(12.32)を用いると，

$$\sqrt{\langle v^2\rangle} = \sqrt{\frac{3kT}{m}} \tag{12.33}$$

と書ける．ここで，気体分子 1［個］の質量 m [kg] は，分子量を M [g] とすると，

$$m = \frac{M\times 10^{-3}}{N_{\mathrm{A}}} \tag{12.34}$$

となる．$k = R/N_{\mathrm{A}}$ であるから，2乗平均速度は，分子量 M を用いて，

$$\boldsymbol{\sqrt{\langle v^2\rangle} = \sqrt{\frac{3TR}{M\times 10^{-3}}}} \tag{12.35}$$

と書ける．例えば，25［℃］のヘリウム（分子量 $M = 4$）の 2乗平均速度は，

$$\begin{aligned}\sqrt{\langle v^2\rangle} &= \sqrt{\frac{3\cdot(25+273)\cdot 8.31}{4\times 10^{-3}}}\\ &\fallingdotseq 1.36\times 10^3\ [\mathrm{m/s}]\end{aligned} \tag{12.36}$$

となり，25［℃］のヘリウム分子は，音速の4倍程度の速さが平均の速さの目安となっていることがわかる．

気体を構成する分子の力学的エネルギーの総和を**内部エネルギー**という．すなわち，内部エネルギーとは，気体分子の分子間にはたらく力による位置エネルギーと，熱運動による運動エネルギーの総和のことである．しかし，理想気体では，気体分子が希薄で分子間にはたらく力は無視して考えているので，位置エネルギーは0と見なせる．したがって，

理想気体の内部エネルギーは，分子の運動エネルギーの総和である

といえる．したがって，内部エネルギー U はその定義から，

$$U = nN_{\mathrm{A}} \cdot \frac{1}{2} m \langle v^2 \rangle \tag{12.37}$$

と書けることがわかる．

ここで，(12.30)を用いると，

$$U = \frac{3}{2} nRT \tag{12.38}$$

が成り立つ．これが，単原子分子の理想気体の内部エネルギーであり，温度にのみ依存することがわかる．絶対温度が $\varDelta T$ 変化したときの内部エネルギーの変化 $\varDelta U$ は，

$$\varDelta U = \frac{3}{2} nR(T + \varDelta T) - \frac{3}{2} nRT = \frac{3}{2} nR\varDelta T \tag{12.39}$$

と書け，やはり，絶対温度の変化量 $\varDelta T$ にのみ依存することがわかる．

例題 12.3

単原子分子の理想気体の内部エネルギー U について以下の問に答えよ．

(1) U を全分子数 N，気体分子の平均運動エネルギー K で表せ．

(2) U をモル数 n，気体定数 R，絶対温度 T で表せ．

(3) U を全分子数 N，ボルツマン定数 k，絶対温度 T で表せ．

解 (1) 内部エネルギーの定義より $U = N \cdot \frac{1}{2} mv^2 = N \cdot K$．

(2) $U = nN_{\mathrm{A}} \cdot \frac{1}{2} mv^2 = \frac{3}{2} nRT$

(3) $U = N \cdot \frac{1}{2} mv^2 = N \cdot \frac{3}{2} kT = \frac{3}{2} NkT$ ◆

問 12.3 単原子分子の理想気体では，$PV = (1/3) nN_{\mathrm{A}} m \langle v^2 \rangle$，すなわち(12.28)が成立する．

(1) 気体の密度を ρ とするとき，$P = (1/3) \rho \langle v^2 \rangle$ が成立することを示せ．

密度が1.0［kg/m^3］，圧力が 1.2×10^5［N/m^2］のネオン（Ne：分子量20）ガスが容器内に密封されている．

(2) このネオン分子の2乗平均速度を求めよ．

(3) このネオンガスの温度を求めよ．ただし，気体定数は8.3［J/mol·K］とする．

総合問題

[1]　図 12.7 は，一定量の理想気体の状態変化を表すものである．縦軸が絶対温度 T，横軸が体積 V であり，状態 A → 状態 B → 状態 C → 状態 A と変化させた．

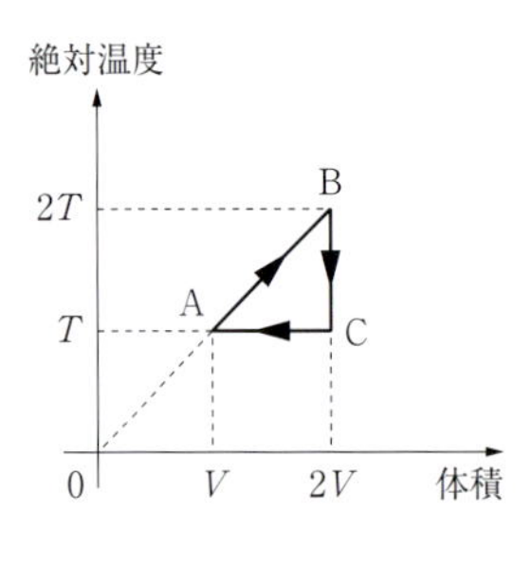

図 12.7

(1)　状態 A における圧力を P とする．状態 B, C における圧力 P_A, P_B を P を用いて表せ．

(2)　上記の変化の様子を，縦軸を圧力 P，横軸を体積 V として描け．

[2]　図 12.8 は，一定量の理想気体の状態変化を表すものである．縦軸が圧力，横軸が体積であり，状態 A → 状態 B → 状態 C → 状態 A と変化させた．状態 A での絶対温度が 300 [K]，気体定数が 8.3 [J/mol·K] として以下の問に答えよ．

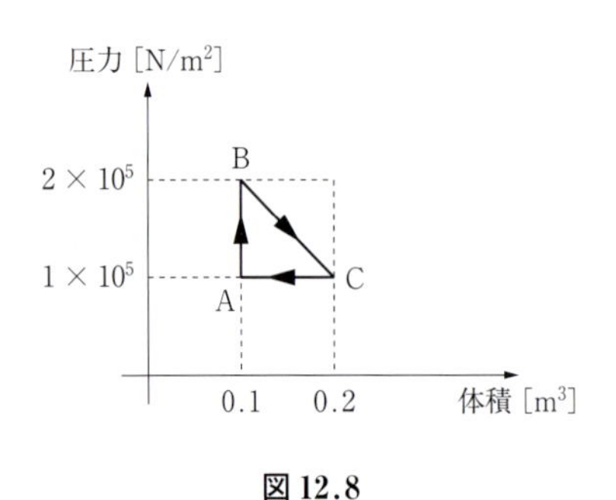

図 12.8

(1)　一定量の気体は何 mol か．

(2)　状態 B，状態 C における絶対温度はいくらか．

(3)　状態 B から状態 C への変化では，温度はどのように変化しているか．簡潔に述べよ．

[3]　0 [℃]，1 気圧の空気の密度はおよそ 1.3 [kg/m³] である．以下の問に答えよ．

(1)　容積が 500 [m³] の熱気球がある．0 [℃] のとき，この熱気球中の空気の質量はいくらか．

(2)　気球内の温度を 27 [℃] まで上昇させたところ，熱気球中の気体の一部が外部に出た．外部に出た空気の質量はいくらか．

[4]　単原子分子の理想気体 n [mol] が，半径 r の球形容器の中に封入されている (図 12.9)．分子と容器壁との衝突は完全弾性衝突であるとする．また，分子同士の衝突は考えないものとする．分子 1 [個] の質量を m とし，すべての分子は速さ v で運動しているものと仮定する．また，アボガドロ定数を N_A として以下の問に答えよ．

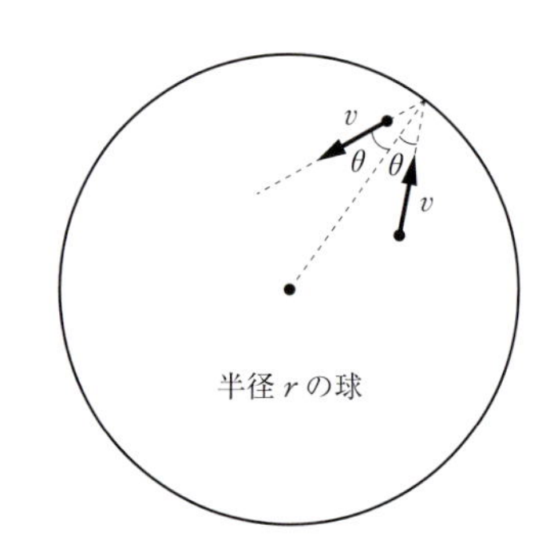

図 12.9

(1)　容器壁に対して，入射角 θ で衝突する分子に着目する．この分子が 1 回の衝突で壁に与える力積を求めよ．

(2)　分子が容器壁に衝突して，次に衝突するまでに分子が移動する距離を求めよ．

(3)　分子が容器壁に衝突するときの衝突周期を求めよ．

(4)　単位時間当りに，分子が容器壁に衝突する回数を求めよ．

(5)　分子全体が容器壁に与える力の大きさを求めよ．

(6)　容器内の気体の圧力 P を求めよ．

(7)　球形容器の体積 V はいくらか．

(8)　圧力 P を体積 V を含む式で表せ．

(9)　容器内の気体の絶対温度 T を気体定数 R を含む式で表せ．

［5］ 断熱容器 A, B がコックつき細管を通してつながれている．容器 A，B 内にはそれぞれ，絶対温度が T_A, T_B の単原子分子の理想気体が n_A［mol］，n_B［mol］入っており，コックは閉じられている（図 12.10）．気体定数を R として以下の問に答えよ．

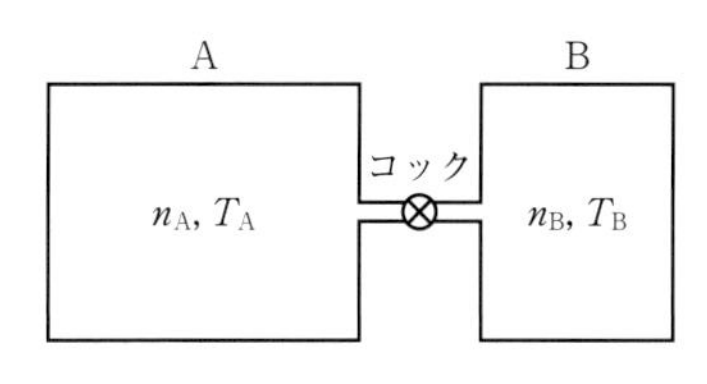

図 12.10

(1) 容器 A 内，B 内の内部エネルギーはいくらか．

(2) コックを開けて充分に時間が経過したところ，容器 A，B 内の気体は同圧，同温となった．このときの気体の温度を求めよ．

第 13 講
熱力学 (2)
―第 1 法則と状態変化―

§ 13.1 熱力学の第 1 法則

理想気体に対しても力学と同様に，仕事とエネルギーの関係式が成立する．封入気体に対して熱量を与えると，気体の内部エネルギーは増加し，気体は外部に対して仕事をすることができる[注1]．膨らませた風船を暖かい部屋に入れると，風船内の気体は熱量 Q を吸収して，気体の内部エネルギーが ΔU 増加し，さらに膨張することで，外部に W の仕事をしたことになる（図 13.1）．このときの仕事とエネルギーの関係は，

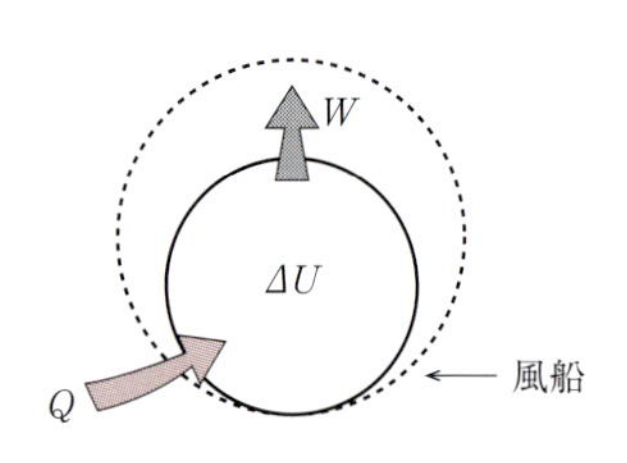

図 13.1

$$Q = \Delta U + W \tag{13.1}$$

意味 **気体に対して加えられた熱量 Q は，気体の内部エネルギーの増加 ΔU と気体が外部に対してした仕事 W の和に等しい．**

と表すことができる．この関係式のことを，**熱力学の第 1 法則**という[注2]．(13.1) で表される熱力学の第 1 法則では，気体が熱量を吸収した場合を $Q > 0$，熱量を放出した場合は $Q < 0$ とする．また，気体の内部エネルギーが増加した場合を $\Delta U > 0$，減少した場合を $\Delta U < 0$ とし，気体が外部に対して仕事をした場合を $W > 0$，外部からされた場合を $W < 0$ として扱う．

注1 熱量とは，高温物体から低温物体に移動するエネルギーのことをいう．
注2 気体からされた仕事を W として，$\Delta U = Q + W$ とする場合もある．

単原子分子の内部エネルギーは，(12.38) より

$$U = \frac{3}{2}nRT \tag{13.2}$$

と書けるので，内部エネルギーの増加量は，

$$\Delta U = \frac{3}{2}nR\Delta T \tag{13.3}$$

と表され，ΔT の正負で ΔU の正負が決まることがわかる．すなわち，温度が上昇すれば $\Delta U > 0$，下降すれば $\Delta U < 0$ となる．

例題 13.1

1.0 [mol] の単原子分子理想気体の絶対温度を 270 [K] から 290 [K] まで上昇させた.

(1) 気体定数 R を 8.3 [J/mol·K] とすると，内部エネルギーの増加量はいくらか.

(2) このとき，気体に対して 320 [J] の熱量を与えたとすると，気体は外部に対してどれだけの仕事をしたことになるか.

解 (1) 内部エネルギーの式より，

$$\Delta U = \frac{3}{2}nRT = \frac{3}{2}\cdot 1.0\cdot 8.3\cdot(290 - 270)$$
$$= 249 \fallingdotseq 2.5 \times 10^2 \ [\mathrm{J}]$$

となる.

(2) 熱力学の第1法則より，$Q = \Delta U + W$ である.

$$\therefore\ W = Q - \Delta U$$
$$= 320 - 249 = 71 \ [\mathrm{J}]$$

となる. ◆

気体の外部にした仕事は，力学で扱う力がする仕事と同じ定義である. 圧力が一定のもとで気体が膨張する場合を考えてみる. 図 13.2 のように，滑らかに動くピストンつきのシリンダー内に一定量の気体を入れ，大気圧と同じ圧力 P_0 にしておく. ここで，加熱し気体の圧力を P_0 に保ったまま膨張させて，ピストンを x だけ右方向に移動させたとする. ピストンの断面積を S とすると，内部の気体がピストンに加えた力は，圧力の定義から

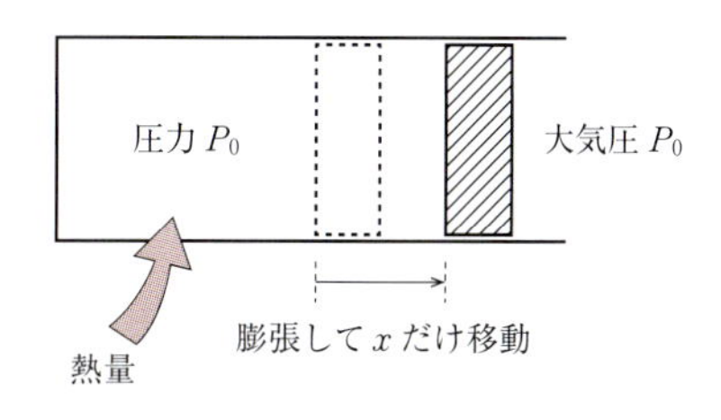

図 13.2

$$F = P_0S \tag{13.4}$$

である. 圧力 P_0 が一定であるから力 F も一定である.

したがって，仕事の定義より，気体が外部に対してした仕事は，

$$W = F\cdot x \tag{13.5}$$

であるから，(13.4)，(13.5) より，

$$W = F\cdot x = P_0S\cdot x = P_0\cdot Sx \tag{13.6}$$

となる. ここで，Sx は体積変化に等しいので，これを ΔV とおくと

$$W = P_0\Delta V \tag{13.7}$$

と表される.

これを圧力と体積の関係である P - V グラフで表すと，圧力一定での変化であるから図 13.3 のようになり，(13.7) で表される仕事 W の大きさは，赤色部分の面積に相当することがわかる. これは，圧力一定の場合に限らず成立する関係であり，気体がする仕事の大きさ $|W|$ は，

$$|W| = (P\text{-}V\ \text{グラフの面積}) \tag{13.8}$$

と表される（図 3.2 を参照）.

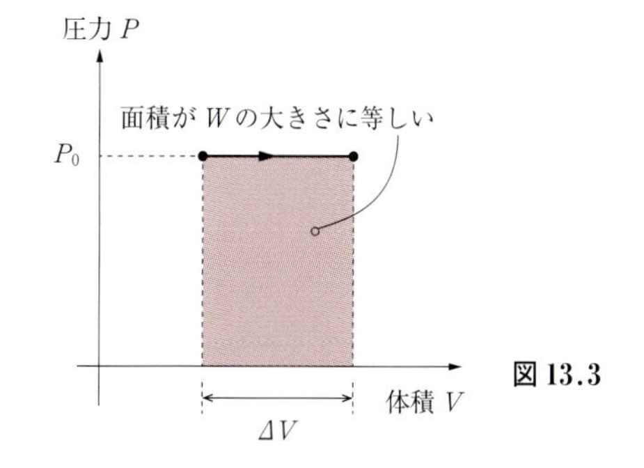

図 13.3

さらに，封入気体の体積が増加していれば外部に対して仕事をしたことになり，体積が減少していれば外部から仕事をされたことになるので，体積増加のとき $W > 0$，体積減少のとき $W < 0$ となることがわかる．

問 13.1　気体の圧力，体積の関係である P - V グラフが図 13.4 で表される状態変化がある．状態 A(P, V) から状態 B $(2P, 2V)$ への変化について以下の問に答えよ．ただし，気体は単原子分子の理想気体であるものとする．

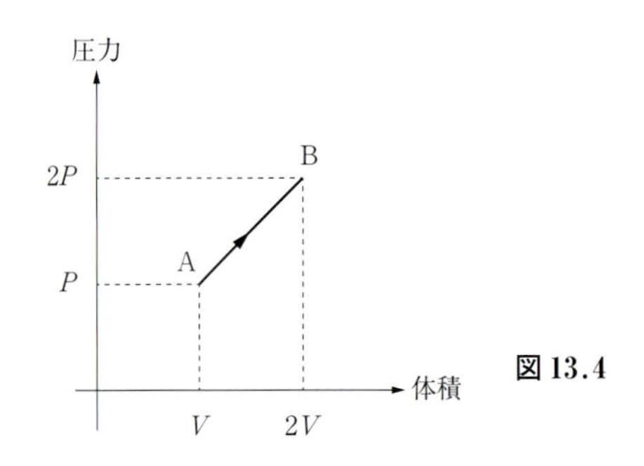

図 13.4

(1)　気体が外部に対してした仕事 W を求めよ．

(2)　内部エネルギーの増加量 ΔU を求めよ．

(3)　状態 A から状態 B の間に気体に加えられた熱量 Q を求めよ．

§ 13.2　定積変化と定圧変化

(1)　定積変化

図 13.5 のように，ピストンつきシリンダーのピストンを動かないように固定して，体積が変化しない状態を保ったままの気体の状態変化を**定積変化**とよぶ．例として，体積 V のまま加熱して圧力を P_A から P_B に変化させ，P - V グラフが，図 13.6 のようになる場合を考える．

気体の体積が不変であるから，気体は外部に対して仕事をしない[注3]．すなわち，

$$W = 0 \tag{13.9}$$

であるから，熱力学の第 1 法則より，

$$\boldsymbol{Q = \Delta U + W = \Delta U + 0 = \Delta U} \tag{13.10}$$

意味　**加えた熱量はすべて内部エネルギーとして蓄えられた．**

となる．

注 3　P - V グラフの面積は 0 である．

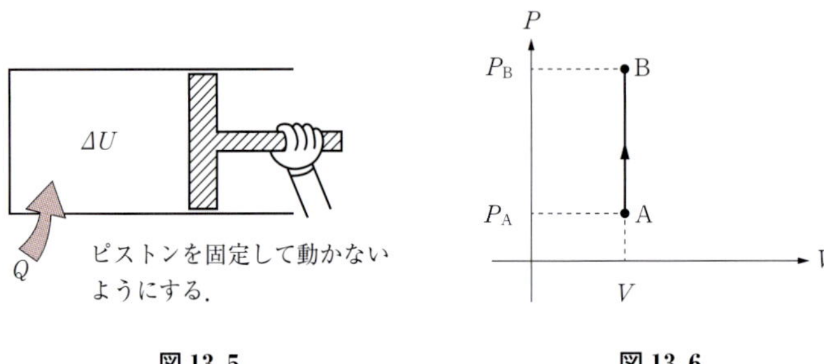

図 13.5　　図 13.6

ここで，1 [mol] の気体を定積変化のもとで，1 [K] 上昇させるのに必要な熱量 C_V [J/(mol·K)] を導入する．この C_V は定積モル比熱とよばれ，これを用いると，一般に n [mol] の気体が定積変化をしたときに吸収する熱量 Q は，温度変化を ΔT として

$$Q = nC_V\Delta T \tag{13.11}$$

と書ける[注4]．さらに，(13.10) より，

$$Q = \Delta U = nC_V\Delta T \tag{13.12}$$

のように書ける．単原子分子では (13.3) が成立するので，

単原子分子における定積モル比熱 $C_V = \frac{3}{2}R$ [J/(mol·K)]

となる．(13.12) の内部エネルギーの変化

$$\Delta U = nC_V\Delta T \tag{13.13}$$

は，絶対温度の変化にのみ依存するので，定積変化だけでなく常に成立する式と考えてよい．

注4 n [mol] の気体を ΔT 上昇させるには，定積モル比熱の定義より，C_V を n 倍し，さらに ΔT 倍すればよいことは明らかである．

例題 13.2

1.0 [mol] の単原子分子の理想気体が定積変化をして，絶対温度が 300 [K] から 250 [K] まで下降した．気体定数を 8.3 [J/(mol·K)] として以下の問に答えよ．

(1) 気体が外部に対してした仕事はいくらか．

(2) 内部エネルギーの増加量はいくらか．

(3) 気体が吸収した熱量はいくらか．

解 (1) 定積変化であるから，仕事はしない． ∴ 0 [J]

(2) 内部エネルギーの式より，

$$\Delta U = \frac{3}{2}nR\Delta T = \frac{3}{2}\cdot 1.0\cdot 8.3\cdot(250 - 300)$$
$$= -622.5 \fallingdotseq -6.2\times 10^2 \text{ [J]}$$

となる．

(3) 熱力学の第 1 法則より，

$$Q = \Delta U + W$$
$$= -622.5 + 0 \fallingdotseq -6.2\times 10^2 \text{ [J]}$$

となる． ◆

(2) 定圧変化

次ページの図 13.7 のように，ピストンつきシリンダーのピストンが滑らかに動ける状態で，加熱しても圧力が変化しない状態を保ったままの気体の状態変化を**定圧変化**とよぶ．例として，圧力 P のまま加熱して体積を V_A から V_B に変化させ，P - V グラフが，次ページの図 13.8 のようになる場合を考える．

気体の圧力が不変であるから，気体が外部に対してする仕事は，(13.7) と同様に考えると，$\Delta V = V_B - V_A$ として

$$W = P\Delta V \tag{13.14}$$

であるから，熱力学の第 1 法則より，

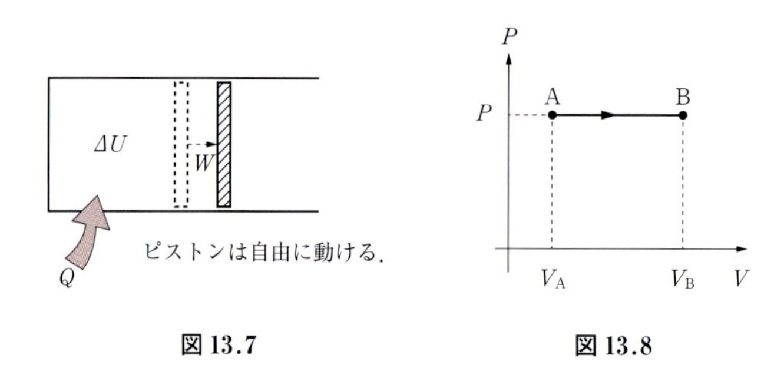

図 13.7　　図 13.8

$$Q = \Delta U + W = \Delta U + P\Delta V \tag{13.15}$$

意味　**加えた熱量は，内部エネルギーの増加と気体が外部に対してした仕事との和に等しい.**

となる.

ここで，1 [mol] の気体を定圧変化のもとで，1 [K] 上昇させるのに必要な熱量 C_P [J/(mol·K)] を導入する. この C_P は定圧モル比熱とよばれ，これを用いると，一般に n [mol] の気体が定圧変化をしたときに吸収する熱量 Q は，温度変化を ΔT として

$$Q = nC_P\Delta T \tag{13.16}$$

と書ける. さらに，(13.15) より，

$$Q = \Delta U + P\Delta V = nC_V\Delta T + P\Delta V \tag{13.17}$$

のように書ける. 状態方程式より成立する $P\Delta V = nR\Delta T$ を用いると，(13.16)，(13.17) の 2 式から，

$$nC_P\Delta T = nC_V\Delta T + nR\Delta T \tag{13.18}$$

が成立し，両辺を $n\Delta T$ で割ると，定圧モル比熱と定積モル比熱の関係として，

$$C_P = C_V + R \tag{13.19}$$

が求められる. この式のことを**マイヤーの式**とよぶ. 単原子分子では $C_V = (3/2)R$ であるから，この式より

単原子分子における定圧モル比熱　$C_P = \frac{5}{2}R$ [J/(mol·K)]

となる.

問 13.2　1 [mol] の単原子分子の理想気体を，図 13.9 のように状態 A から状態 B へ定積変化 (過程①) をさせ，次に状態 B から状態 C へ定圧変化 (過程②) をさせた.

(1)　過程②で気体が吸収した熱量は，過程①で吸収した熱量の何倍か.

(2)　過程②での内部エネルギー増加量は，過程①での内部エネルギー増加量の何倍か.

(3)　過程①，②で吸収した全熱量は，過程②で気体が外部に対してした仕事の何倍か.

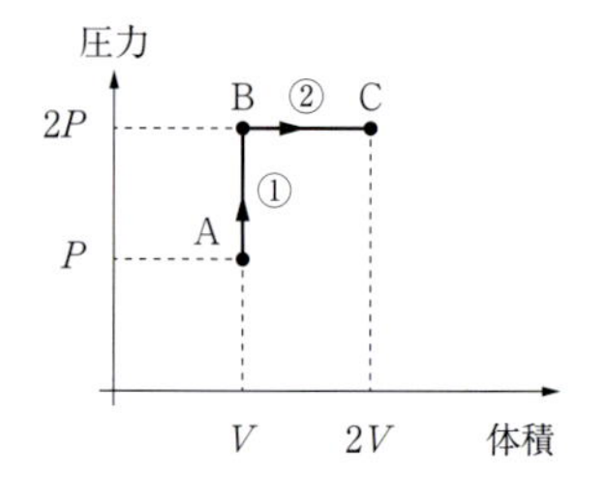

図 13.9

§13.3　等温変化と断熱変化

(1)　等温変化

常に絶対温度を一定に保った状態で，圧力や体積を変化させることもできる．このような変化を**等温変化**という．状態方程式において，絶対温度 T が一定であるから，

$$P = \frac{nRT}{V} = \frac{(\text{一定})}{V} \qquad (13.20)$$

となり，ボイルの法則と同等となるので，P - V グラフは図13.10のように双曲線になることがわかる．

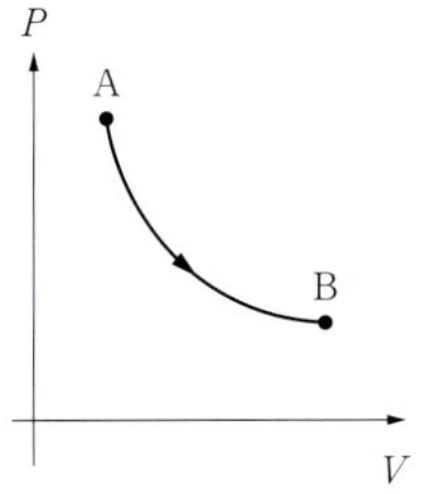

図 13.10

また，絶対温度が不変であるから，内部エネルギーも一定であり，内部エネルギーの増加量 ΔU は 0 である．したがって，熱力学の第 1 法則は，

$$Q = 0 + W = W \qquad (13.21)$$

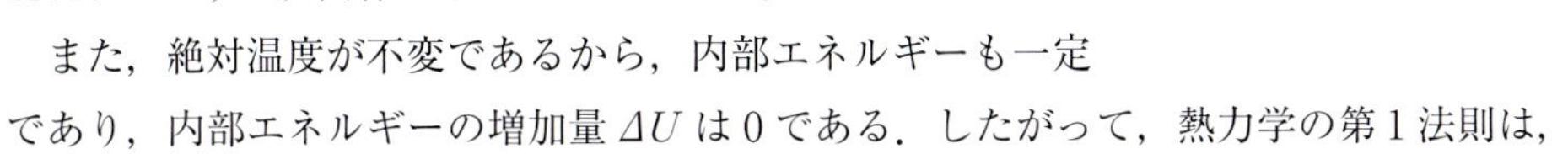

意味　**気体が吸収した熱量が，すべて外部に対してした仕事となった．**

となる．

例題 13.3

P - V グラフが，図 13.11 で示されるように，2 [mol] の単原子分子の理想気体が状態 A から状態 B に等温変化をした．気体定数を R [J/(mol·K)] とする．

(1)　状態 A, B の絶対温度 T_A, T_B を P_A, P_B, V を用いて表せ．

(2)　等温変化であることから，P_A は P_B の何倍かを求めよ．

(3)　グラフの赤色部分の面積を S とするとき，状態 A から状態 B に等温変化をする過程で気体が吸収した熱量はいくらか．

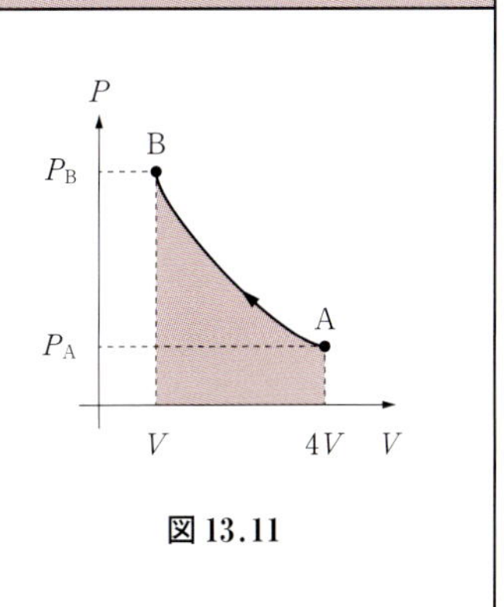

図 13.11

解　(1)　状態方程式より，以下のようになる．

$$\text{A} : P_A \cdot 4V = 2RT_A \quad \therefore \ T_A = \frac{2P_A V}{R}$$

$$\text{B} : P_B \cdot V = 2RT_B \quad \therefore \ T_B = \frac{P_B V}{2R}$$

(2)　$T_A = T_B$ とすると以下のようになる．

$$\frac{2P_A V}{R} = \frac{P_B V}{2R} \quad \therefore \ P_A = \frac{1}{4} \cdot P_B$$

(3)　等温変化では内部エネルギーの変化はない．　$\therefore \ \Delta U = 0$

　また，気体がした仕事 W は $-S$ に等しい．　$\therefore \ W = -S$

　熱力学の第 1 法則より，$Q = 0 + (-S)$ となる．　$\therefore \ Q = -S$

(注)　体積減少であるから，気体は外部から仕事をされている．したがって，面積 S は気体が外部からされた仕事の大きさを示している．　◆

(2)　断熱変化

気体と外部との間で熱のやりとりが全くない変化のことを**断熱変化**という．すなわち，気体が熱を吸収することも，放出することもない状態を維持した状態変化のことをいう．

熱力学の第1法則において，断熱変化では気体の吸収熱量 Q が，正でも負でもなく，$Q = 0$ の変化であるから，

$$0 = \Delta U + W \tag{13.22}$$

が成立する．この式を書きかえて意味を解釈すると，以下のように考えられる（ただし，W，ΔU はいずれも正であるとする）．

$$W = -\Delta U \tag{13.23}$$

意味　**内部エネルギーの減少した分だけ外部に仕事をした．**

$$\Delta U = -W \tag{13.24}$$

意味　**外部から仕事をされたので内部エネルギーが増加した．**

断熱膨張では，(13.23) より，内部エネルギーが減少して温度が下がるので，等温変化の曲線よりも傾きが大きな双曲線となる（図 13.12）[注5]．

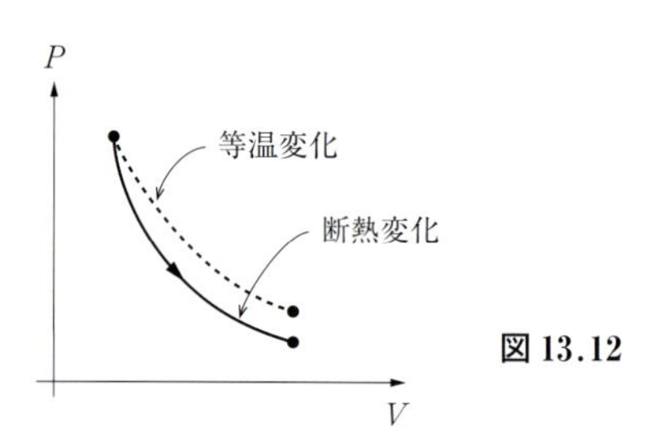

図 13.12

注5　断熱変化では，$PV^{\gamma} = $（一定），$\gamma = C_{\mathrm{P}}/C_{\mathrm{V}}$ が成立することが知られている．この式のことを，ポアッソンの式という．

問 13.3　状態 A から等温変化，断熱変化をさせて気体を膨張させた（図 13.13）．以下の問に理由をつけて答えよ．

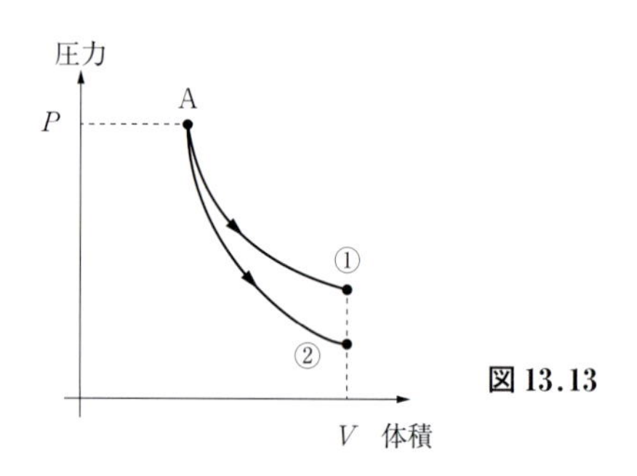

図 13.13

(1)　断熱変化は，図の過程①と過程②のいずれか．

(2)　気体が外部に対してした仕事が大きいのは，過程①と過程②のいずれか．

(3)　気体が吸収した熱量が大きいのは，過程①と過程②のいずれか．

熱力学第2法則について

摩擦面上で運動する物体を考える．物体には動摩擦力による熱が発生し，やがて最初にもっていた運動エネルギーはすべて摩擦熱となり止まる．しかし，この現象と逆の過程をたどることはできない．すなわち，物体や摩擦面の熱を集めて，再び物体の運動エネルギーに変え，運動を再開させることは不可能である．このように外部から何らかの操作を全くせずに，逆の過程をたどることができない変

化のことを**不可逆変化**という．

一般に，熱が関係する変化の過程は不可逆変化であり，たとえ熱力学の第1法則（熱に関する仕事とエネルギーの関係）が成立したとしても，現実の世界では可逆変化にはならない．

例えば，温かいコーヒーに低温の大きな氷を入れて，アイスコーヒーを作ることを考える．このとき，氷の温度が上がり，さらには融けてコーヒーの温度が下がる．やがて氷とコーヒーは同じ温度になって定常状態となる．このような変化は不可逆変化であり，定常状態にある氷入りのアイスコーヒーを再び，低温の氷と温かいコーヒーにすることはできない．すなわち，

熱は，高温物体から低温物体に移動するエネルギーで，外部からの操作なしに低温物体から高温物体に移動することはない

といえる．このことを，**熱力学の第2法則**（クラウジウスの原理）という．

この法則は，表現を変えると，

1つの熱源から得られる熱を，何の操作もなしにすべて仕事に変換することは不可能である

と書くこともできる（トムソンの原理）．いずれも当たり前のように思えることではあるが，さまざまなエネルギーは最終的には熱エネルギーとなり，一度熱に変換されてしまうと，何の操作もなしにすべてを別のエネルギーに変換することができないことを示している．

総 合 問 題

[1] 図13.14で示されるように，一定量 n [mol] の単原子分子理想気体を定積変化，定圧変化をさせて状態Aから状態B，C，Dを経て，再び状態Aに戻した．このような変化のことを熱サイクルという．以下の問に対して，グラフ中の P，V，および n，気体定数 R のうち必要なものを用いて答えよ．

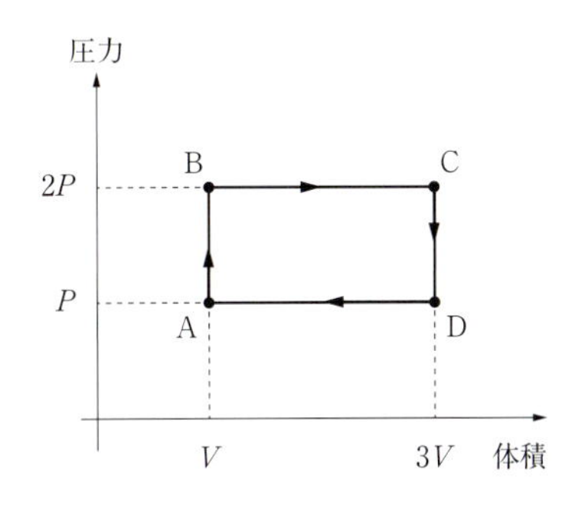

図13.14

(1) 状態A，状態Bの絶対温度を求めよ．

(2) 状態C，状態Dの絶対温度は，状態Aの絶対温度の何倍か．

(3) 状態Aから状態Bにおいて，気体が吸収する熱量 Q_{AB}，内部エネルギーの増加量 ΔU_{AB}，気体が外部に対してした仕事 W_{AB} を求めよ．

(4) 状態Bから状態Cにおいて，気体が吸収する熱量 Q_{BC}，内部エネルギーの増加量 ΔU_{BC}，気体が外部に対してした仕事 W_{BC} を求めよ．

(5) 状態Cから状態Dにおいて，気体が吸収する熱量 Q_{CD}，内部エネルギーの増加量 ΔU_{CD}，気体が外部に対してした仕事 W_{CD} を求めよ．

(6) 状態Dから状態Aにおいて，気体が吸収する熱量 Q_{DA}，内部エネルギーの増加量 ΔU_{DA}，気体が外部に対してした仕事 W_{DA} を求めよ．

(7) この熱サイクルで，気体が外部に対してした全仕事 W が，四角形ABCDの面積 S に等しいことを示せ．

(8) (全仕事)/(吸収熱量) のことを熱サイクルの熱効率という．

本問では，熱効率は $W/(Q_{AB} + Q_{BC})$ と書ける．熱効率を%の単位で答えよ．

[2] 一定量の理想気体を，ある1つの状態から以下の3つの過程で同じ体積まで膨張させるこ

とを考える．このとき，それぞれの気体が外部に対してした仕事のうち，大きい順に変化の過程を並べよ．理由を付して，記号で答えてよい．

①定圧変化　②等温変化　③断熱変化

[3]　単原子分子の理想気体 1 [mol] を図 13.15 のように状態変化をさせた．状態 A から定積変化で状態 B へ，次に等温変化で状態 C へ，さらに定圧変化で状態 A へ戻した．各状態での絶対温度は T_A，T_B，T_C である．気体定数を R として以下の問に答えよ．

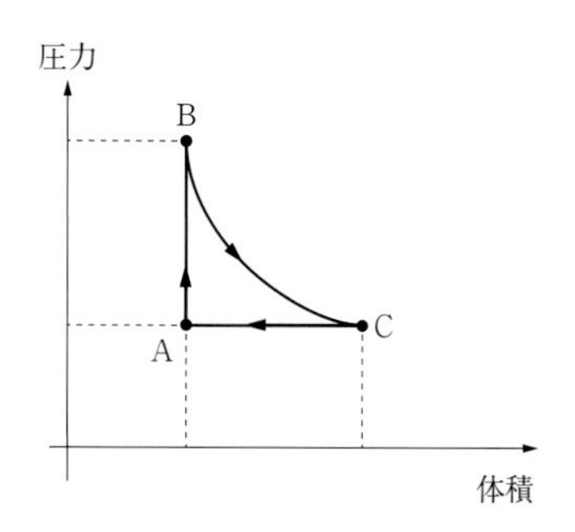

図 13.15

(1)　状態 A から状態 B への過程で気体が吸収した熱量 Q_{AB} はいくらか．

(2)　状態 C から状態 A への過程で気体が吸収した熱量 Q_{CA} はいくらか．

(3)　状態 B から状態 C への過程で気体が外部に対してした仕事を W_{BC} とする．このとき，この過程で気体が吸収した熱量 Q_{BC} はいくらか．

(4)　この熱サイクルで気体が外部に対してする仕事 W が $Q_{AB} + Q_{BC} + Q_{CA}$ に等しいことを示せ．

[4]　定積モル比熱が C_V の理想気体 n [mol] に対して断熱膨張をさせて，絶対温度を T_A から T_B に変化させた（図 13.16）．

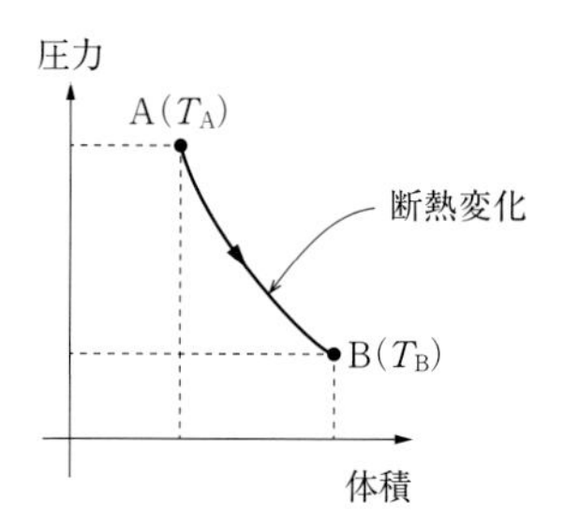

図 13.16

(1)　T_A と T_B の大小関係を，理由をつけて答えよ．

(2)　この変化の過程で，気体の内部エネルギーの増加量はいくらか．

(3)　この変化の過程で，気体が外部に対してした仕事はいくらか．

[5]　コックつきの細管でつながれた 2 つの断熱容器 A，B がある．容器 A 内には絶対温度 T_A の理想気体が n_A [mol]，容器 B 内には絶対温度 T_B の理想気体が n_B [mol] それぞれ入っている．コックを開けて充分時間が経過したとき，容器 A，B の気体は絶対温度 T となった．この過程で，熱力学の第 1 法則が成立するとして，絶対温度 T を求めよ．

第 14 講
原子物理学 (1)
— 粒子性と波動性 —

§ 14.1 光の粒子性

金属表面に光を照射すると，金属から電子が飛び出してくる．この現象のことを**光電効果**，飛び出した電子のことを**光電子**という．光電効果には次のような特徴がある．

- 限界振動数 ν_0 が存在する．すなわち，ν_0 よりも小さい振動数の光では，光量を多くしても長時間照射しても，光電子が 1［個］も飛び出してこないが，ν_0 より大きな振動数の光では，必ず直ちに光電子が飛び出す．このような ν_0 が存在する．
- 光電子の数は光量を多くするとそれに比例して大きくなるが，光電子の最大運動エネルギーは変化しない．
- 光電子の最大運動エネルギーは，照射する光の振動数にのみ依存する．

これらの現象は，光を波と考えたのでは説明がつかない．波のエネルギーを受け取って金属内の電子が飛び出していると考えると，長時間照射した場合，たとえ ν_0 より小さな振動数の光でもやがて光電子が飛び出すはずである．また，照射する光の振幅を大きくするとエネルギーが大きくなるので，光電子の最大運動エネルギーに当然影響を与えるはずである．

アインシュタインは，この現象を説明するために光を粒子の流れであると考えた[注1]．この粒子のことを**光子**といい，このような考え方を**光量子説**という．彼は，回折や干渉は光の波動性が，光電効果は光の粒子性が示す現象であるとした．光子は質量をもたず，光子 1［個］のエネルギー E，運動量 p は，それぞれ

$$E = h\nu = \frac{hc}{\lambda} \tag{14.1}$$

$$p = \frac{E}{c} = \frac{h\nu}{c} = \frac{h}{\lambda} \tag{14.2}$$

と書ける．ここで，h［J·s］は**プランク定数**とよばれる定数である[注2]．また，c，λ，ν はそれぞれ光の速さ，波長，振動数であり

$$c = \nu\lambda \tag{14.3}$$

を満足する．

注1　1921 年，ノーベル物理学賞受賞．
注2　$h = 6.63 \times 10^{-34}$［J·s］である．単位は，$E = h\nu$ より，$h = E/\nu \to$ [J]/[Hz] $\to$ [J·s]．

・光電子が飛び出す場合

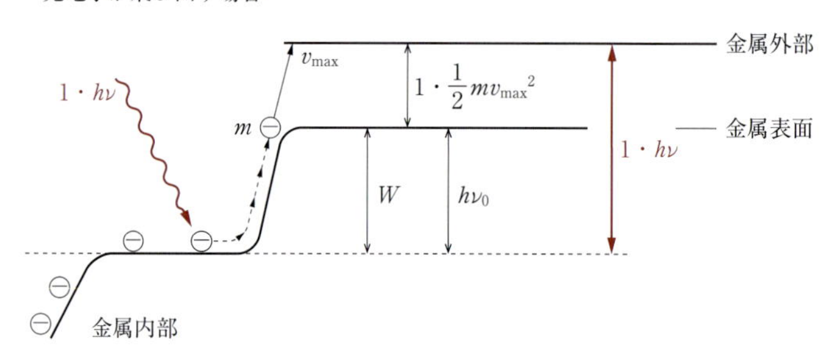

・光電子が飛び出さない場合

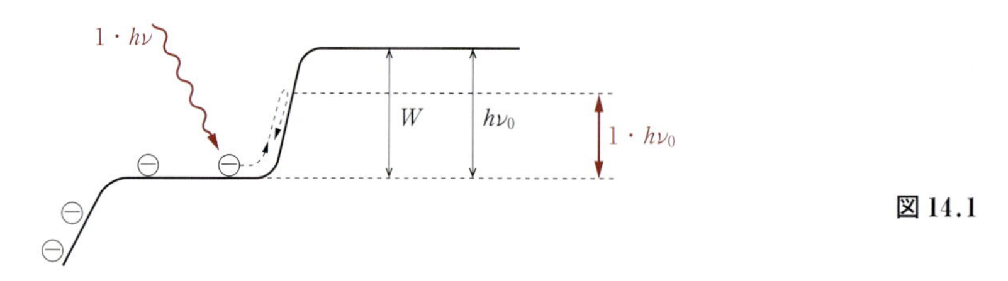

図 14.1

光電効果に対するエネルギー保存則は**光電方程式**とよばれ，以下のように書ける．

$$\mathbf{1 \cdot h\nu = W + 1 \cdot \frac{1}{2} m v_{\max}{}^2} \tag{14.4}$$

図 14.1 を参考にしながら，この式の意味について考える．この図は，光子と電子とのエネルギーのやり取りを模式的に表したものである．エネルギー $h\nu$ の光子 1［個］が，金属内の電子にエネルギーを与え，このエネルギーが，金属を飛び出すのに必要な最小のエネルギー W より大きければ，電子は金属外部へと飛び出していくが，W よりも小さければ飛び出すことはできない．W は金属の種類によって決まる定数であり，**仕事関数**とよばれている．W が金属を飛び出すのに必要な最小のエネルギーであるから，このときの光電子の運動エネルギーは最大値となる．これが，(14.4)の式の意味である．

このことより，限界振動数 ν_0 は，

$$W = h\nu_0 \tag{14.5}$$

と書けることが容易にわかる．これは，(14.4)において最大運動エネルギーを 0 とした場合と同等となり，(14.4)が成立すれば，限界振動数は存在することになる．さらに，光電子の運動エネルギーの最大値は，振動数にしか依存しておらず，また光子の数に比例して光電子が飛び出すことも示されたことになる．

この式は，ミリカンによる光電子の最大運動エネルギーの測定実験から正しいことが実証された[注3]．光を照射すると金属から光電子が飛び出し，それを回収することができる**光電管**とよばれる装置を用いる．図 14.2 のようにこの光電管に電位差を与え，一定の強さの光を照射して光電子による電流（**光電流**という）を測定する．図の K 極に対する P 極の電位 V に対して，光電流 i が変化する様子は図 14.3 のようになった．

① $V > 0$ では，光電子はすべて P 極にたどり着くことができる．しかし，光の強さが一定のため，光電子の数は KP の電位差に依存せず常に一定値を取る．（光電流 i_0）

② $V < 0$ では，光電子の一部は K 側に戻されてしまい，V を負に大きくすると最終的に光電子は 1［個］もたどり着けなくなる．したがって，光電流は 0 となり，このときの K

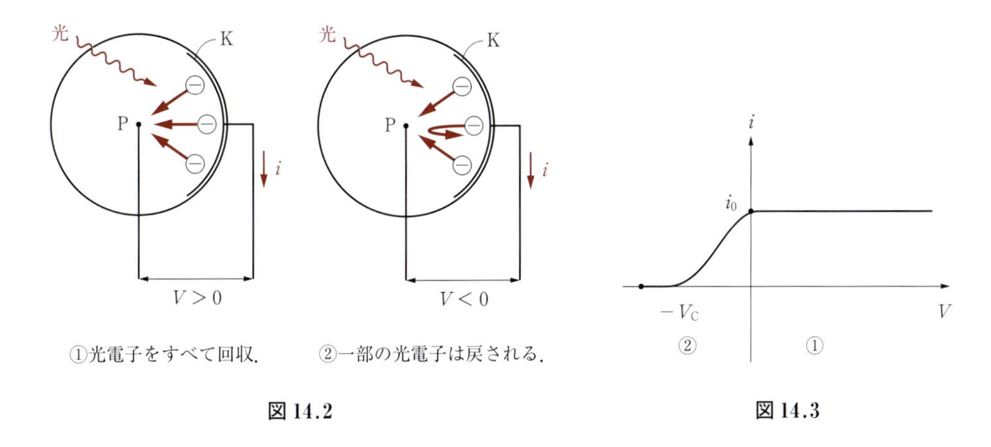

図 14.2　　図 14.3

に対する P の電位を $V = -V_C$ と書くとき，V_C のことを**阻止電圧**という．

注3 1923 年，ノーベル物理学賞受賞．

このように考えると，阻止電圧を PK 間にかけた場合は，P 極から最大の速さで飛び出した光電子が，K 極にたどり着く直前で戻されたと考えることができる．すなわち，V_C は，v_{max} と密接な関係があり，エネルギー保存則から，

$$eV_C = \frac{1}{2}mv_{max}^2 \tag{14.6}$$

が成立することがわかる．

例題 14.1

次のような変化を与えた場合，図 14.3 のグラフはどのように変化するか．グラフの概形を変化が分かるように図示し，理由をつけて答えよ．ただし，阻止電圧は大きさの大小が分かるように描けていればよい．

(1) 照射する光子の数のみ 2 倍にしたとき．

(2) 光子の数は変えずに，照射する光の振動数を大きくしたとき．

(3) 光子の数を 1/2 倍にし，光の振動数を大きくしたとき．

解 (1) 光子の数を 2 倍にすると，光電子の数も 2 倍となり，光電流も 2 倍になるが，阻止電圧は不変である（図 14.4）．

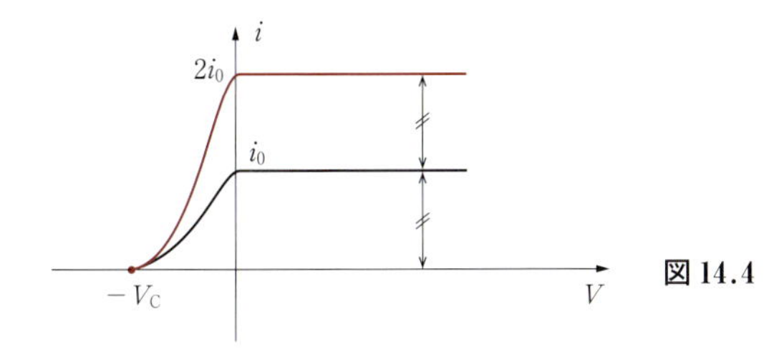

図 14.4

(2) 光子 1［個］のエネルギーが大きくなるので，電子が受け取るエネルギーも大きくなり，電子の最大運動エネルギーが大きくなる．よって，阻止電圧 V_C' は V_C より大きくなる（図 14.5）．

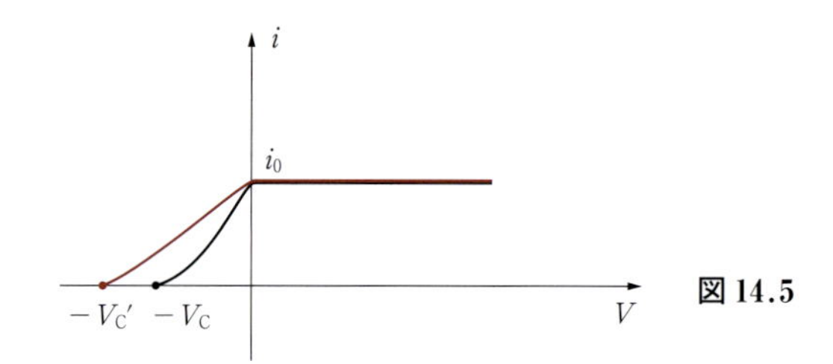

図 14.5

(3)　(1), (2)と同様に考えて，$V > 0$ の光電流が半分となり，V_C' は V_C よりも大きくなる（図 14.6）．

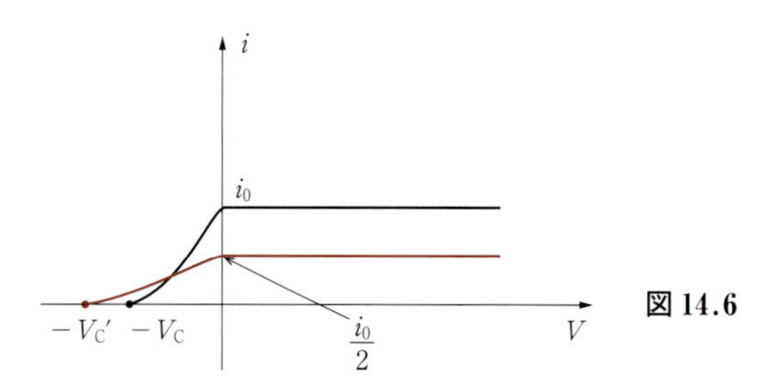

図 14.6

◆

ミリカンは，光電流が 0 となるときの K 極に対する P 極の電位の大きさ，すなわち阻止電圧を測定することで，(14.6)を用いて光電子の最大運動エネルギーを求めることに成功した．彼は照射する光の振動数を変化させたとき，阻止電圧がどのように変化するかを測定して，光電子の最大運動エネルギーの変化の様子をグラフに示した．それが，図 14.7 である．彼は，すぐにこのグラフの傾きを算出し，プランク定数 h に一致することを確認した[注4]．

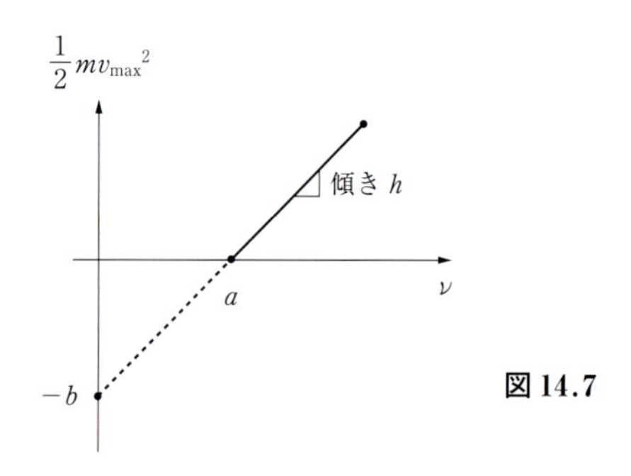

図 14.7

注 4　h であることを確認したというよりも，この実験によってより正確な h を求めたといえる．

以上のように考えると，図 14.7 のグラフの方程式は，

$$\frac{1}{2}mv_{max}{}^2 = h\nu - b \tag{14.7}$$

となる．これを，光電方程式(14.4)と比較すると，

$$b = W \tag{14.8}$$

とすればよいことがわかる．また，$(1/2)mv_{max}{}^2 = 0$ のときが限界振動数であることから，

$$a = \nu_0 \tag{14.9}$$

であることがわかる．このようにして，アインシュタインが提唱した光量子説における光電方程式の正当性が確認されたのである．

問 14.1　照射する光の振動数が ν_1 のときの光電管にかかる電圧 V と光電流 i の関係と，光電子の最大運動エネルギー K_{max} と照射する光の振動数 ν の関係を，それぞれ図 14.8，図 14.9 に示した．

以下の問に答えよ．ただし，電気素量を e とする．

(1)　単位時間当りの光電子の数を i_0 と e で表せ．

(2)　eV_C は図 14.9 の A，B，C，D のどれか．

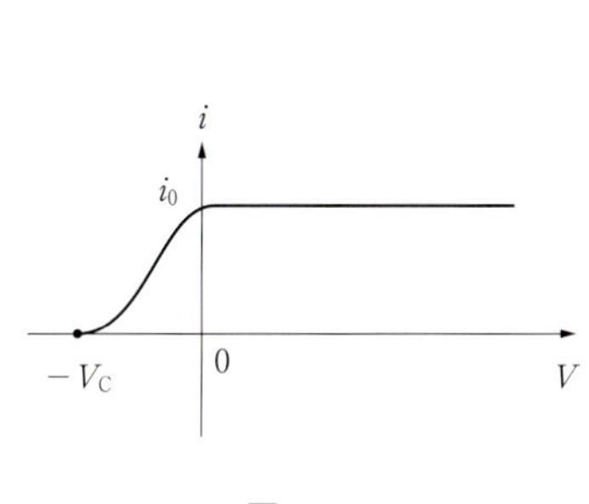

図 14.8

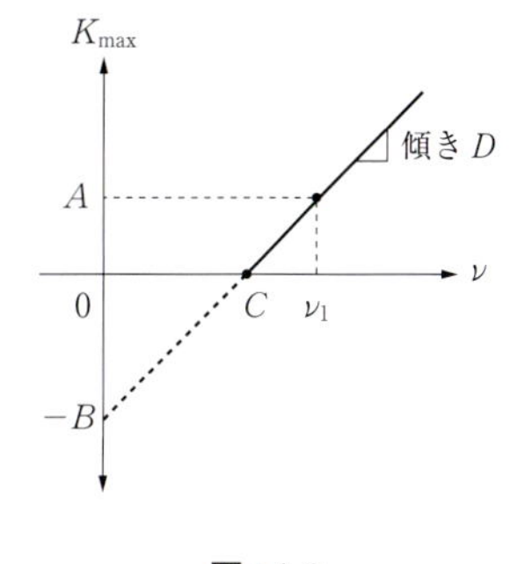

図 14.9

(3) プランク定数 h は A, B, C, D のどれか.

(4) 限界振動数 ν_0 は A, B, C, D のどれか.

(5) 仕事関数 W は A, B, C, D のどれか.

§14.2 水素原子模型

1897 年に電子が発見され，それまで最小と考えられていた原子に構造があるのではないかと考えられるようになる．このとき，さまざまな原子模型が考案されたが，安定した原子模型を考え出すことは困難であった．このとき，有力な原子模型の候補に挙がったのが土星型模型（長岡模型）とよばれる模型で，中心に正電荷があり，その周りを電子が回るという模型である（図 14.10）．しかし，この模型も中心に正電荷が集まる理由がわからず，やはり確定までには至らなかった．

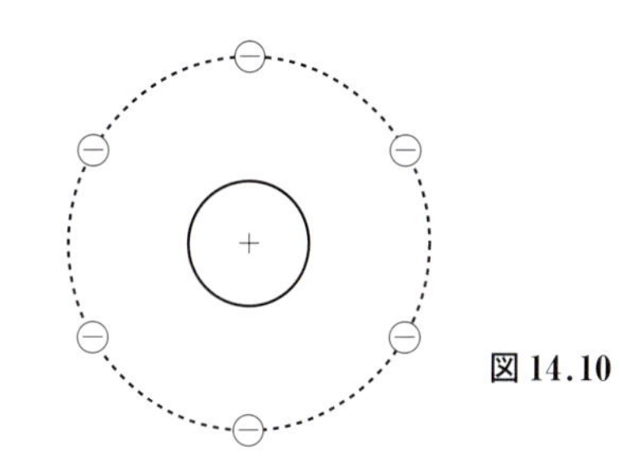
図 14.10

ラザフォードは土星型模型を支持し，理由はわからずとも，きっと原子の中心には正電荷をもった核があり，その周りを負電荷の電子が回っているに違いないと考えた．ラザフォードは，金箔に放射線の一種である α 線（正電荷をもつ粒子[注5]）を照射して，α 線が散乱される様子から，原子の中心には原子全体の一万分の一以下の領域に正電荷をもった核が存在することを発見した（図 14.11）．この実験のことを**ラザフォード散乱**といい，この原子模型のことを**ラザフォード模型**という．しかし，このラザフォード模型にも難点があった．

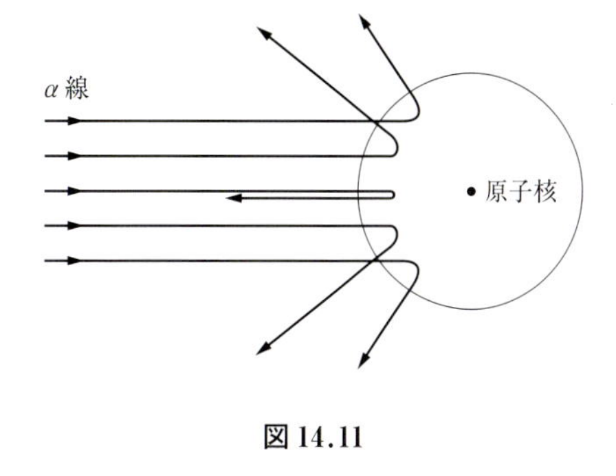

図 14.11

難点①：水素原子から放出される光の波長 λ がとびとびの値を取り，この波長に対して成立する実験式

$$\frac{1}{\lambda} = R\left(\frac{1}{n^2} - \frac{1}{l^2}\right) \tag{14.10}$$

を説明できない（n, l は自然数で $n < l$ を満たし，量子数とよぶ．p. 139 参照）[注6]．

難点②：電磁波の理論では，原子核の周りを回る荷電粒子は，電磁波を放出してエネルギーを失い，安定しないはずである．

注5　後に，この α 線の正体はヘリウムの原子核であることがわかった．

注6　(14.10)は考えやすい形に書きかえたもので，R はリュードベリ定数とよばれる．特に，$n=2$ のときをバルマーの式とよぶ．

ボーアは，ラザフォード模型の難点に対して2つの要請をすることで解決し，水素原子模型を完成させた．この模型のことを**ボーア模型**という．この2つの要請を考えながらボーアの理論を考える．

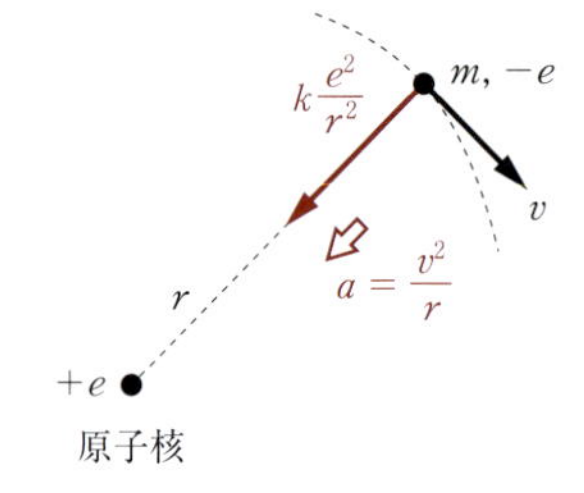

図 14.12

水素の原子核（電荷 $+e$）の周りを電子（質量 m，電荷 $-e$）が回っているときの運動方程式は，図14.12より，

$$m\cdot\frac{v^2}{r}=\frac{ke^2}{r^2} \qquad (14.11)$$

となる．ここで，ボーアは，第1の要請（**量子条件**という）をする．これは，式で表すと，

$$mv\cdot r=\frac{h}{2\pi}\cdot n \qquad (14.12)$$

意味　**電子の運動量と半径の積（角運動量という）が，$h/2\pi$ の整数倍に等しい**[注7]**．**

となる．ボーアは，この式が成立するときには，電子が円運動をしても電磁波が放出されないと考えた．

注7　後に，ド・ブロイによって別の解釈が与えられる．(§14.3を参照のこと．)

(14.11)，(14.12)より v を消去して，半径 r を n の関数として $r(n)$ と表すと，

$$r(n)=\frac{h^2}{4\pi kme^2}\cdot n^2 \qquad (14.13)$$

となり，軌道半径が n^2 に比例することがわかる．また，最小半径 $r(1)$ のことを，**ボーア半径**という．

例題 14.2

ボーア半径は，0.053 [nm] である．ただし，1 [nm] $=1\times10^{-9}$ [m] である．励起状態における，量子数2，3，4のときの半径 $r(2)$，$r(3)$，$r(4)$ を求めよ．

解　水素原子模型における半径は，(14.13)より，

$$r(n)=\frac{h^2}{4\pi kme^2}\cdot n^2\propto n^2$$

である．これより，以下のようになる．

$$r(2)=r(1)\cdot 2^2=0.053\cdot 4\fallingdotseq 0.21\ [\mathrm{nm}]$$
$$r(3)=r(1)\cdot 3^2=0.053\cdot 9\fallingdotseq 0.48\ [\mathrm{nm}]$$
$$r(4)=r(1)\cdot 4^2=0.053\cdot 16\fallingdotseq 0.85\ [\mathrm{nm}]$$

◆

また，電子のエネルギーに着目すると，電子の運動エネルギーとクーロン力による位置エネルギーの和を考えて，

$$E=\frac{1}{2}mv^2+k\frac{(+e)\cdot -e}{r} \qquad (14.14)$$

が成り立つ．ここで，(14.11)を用いて v を消去すると，

$$E = -\frac{ke^2}{2r} \qquad (14.15)$$

となる．(14.15)の r に $r(n)$ を代入して E を n の関数 $E(n)$ とすると，

$$E(n) = -\frac{2\pi^2 k^2 me^4}{h^2} \cdot \frac{1}{n^2} \qquad (14.16)$$

となり，離散的な値を取ることがわかる．この $E(n)$ のことを**エネルギー準位**という．($r(n)$，$E(n)$ については，図 14.13 を参照のこと．) n や(14.10)の l のことを**量子数**，$n = 1$ の状態を**基底状態**，$n = 2$ 以上の状態を**励起状態**という．

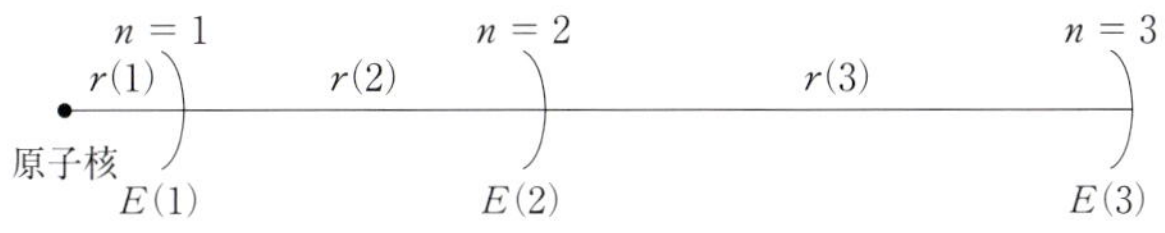

$n = 1$　$n = 2$　$n = 3$
$r(1)$　$r(2)$　$r(3)$
原子核
$E(1)$　$E(2)$　$E(3)$

図 14.13

さらにボーアは，**振動数条件**とよばれる第 2 の要請をした．これを式で表すと，

$$\mathbf{1 \cdot h\nu = E(l) - E(n)} \qquad (14.17)$$

意味　**エネルギー準位が量子数 l の状態から n ($< l$) の状態に遷移するとき，光子が 1 [個] 放出される．逆の場合は，光子が 1 [個] 吸収される．**

となる．簡単にいうと，エネルギー準位の遷移は光子 1 [個] のやり取りによると要請したのである．$\nu = c/\lambda$ (c：光速，λ：波長) であることと，(14.16)を用いて $1/\lambda$ を計算すると，

$$\frac{1}{\lambda} = \frac{2\pi^2 k^2 me^4}{ch^3} \cdot \left(\frac{1}{n^2} - \frac{1}{l^2}\right) \qquad (14.18)$$

となり，

$$R = \frac{2\pi^2 k^2 me^4}{ch^3} \qquad (14.19)$$

とおくと，(14.10)が実証されたことになる．

問 14.2　水素原子の基底状態のエネルギーは，-13.6 [eV] である．ただし，[eV] は，1 [eV] $= 1.60 \times 10^{-19}$ [J] を満たすエネルギーの大きさを表す単位である．

(1)　量子数 2 のエネルギー準位はいくらか．

(2)　量子数 3 のエネルギー準位は量子数 2 のエネルギー準位の何倍か．

(3)　量子数 4 から量子数 2 の状態に遷移するとき，放出される光のエネルギーはいくらか．

§14.3　粒子の波動性

ド・ブロイは，光に波動性と粒子性の 2 面性があるのならば，電子などの粒子にも同様の 2 面性があるのではないかと考えた[注8]．すなわち，粒子性とあわせて粒子も波動性をもつのではないかと考えた．粒子の運動量を p，粒子の質量を m，粒子の速さを v，プランク定数を h とすると，粒子の波長 λ は，

$$\lambda = \frac{h}{p} = \frac{h}{mv} \qquad (14.20)$$

と考えた[注9]．これは，後に多くの実験物理学者によって実証された[注10]．このような波のこ

とを**ド・ブロイ波**（または，物質波）といい，この波長のことを**ド・ブロイ波長**という．

注8　1929年，ノーベル物理学賞受賞．
注9　光量子説 $p = h/\lambda$ から導いた．
注10　アメリカのダビソンとガーマー，イギリスのG. P. トムソン，日本の菊地正士らによる．

質量 m の電子が速さ v で運動しているときの波長が h/mv となることを受け入れると，ボーアの振動数条件が明確に理解できるようになる．すなわち，(14.12)を以下のように解釈する．

$$(14.12)\quad mv\cdot r = \frac{h}{2\pi}\cdot n$$

$$\downarrow$$

$$2\pi r = \frac{h}{mv}\cdot n \tag{14.21}$$

意味　**電子は軌道上で波として振舞い，円周軌道上に波長がちょうど整数個入って定常波を形成している．**

このように考えると，原子核の周りの電子は，負の荷電粒子として振舞っているのではなく，波として定常波を形成していると考えることができるのである（図14.14）．

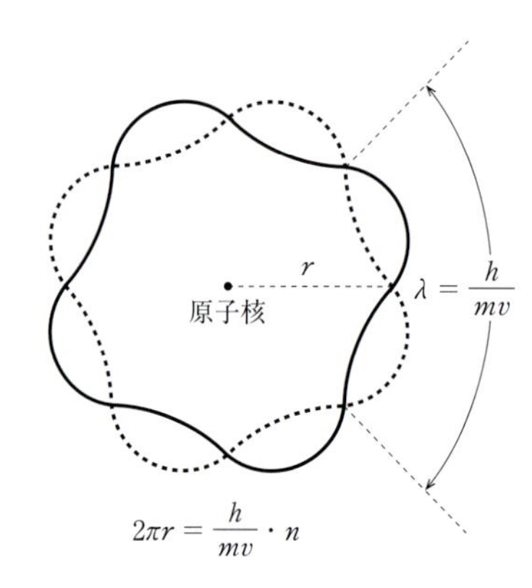

図14.14

例題14.3

初速度0の電子を，加速電圧 V で加速した．電子の質量を m，電気量を $-e$，プランク定数を h として以下の問に答えよ．

(1)　加速後の電子の速さを求めよ．
(2)　加速後の電子の運動量を求めよ．
(3)　加速後の電子の波長を求めよ．
(4)　加速電圧を2倍にすると電子の波長は何倍になるか．

解　(1)　エネルギー保存則より，以下のようになる．

$$eV = \frac{1}{2}mv^2 \quad \therefore\ v = \sqrt{\frac{2eV}{m}}$$

(2)　運動量 p は，以下のようになる．

$$p = mv = \sqrt{2meV}$$

(3)　ド・ブロイの式より，以下のようになる．

$$\lambda = \frac{h}{p} = \frac{h}{\sqrt{2meV}}$$

(4)　(3)より，$\lambda \propto 1/\sqrt{V}$ の関係にあるので，加速電圧を 2 倍にすると，$1/\sqrt{2} = \sqrt{2}/2$ 倍になる．

◆

電子の波動性を確認する際には，干渉が利用された．ニッケル結晶や雲母などに電子線を照射し，反射されてくる電子線の強め合いの条件からド・ブロイの式が実証されたのである．すなわち，図 14.15 のような結晶面に電子線を照射した場合，経路差が $2d\sin\theta$ となるので，ド・ブロイの波長を λ とすると，

$$2d\sin\theta = n\lambda \tag{14.22}$$

の成立が確認されたのである．後に，ヤングの干渉実験と同等の装置を組み立て，電子線を照射すると強め合いと弱め合いが交互に現れることも確認された．

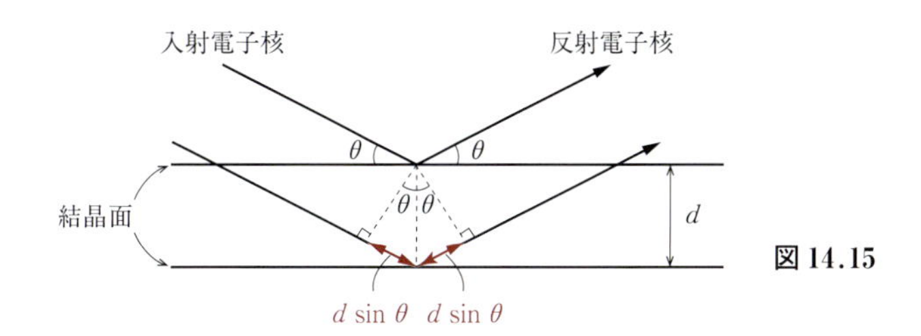

図 14.15

問 14.3　図 14.15 で示された実験について以下の問に答えよ．ただし，電子の質量を m，電子の電気量を $-e$，プランク定数を h とする．

(1)　電子線が強め合う条件を，d，θ，m，v，h を用いて答えよ．必要ならば，自然数 n を用いよ．

(2)　電子の加速電圧を V とするとき，電子波が強め合うときの加速電圧 V を求めよ．

総 合 問 題

[1]　次の文章の（　）内に適切な数式を入れ，【　】内には適切な語句を入れよ．

(1)　アインシュタインが光電効果を説明するために提唱した，光を粒子の流れと考える説のことを【①】という．光の粒子のことを【②】といい，②のエネルギー E はプランク定数 h と光の振動数 ν を用いると（③）となり，h，光の波長 λ，光の速さ c を用いると（④）と書ける．

また，②の運動量 p は，E と c を用いて（⑤）となり，h と ν と c を用いて（⑥），h と λ を用いて（⑦）と書ける．

(2)　ド・ブロイは，物質も波動として振舞うことを提唱した．このような波のことを【⑧】という．⑧の波長は，物質の運動量 p とプランク定数 h を用いて（⑨）となり，質量 m，速さ v と h を用いて（⑩）と書ける．

[2]　光電管を用いて，光電効果の実験を行った．光電管の K 極に対する P 極の電位 V（図 14.2 参照）と光電流 i の関係は図 14.16 のようになった．以下の問に答えよ．

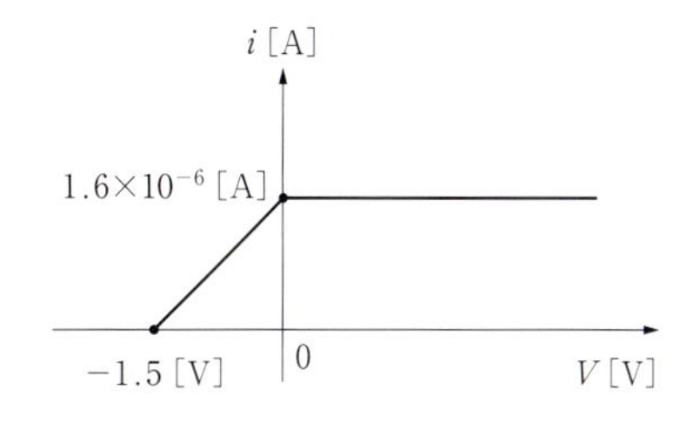

図 14.16

(1)　$i = 0$ [A] となるときの電位は -1.5 [V] である．この 1.5 [V] のことを何というか．漢字 4 文字で答えよ．

(2)　光電子の最大運動エネルギーを求めよ．

電気素量を 1.6×10^{-19} [C] として答えよ．

(3)　このときの飽和電流は，1.6×10^{-5} [A] であった．単位時間当りの光電子の数はいくらか．

[3]　光電管を用いて，光電効果の実験を行った．光電子の最大運動エネルギー K と照射する光の振動数 ν の関係は図 14.17 のようになった．以下の問に答えよ．

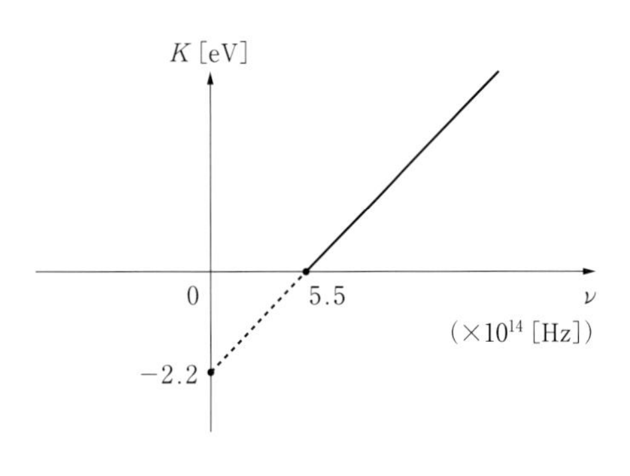

図 14.17

(1)　この実験で用いた金属の限界振動数を求めよ．

(2)　この実験で用いた金属の仕事関数を [eV] の単位で求めよ．

(3)　(2)の仕事関数を [J] の単位で求めよ．

(4)　この実験で得られるプランク定数 h を [J·s] の単位で求めよ．

[4]　水素原子模型に対するボーアの理論について以下の問に答えよ．ただし，以下の記号を用いて答えよ．

・電子の質量 m　　・電子の電荷 $-e$

・水素の原子核の電気量 $+e$

・電子の軌道半径 r

・プランク定数 h　　・クーロン定数 k

(1)　電子の速さを v として電子の運動方程式を書け．

(2)　量子条件を書け．ただし，量子数は n とせよ．

(3)　(1), (2) より v を消去して r を求め，r が n^2 に比例することを示せ．

(4)　量子数が n のときのエネルギー準位 E を求め，E が $1/n^2$ に比例することを示せ．

(5)　量子数 n' から n に遷移するときの振動数条件を書け．ただし，振動数は ν とし，$n' > n$ とする．

(6)　リュードベリ定数 R を求めよ．

[5]　図 14.18 のように，格子面間隔 d の結晶に電子線を照射して，電子線が干渉する様子を観測した．格子面に対する入射角度を $\theta = 0$ から徐々に大きくしていき，$\theta = \theta_1$ で入射させ θ_1 で反射するとき，初めて電子線が強め合ったとする．

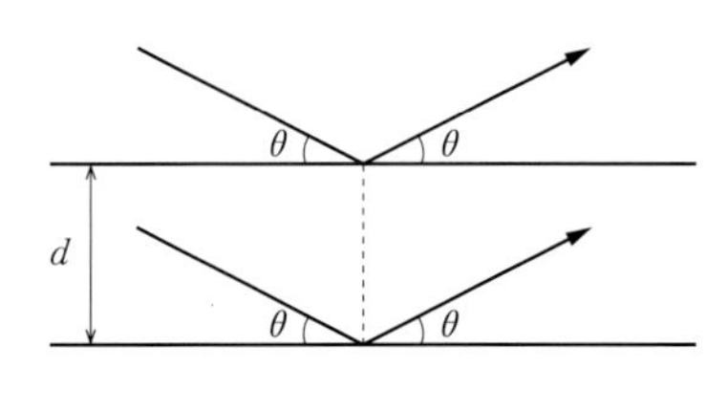

図 14.18

(1)　電子線の波長を λ として，干渉条件式を λ，d，θ_1 を含む式で表せ．

(2)　電子の質量を m，プランク定数を h とするとき，干渉条件式から電子の速さ v_1 を求めよ．

(3)　さらに，θ を大きくしていくと再び強め合った．このときの角度は θ_2 であった．このときの電子の速さ v_2 はいくらか．

(4)　v_1 と v_2 の比を求めよ．

第 15 講 原子物理学 (2)

―X 線と原子核反応―

§15.1 X 線（レントゲン線）

医療機関で用いられる X 線はレントゲンが発見したもので，後に波長の短い電磁波であることが解明された．波長が短く透過性が高いため，人体の内部はもちろんのこと，物性物理学においては結晶構造の解明に大きく貢献した．このX 線の発生のメカニズムについて考えてみる．

X 線は，光の速さの近くまで加速した電子をターゲットとよばれる金属に照射することによって発生する電磁波である．図 15.1 にその原理図を示した．ヒーターから取り出した熱電子を加速電圧 V で加速し，ターゲットに衝突させる[注1]．このときの電子の運動エネルギーの一部がX 線のエネルギーとなる．このようにして取り出される X 線は，波長がさまざまな値となり連続的であることから**連続 X 線**とよばれる．これは，電子の運動エネルギーのうち，どの程度がX 線のエネルギーになるかがまちまちであるためである．

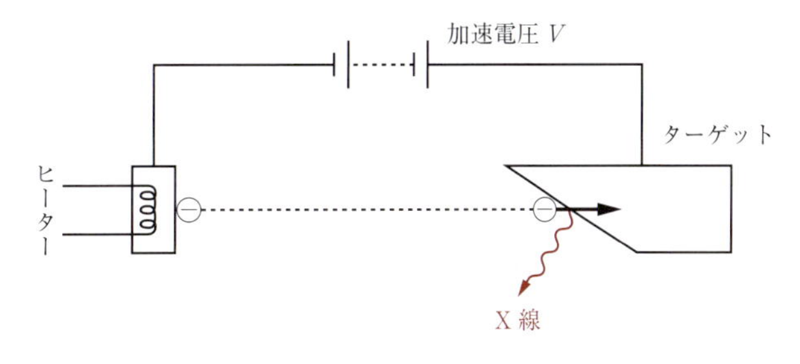

図 15.1

注 1　熱によって金属表面に出てくる電子のことを，熱電子という．また，ターゲットは一般に融点の高い金属（タングステンやモリブデンなど）が用いられる．

熱電子は一般に初速 0 で金属表面に現れるので，加速電圧 V で加速すると eV だけの運動エネルギーを得ることになる．仮に，この電子の運動エネルギーがすべて X 線のエネルギーになったとすると，X 線のエネルギーは最大となり，このときの X 線の波長は最小値 $\lambda_{\min}$ となる．すなわち，

$$eV = \frac{hc}{\lambda_{\min}} \quad \therefore\ \lambda_{\min} = \frac{hc}{eV} \qquad (15.1)$$

となり，このときの $\lambda_{\min}$ のことを X 線の**最短波長**という．すなわち，連続 X 線ではこの最短波長よりも短い波長の X 線は存在せず，これより長い波長の X 線が連続的に存在することになる（図 15.2）．

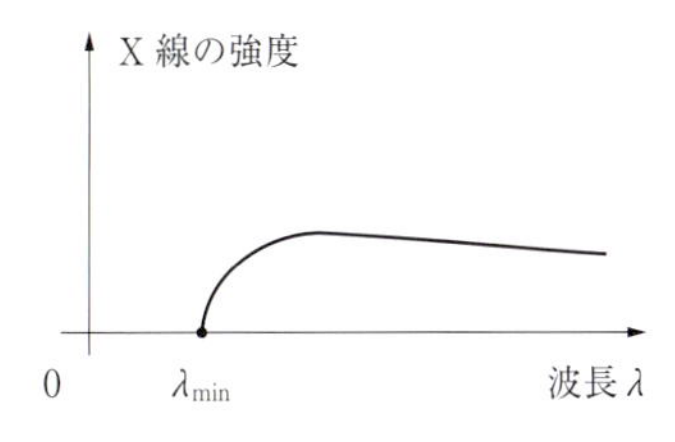

図 15.2

例題 15.1

運動エネルギーKでターゲットに衝突した電子による連続X線の最短波長を，K，h，cを用いて表せ．また，このときのX線の振動数を求め，この振動数はX線の振動数の最大値か，最小値か理由をつけて答えよ．

解　運動エネルギーKがすべてX線のエネルギーになると考えれば，以下のようになる．

$$K = \frac{hc}{\lambda_{\min}} \quad \therefore \lambda_{\min} = \frac{hc}{K}$$

$$c = \nu\lambda_{\min} \text{ より，} \quad \nu = \frac{c}{\lambda_{\min}} = \frac{K}{h}$$

波長が最も小さい値を取るので，振動数νは最大値となる．◆

一方，ターゲットを構成する原子内の電子が，加速電圧で加速された電子によってはじき飛ばされ，その電子の空席にエネルギー準位の高い位置にあった電子が遷移してくるときに放出する光子もX線として観測される (図15.3)．エネルギー準位がターゲットによって決まった離散的な値を取るので，発生するX線はターゲット固有の波長をもったX線となる．このことより，エネルギー準位の遷移によって発生するX線のことを，**固有X線**または**特性X線**という (図15.4)．

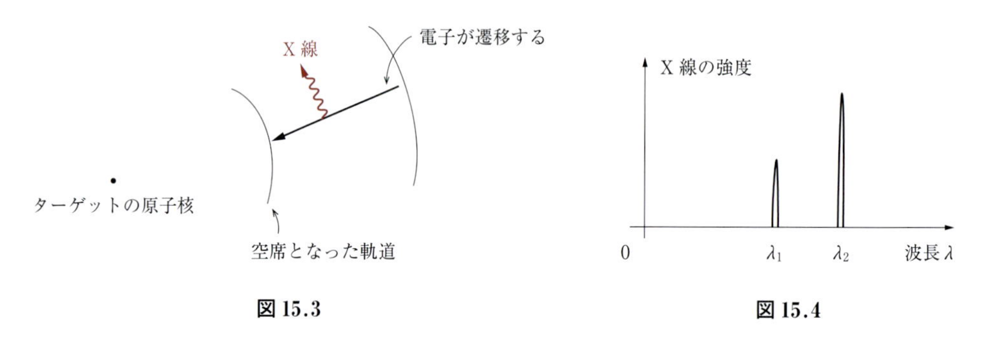

図15.3　　図15.4

連続X線と固有X線のX線強度のグラフを1つにまとめて描くと，図15.5のようになる．実際に実験を行って観測されるX線強度のグラフはこの図のようになるが，2つのX線の発生のメカニズムは異なることに注意しなければならない．一般に医療関係で用いられるX線は，波長が明確な固有X線である．

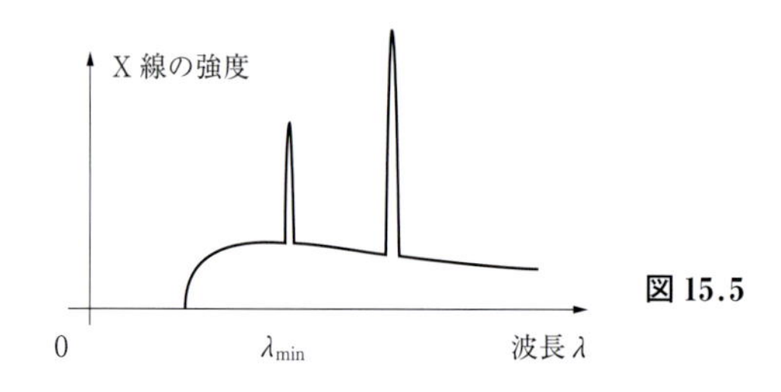

図15.5

問 15.1　固有X線について以下の問に答えよ．ただし，必要ならば，プランク定数をh，光の速さをcとせよ．

(1)　エネルギー準位E_lからE_nへ遷移するときに放出されるX線の波長を求めよ．

(2)　波長λ_1の固有X線に対応するターゲットのエネルギー準位の差が，ΔE_1で与えられるとする．同様に，波長がλ_2のとき，ΔE_2で与えられるとする．ΔE_1とΔE_2の比$\Delta E_2 / \Delta E_1$を求めよ．

§15.2 自然放射性崩壊

自然放射性崩壊とは自然界で原子核が崩壊し，より安定した原子核に変化することをいう．このような物質を**放射性同位体**とよび，自然放射性崩壊はα崩壊，β崩壊，γ崩壊の3種類が確認されている[注2]．また，α線，β線，γ線のように，高エネルギーの粒子や電磁波を放射線とよぶ．各崩壊の実体や特性は以下の通りである（図15.6および表15.1）．

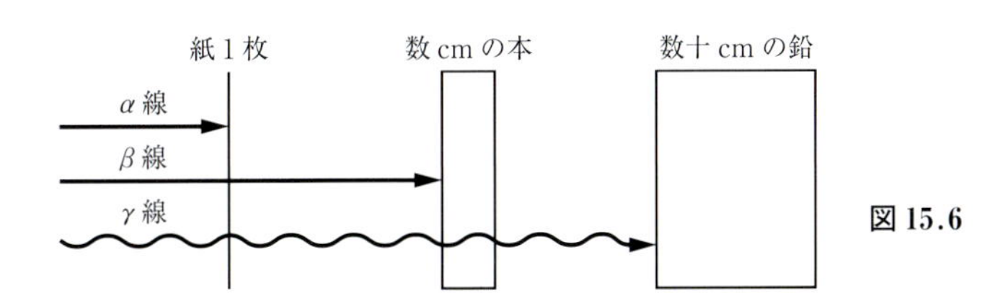

図15.6

表15.1

崩壊名	放射線名	実体	電荷	透過作用	電離作用
α	α	${}^4_2\mathrm{He}$	$+2e$	小	大
β	β	電子	$-e$	中	中
γ	γ	電磁波		大	小

透過作用：物質を貫いて通り抜ける作用（図15.6参照）
電離作用：物質中の原子を電離してイオンを作る作用

注2 この他にも，人工的なものとして，X線や核反応で生じる中性子線なども放射線の一種である．

α崩壊におけるα線の実体はヘリウムの原子核${}^4_2\mathrm{He}$である．この崩壊では，質量数が4，陽子数が2減少する[注3]．すなわち，原子核反応式は，

$$ {}^A_Z\mathrm{X} \to {}^{A-4}_{Z-2}\mathrm{Y} + {}^4_2\mathrm{He} \tag{15.2}$$

となる．質量数とは陽子数と中性子数の和であり，原子核を構成する核子の個数と一致する．

注3 原子核は，陽子と中性子で構成され，これらのことを核子という．原子核を${}^A_Z$（元素記号）のように表し，Zが陽子数（原子番号），Aが質量数，$A-Z$が中性子数である．

β崩壊におけるβ線の実体は電子で${}_{-1}^{0}\mathrm{e}$と表す．この崩壊では，原子核内の中性子が陽子に変わり，電子が飛び出す．すなわち，

$$ {}^1_0\mathrm{n} \to {}^1_1\mathrm{p} + {}_{-1}^{0}\mathrm{e} \tag{15.3}$$

[注4]

となり，原子核反応式では，以下のように表すことができる．

$$ {}^A_Z\mathrm{X} \to {}_{Z+1}^{A}\mathrm{Y} + {}_{-1}^{0}\mathrm{e} \tag{15.4}$$

注4 中性子（ニュートロン）は${}^1_0\mathrm{n}$，陽子（プロトン）は${}^1_1\mathrm{p}$と表す．

γ崩壊では，原子核そのものは不変である．α崩壊やβ崩壊をした後の不安定な状態の原子核が，電磁波としてエネルギーを外部に放出して，より安定な状態になるのがγ崩壊である．

例題 15.2

以下の核反応を核反応式で表せ．

(1) ${}^{226}_{88}\mathrm{Ra}$（ラジウム）がα崩壊してRn（ラドン）になる．

(2) ${}^{235}_{92}\mathrm{U}$（ウラン）がα崩壊してTh（トリウム）になる．

(3) ${}^{210}_{82}\mathrm{Pb}$(鉛)がβ崩壊してBi(ビスマス)になる.

(4) ${}^{227}_{89}\mathrm{Ac}$(アクチニウム)がβ崩壊してTh(トリウム)になる.

解 (1) ${}^{226}_{88}\mathrm{Ra} \to {}^{222}_{86}\mathrm{Rn} + {}^{4}_{2}\mathrm{He}$ (2) ${}^{235}_{92}\mathrm{U} \to {}^{231}_{90}\mathrm{Th} + {}^{4}_{2}\mathrm{He}$

(3) ${}^{210}_{82}\mathrm{Pb} \to {}^{210}_{83}\mathrm{Bi} + {}^{0}_{-1}\mathrm{e}$ (4) ${}^{227}_{89}\mathrm{Ac} \to {}^{227}_{90}\mathrm{Th} + {}^{0}_{-1}\mathrm{e}$ ◆

放射性をもつ原子核は，崩壊しながら原子核数が減少する．この崩壊は常に一定の割合で起こり，現在の原子核数に比例して崩壊が起こる．初めの原子核数が1/2になるまでの時間，さらにその1/2になるまでの時間，…のことを半減期とよび，一般に記号Tで表す．初めの原子核数をN_0，時間t経過したときの原子核数をNとすると，以下が成立する．

$$N = N_0\left(\frac{1}{2}\right)^{t/T} \tag{15.5}$$

放射線の強さは，放射性をもつ原子核の数と半減期によって決まる．放射線の強さを表す単位として，主に以下の3種類を用いる．

・ベクレル[Bq]

単位時間当りの原子核崩壊数で決まり，1 [s] 間に1 [個] の原子核が崩壊するときの放射線の強さが1 [Bq] である .

・グレイ[Gy]

単位質量当りの放射線のエネルギー吸収量で決まり，1 [kg] 当り1 [J] のエネルギーを吸収したときの被曝量が1 [Gy] である．

・シーベルト[Sv]

人体に対する被爆の影響，危険度を反映させた放射線の強さの単位で，X線，β線，γ線では，1 [Gy] が1 [Sv] に相当するが，危険度の高いα線では，1 [Gy] が20 [Sv] に相当する．胸部のX線撮影では約0.05×10^{-3} [Sv] 程度である．

日常生活の中でも自然界から放射線を受ける．宇宙から降り注ぐ宇宙線の中にも含まれており，高度の高い位置ではより多く受けることになる．また，地殻内にも放射性物質が含まれており，我々は年間平均でおよそ約2×10^{-3} [Sv] 程度の放射線を受けている．

また，医療関係ではX線はもちろんのこと，CT，PETや癌の治療などにも放射線が利用されている．

問 15.2 以下の問に答えよ．

(1) 半減期T，原子核数N_0の原子核が時間t経過したとき，崩壊した原子核数を求めよ．

(2) ${}^{14}_{6}\mathrm{C}$(炭素)はβ崩壊し，半減期は約5700年である．

①このときの核反応式を書け．

②初期量の1/8の原子核数になったときの経過時間を求めよ．

§15.3 核エネルギー

アインシュタインは，1905年に発表した特殊相対性理論の論文の中で，質量とエネルギーは等価であることを示した．すなわち，質量とエネルギーが同等であって，物体がエネルギーをもっているということは，その分の質量をもっていることに相当し，また，質量をもっているということは，その分のエネルギーをもっていることに相当すると述べた．このことを，**質量・エネルギーの等価性**という．

エネルギー E [J] と質量 m [kg] の間には，光の速さ c [m/s] を用いて，

$$\boldsymbol{E = mc^2} \tag{15.6}$$

が成立する．例えば，質量が m [kg] 減少すると mc^2 [J] のエネルギーが発生し，逆に mc^2 [J] のエネルギーが吸収されると質量が m [kg] だけ増加することになる．

例として，α 線の実体（α 粒子）であるヘリウムの原子核（${}^4_2\mathrm{He}$）で質量・エネルギー等価式を考える．α 粒子は，2 [個] の陽子と 2 [個] の中性子で構成される原子核であるが，α 粒子としての質量と，4 [個] の核子それぞれの質量和とが等しくならないという事実がある（図 15.7）．図に示したように，結合している状態の方が軽いことがわかっており，その原因がエネルギーであることが判明した．ヘリウムの原子核 ${}^4_2\mathrm{He}$ を核子 1 [個] 1 [個] のばらばらの状態にするにはエネルギーを加えなければならない．すなわち，図の①にエネルギーを加えて初めて②と同じ状態になるのである．しかし，エネルギーと質量は等価であるから，このことは①に質量を加えると②とつり合いがとれるということと同じことである．

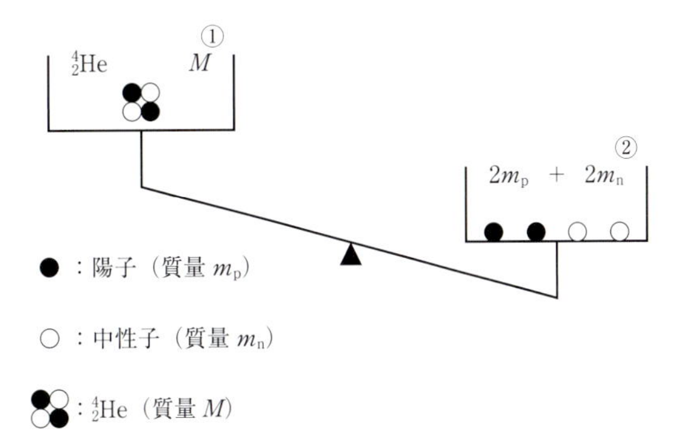

図 15.7

このときの質量差 Δm は，

$$\Delta m = (2m_\mathrm{p} + 2m_\mathrm{n}) - M \tag{15.7}$$

と書け，このことを**質量欠損**という．また，原子核を核子 1 [個] 1 [個] ばらばらにするのに要するエネルギーのことを**結合エネルギー**とよび，以下のように書ける．

$$\Delta E = \Delta mc^2 \tag{15.8}$$

例題 15.3

以下の問に答えよ．

(1)　陽子数 Z，質量数 A の原子核がある．この原子核の質量を M，陽子の質量を m_p，中性子の質量を m_n とするとき，質量欠損 Δm を求めよ．

(2)　(1)の原子核の結合エネルギー E を求めよ．光の速さを c とせよ．

(3)　1 [kg] の物質をエネルギーに換算すると何 [J] になるか．ただし，光の速さを 3×10^8 [m/s] とする．

解　(1)　中性子の数は，$A - Z$ であるから，以下のようになる．

$$\Delta m = \{Zm_\mathrm{p} + (A - Z)m_\mathrm{n}\} - M$$

(2)　$E = \Delta mc^2 = [\{Zm_\mathrm{p} + (A - Z)m_\mathrm{n}\} - M]c^2$

(3)　$E = 1.0 \cdot (3.0 \times 10^8)^2 = 9.0 \times 10^{16}$ [J]　◆

結合エネルギーが，原子核反応の前後で異なる場合には，その分のエネルギーが放出されたり吸収されたりする．ここでは，エネルギーが放出される場合を例に取って考える．

軽い原子核同士が核反応で1つの原子核となってより安定な原子核となる反応がある．このとき，結合エネルギーの差が放出され，全体としてその分の質量が軽くなる．このような現象を**核融合**という．太陽内部ではこの核融合が起きており，膨大なエネルギーを何億年にもわたって太陽系に供給し続けている．この反応式は，

$$4\cdot{}^{1}_{1}\mathrm{H} \rightarrow {}^{4}_{2}\mathrm{He} + 2\cdot{}^{0}_{-1}\mathrm{e} \tag{15.9}$$

と書け，1秒間に，6×10^{11} [kg] の水素がヘリウムに変換されている．この際，4×10^{9} [kg] の質量がエネルギーに変換されていることになる．

一方，ウランなどの重たい原子核が分裂するときにもエネルギーが放出される場合があり，このような核反応を**核分裂**という．例えば，ウランに中性子を衝突させて分裂させる方法があり，核反応式は，

$${}^{235}_{92}\mathrm{U} + {}^{1}_{0}\mathrm{n} \rightarrow {}^{144}_{56}\mathrm{Ba} + {}^{89}_{36}\mathrm{Kr} + 3\cdot{}^{1}_{0}\mathrm{n} \tag{15.10}$$

となる．Ba はバリウム，Kr はクリプトンである．この反応で生じる3つの中性子 n が，周りのウラン U に次々と衝突し核分裂が連続的に起こる．このことを**連鎖反応**という．原子爆弾は，この連鎖反応を起こすことで膨大なエネルギーを瞬間的に作り出している．一方，原子力発電所では，原子炉内でこの連鎖反応を制御して徐々に反応が起こるようにしていて，この核分裂によって取り出されるエネルギーを利用して水蒸気を作り，タービンに連結された発電機を動かしている（図 15.8）．

2011年3月11日の東日本大震災では，福島県の原子力発電所において，電気系統の遮断から原子炉内の炉心冷却が不可能となり核分裂の制御ができず，放射性物質が外部に漏れ出るという事故が起きた．1979年，スリーマイル島（アメリカ）の原子力発電所でも，やはり冷却が不可能となる事故が起きている．また，1986年のチェルノブイリ（旧ソビエト連邦，現ウクライナ）では，炉心の連鎖反応が制御不可能となって事故が起きている．我々は多くのエネルギーを必要とする生活をしているが，そこには多くのリスクがあることを忘れてはならない．

現在では，太陽と同じようなエネルギーの取り出し方をする核融合の研究が進んでいる．まだ多くの課題を抱えてはいるが，いつの日か完成することを著者は確信している．

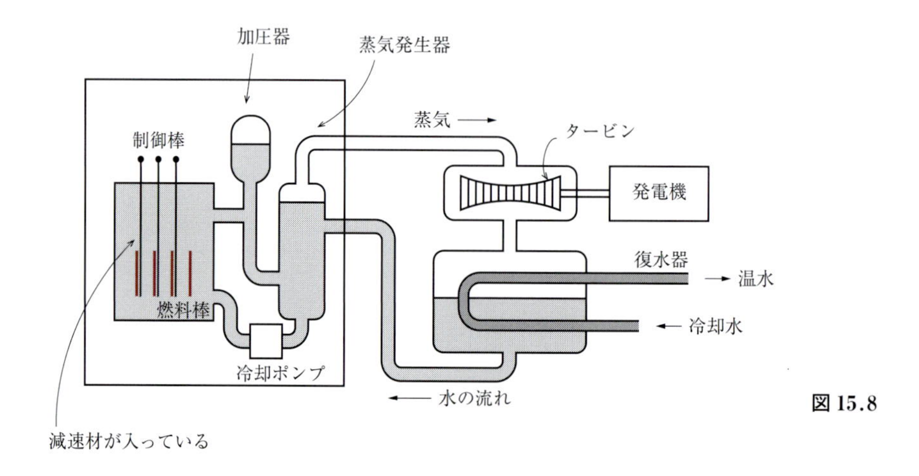

図 15.8

問 15.3 2 [個] の重陽子 $^2_1$H が核融合してヘリウム原子核と中性子 $^1_0$n が作られた.

(1) 核反応式を書け.

(2) この反応ではエネルギーが放出される. 反応の前後ではどちらが質量が重いか, 反応後か, 理由をつけて答えよ.

(3) 重陽子の質量を m, ヘリウム原子核の質量を M, 中性子の質量を m_n とするとき, 放出されるエネルギーはいくらか. ただし, 光の速さを c とする.

総 合 問 題

[1] 以下の文章中( )内で適切なものを選べ.

(1) X 線発生装置におけるターゲットは融点の (高い, 低い) 金属を用いる.

(2) X 線発生装置で発生させた X 線には波長の (最小値, 最大値) が存在する.

(3) X 線発生装置における電子の加速電圧を変化させても波長が変化しないのは, (特性 X 線, 連続 X 線) である.

(4) 自然放射性崩壊の放射線のうち, 最も透過作用が強いものは (α 線, β 線, γ 線) である.

(5) β 崩壊では, 原子核内の中性子が陽子に変わる過程で, (電子, 陽子, 光子) が放出される.

(6) γ 線の実体は, (ヘリウム原子核, 電子, 電磁波) である.

(7) α 崩壊では, (質量数, 陽子数, 中性子数) が 2 減少する.

[2] $^{223}_{88}$Ra (ラジウム) の半減期を 11 日として以下の問に答えよ.

(1) 33 日経過したとき, Ra は初めの量の何倍になっているか.

(2) 最初に 40 [g] の Ra が存在していたとする. 33 日経過したとき, 崩壊した Ra は何 g か.

(3) この Ra は, α 崩壊をして Rn (ラドン) になることが知られている. 核反応式を書け.

[3] $^{238}_{92}$U (ウラン) は α 崩壊, β 崩壊をして安定な $^{206}_{82}$Pb (鉛) になる. 以下の問に答えよ.

(1) $^{238}_{92}$U の陽子数, 質量数, 中性子数を答えよ.

(2) 質量数に着目して α 崩壊が何回起きたか求めよ.

(3) 陽子数に着目して β 崩壊が何回起きたか求めよ.

[4] $^2_1$H (重水素) と $^3_1$H (三重水素) を核融合させ, ヘリウムの原子核と中性子に変化させた. それぞれの質量は, 質量数を添え字として表し, 順に m_2, m_3, m_4, m_1 とする.

(1) 核反応式を書け.

(2) この核融合ではエネルギーが放出される. 放出されるエネルギーはいくらか. ただし, 光の速さを c とする.

[5] 陽子の質量を m_p, 中性子の質量を m_n として以下の問に答えよ. ただし, 光の速さを c とする.

(1) $^7_3$Li の結合エネルギー E_{Li} を求めよ. ただし, Li の質量は m_{Li} とする.

(2) $^4_2$He の結合エネルギー E_{He} を求めよ. ただし, He の質量は m_{He} とする.

(3) $^7_3$Li に陽子を衝突させたところ 2 [個] の α 粒子が生成した. このとき, エネルギー E が発生した. E を求めよ.

(4) $E = 2E_{He} - E_{Li}$ が成立することを示せ.

問　題　略　解

詳細な解答は

https://www.shokabo.co.jp/mybooks/ISBN978-4-7853-2264-9.htm

にアップロードしてありますので，活用していただければ幸いです．

第1講

問 1.1　30 [km/h]，8.3 [m/s]

問 1.2　(1)　3 [m/s^2]

(2)　−2 [m/s^2]

問 1.3　10 [m]，3.0 [m]

問 1.4　(1)　2.0 [m/s^2]

(2)　4.0 [m/s^2]

(3)　−2.0 [m/s^2]

問 1.5　(1)　0.500 [s]

(2)　1.25 [m]

(3)　1.50 [m]

(4)　1.00 [s]

(5)　3.00 [m]

総合問題

[**1**]　(1)　略

(2)　v_0/g

(3)　$v_0{}^2/2g$

(4)　$2v_0/g$

(5)　$-v_0$

[**2**]　(1)　$2at$

(2)　$2at$

(3)　$3at$

(4)　at^2

(5)　$3at^2$

(6)　$(11/2)at^2$

[**3**]　(1)　−3 [m/s^2]

(2)　2 [m/s^2]

(3)　21 [m]

(4)　3 [m]

(5)　略

(6)　略

[**4**]　(1)　$h = v_0t + (1/2)gt^2$

(2)　$v = v_0 + gt$

(3)　略

[**5**]　(1)　$H(x, y) = (v_{x0}v_{y0}/g, v_{y0}{}^2/g)$

(2)　$L(x, y) = (2v_{x0}v_{y0}/g, 0)$

(3)　略

第2講

問 2.1　(1)　略

(2)　略

問 2.2　(1)　0.50

(2)　100 [N/m]

問 2.3　(1)　略

(2)　$T_1 = (\sqrt{2}/2)mg$

問 2.4　(1)　0

(2)　F/M

総合問題

[**1**]　$(\sqrt{3}/2)F$，$(1/2)F$

[**2**]　(1)　略

(2)　略

[**3**]　(1)　斜面に垂直な成分 $(\sqrt{3}/2)mg$

斜面に平行な成分　$(1/2)mg$

(2)　$(1/2)mg$

(3)　$(\sqrt{3}/2)mg$

[**4**]　(1)　$M = m\sin\theta$

(2)　$a = \{(M - m\sin\theta)/(M + m)\}g$

$T = [\{(1 + \sin\theta)Mm\}/(M + m)]g$

[**5**]　(1)　$F\cos\theta$

(2)　$f = F\cos\theta$

(3)　$\alpha = \mu mg/F\cos\theta(1 + \mu\sin\theta)$

(4)　$a = (\beta F/m)(\cos\theta + \mu'\sin\theta) - \mu' g$

第3講

問 3.1　(1)　0

(2)　0

(3)　$F\cdot d$

(4)　$-\mu' mg\cdot d$

問 3.2　(1)　仕事 $mg\cdot h$，速さ $v = \sqrt{2gh}$

(2)　$W = (mg)^2/2k$

問 3.3　(1)　$(1/2)kd^2$

(2)　$v = d\sqrt{k/m}$

(3)　$d = 2\mu' mg/k$

総合問題

[**1**]　(1)　$F\cos\theta\cdot d$

(2)　$(1/2)mv^2 - 0 = F\cos\theta\cdot d$

(3)　$v = \sqrt{2Fd\cos\theta/m}$

[**2**]　(1)　9.8 [W]

(2)　1.0×10^3 [s]

[**3**]　(1)　$-mg\cdot h$

(2)　mgh

(3)　$mg\cdot h$

(4)　$-mgh$

(5)　$2mgh$

[**4**]　(1)　$\sqrt{2gh}$

(2)　$\sqrt{2mgh/k}$

(3)　エネルギー保存則より物体は高さ h の位置まで上昇して一旦停止した後，再び斜面下方に向けて動き始め，以後この運動を繰り返す．

[**5**]　(1)　$mgd\sin\theta$

(2)　$\mu' mg\cos\theta\cdot d$

(3)　$d = v^2/2(\sin\theta + \mu'\cos\theta)g$

第4講

問4.1　I, x 軸とのなす角が 30°.

問4.2　(1)　$I = m(v - v_0)$

(2)　$I = m(v + v_0)$

問4.3　図は略. 5.0 [N·m]

問4.4　(1)　0.50 [m/s]

(2)　0.25 [m/s]

問4.5　(1)　0.40 [m/s]

(2)　2.0 [kg]

総合問題

[1]　(1)　略

(2)　$v = \sqrt{v_0^2 + (gt)^2}$

[2]　(1)　$\sqrt{2gh}$

(2)　$\sqrt{2gh'}$

(3)　$v'/v = \sqrt{h'/h}$

[3]　(1)　$v = I/m$

(2)　$mv + MV = 0$

(3)　$V = -I/M$

[4]　(1)　$mv' + MV' = -mv + MV$

(2)　$e = (v' - V')/(v + V)$

[5]　(1)　$v = \{(m - eM)/(M + m)\}v_0$,
$V = \{m(1 + e)/(M + m)\}v_0$

(2)　$v = 0$ とすると $m = eM$

(3)　$m/M < e \leqq 1$, $m < M$

(4)　$e = 1$, $M = m$

(5)　・$e = 1$ のとき 0
・$e = 0$ のとき $Mmv_0^2/2(M + m)$

[6]　(1)　$\alpha + \beta = 90°$

(2)　$v = v_0\sin\beta$, $V = v_0\cos\beta$

(3)　$v = (1/\sqrt{3})v_0$, $V = (1/\sqrt{3})v_0$

(4)　$\tan\beta = 1/\sqrt{3}$

第5講

問5.1　5.0 [N]

問5.2　(1)　$v = -A\omega\sin\omega t$

(2)　$a = -\omega^2 \cdot x = -A\omega^2\cos\omega t$

問5.3　0.90 [s]

総合問題

[1]　(1)　$k(l - l_0)$

(2)　$ma = k(l - l_0)$

(3)　$\sqrt{(kl/m)(l - l_0)}$

(4)　$2\pi\sqrt{\{ml/k(l - l_0)\}}$

[2]　(1)　$\sqrt{v_0^2 - 2gr(1 + \cos\theta)}$

(2)　$(mv_0^2/r) - mg(2 + 3\cos\theta)$

(3)　$v_0 > \sqrt{gr(2 + 3\cos\theta)}$

(4)　$\sqrt{gr}$

(5)　$v_0 > \sqrt{5gr}$

[3]　(1)　$2\pi n$

(2)　$2\pi nr$

(3)　$4\pi^2 n^2 r$

[4]　(1)　A

(2)　$x = 0$

(3)　$A\sqrt{k/m}$

(4)　$v(t) = A\sqrt{k/m}\sin\sqrt{k/m}\,t$

(5)　$v_0\sqrt{m/k}$

(6)　$v(t) = -v_0\cos\sqrt{k/m}\,t$

[5]　(1)　$mg\sin\theta = kx_0$　$\therefore\ x_0 = mg\sin\theta/k$

(2)　略

(3)　$2\pi\sqrt{m/k}$

第6講

問6.1　略

問6.2　(1)　5.0 [s]

(2)　$y(0, t) = -0.20\sin(2\pi/5)t$

(3)　$y(x, t) = -0.20\sin 2\pi\{(t/5) - x)\}$

問6.3　$y'(x, t) = -A\sin\omega\{t - (2x_0 - x)/v\}$

総合問題

[1]　(1)　振幅 1.0 [m], 波長 4.0 [m]

(2)　1.3 [m/s], 0.33 [Hz]

(3)　$y(0, t) = -\sin(2\pi/3)t$ [m]

(4)　$y(x, t) = -\sin(2\pi/3)\{t - (3x/4)\}$ [m]

[2]　(1)　振幅 1.0 [m], 周期 4.0 [s]

(2)　0.13 [m/s]

(3)　$y(0, t) = \cos(\pi/2)t$ [m]

(4)　$y(x, t) = \cos(\pi/2)(t - 8x)$ [m]

[3]　(1)　$y(x, t) = A\sin 2\pi\{(t/T) - (x/\lambda)\}$

(2)　$y(x_0, t) = A\sin 2\pi\{(t/T) - (x_0/\lambda)\}$,
$y'(x_0, t) = -A\sin 2\pi\{(t/T) - (x_0/\lambda)\}$

(3)　$y'(x, t) = -A\sin 2\pi\{(t/T) + (x/\lambda) - (2x_0/\lambda)\}$

[4]　(1)　谷と谷が重なり深い谷ができるので強め合う点.

(2)　山と谷が重なり変位が 0 となるので弱め合う点.

(3)　略

[5]　(1)　略

(2)　略

第7講

問7.1　(1)　$\lambda = (2/3)l$, $(1/\lambda)\sqrt{T/\rho}$

(2)　節の位置：$l/3, l$, 振動数：$3V/4l$

問7.2　(1)　$v = v_S\cos\theta$

(2)　$(V - v_S\cos\theta)/f$

(3)　$\{V/(V - v_S\cos\theta)\}f$

問7.3　495 [Hz]

総合問題

[1]　(1)　6.0×10^{-4} [kg/m]

(2)　400 [m/s]

(3)　1.2 [m], 3.3×10^2 [Hz]

(4)　1.7×10^2 [Hz]

[2]　(1)　8.00×10^{-1} [m], 425 [Hz]

(2)　1.60×10^{-1} [m], 2.13×10^3 [Hz]

[3]　(1)　$f_1 = f$

(2)　$f_R = \{(V - v_R)/V\}f$

(3)　$f_2 = \{(V - v_R)/(V + v_R)\}f$

(4)　$T = (V + v_R)/2v_R f$, $N = 2v_R f/(V + v_R)$

[4]　(1)　$\sqrt{T/\rho}$

(2)　$2l$

(3)　$1/n^2$ 倍
(4)　n^2 倍
(5)　n 倍
[5]　(1)　$(4/5)l$
(2)　$5V/4l$
(3)　3 倍振動
(4)　$(4/3)l$
[6]　$h\sqrt{1+(v_P/V)}$

第8講

問 8.1　(1)　c/n
(2)　λ/n
(3)　c/λ
(4)　$\sin\theta_C = 1/n$
問 8.2　レンズ後方 40 cm の位置で光軸に垂直に 1.0 cm/s で光源と逆向きに進む.
問 8.3　(1)　m 番目の暗線に着目すると干渉縞全体が左へ移動する.
(2)　角度を広げると隣の暗線までの距離が短くなるので縞の間隔が狭くなる.
総合問題
[1]　(1)　$\sin r = \sin i/n_1$
(2)　$\theta = 90° - r$
(3)　$\sin\theta > n_2/n_1$
(4)　$\sin i < \sqrt{n_1{}^2 - n_2{}^2}$
[2]　(1)　$d\tan i = d'\tan r$
(2)　$d' = d/n$
[3]　(1)　実像
(2)　8.0 [cm] の像，倒立像
(3)　$f = 4.0$ [cm]
(4)　①凹レンズの手前 12 [cm] の位置
②　虚像
③　倒立像
④　4.8 [cm]の像
[4]　(1)　$2y = m\lambda$
(2)　$2x\tan\theta = m\lambda$
(3)　$\lambda/2\tan\theta$
[5]　(1)　$d\sin\theta$
(2)　$2\pi\cdot(d\sin\theta/\lambda)$
(3)　略

第9講

問 9.1　(1)　$mg/\cos\theta$
(2)　$\sqrt{kQq/mg\tan\theta}$
問 9.2　(1)　球の内部の閉曲面内には電荷がないので電気力線はできない．一方，球の外部では閉曲面内の電荷が $+Q$ であるから電気力線は放射状に広がる.
(2)　$E = 0$
(3)　$E = k(Q/r^2)$
問 9.3　(1)　$k(+Q)/a = k(Q/a)$
(2)　$\{k(+Q)/a\} + \{k(-Q)/a\} = 0$
総合問題
[1]　(1)　$kQ/\sqrt{2}a^2$．向きは y 軸正の向き.
(2)　$\sqrt{2}kQ/a$
(3)　$kQ^2/\sqrt{2}a^2$．y 軸負の向き.
(4)　$-\sqrt{2}kQ^2/a$
(5)　$\sqrt{(2kQ^2/ma)(2-\sqrt{2})}$
[2]　(1)　$k(Q/r^2)$，$k(Q/r)$
(2)　略
(3)　$kQ/2a$
[3]　(1)　130 [V]
(2)　0 [J]
(3)　−90 [J]
(4)　90 [J]
[4]　(1)　V/d
(2)　$V/2$，$-V/2$
(3)　$(1/4)V$，$-(3/4)V$
(4)　略

第10講

問 10.1　(1)　4.0 [A]
(2)　4.0 [A]
(3)　4.0 [V]
(4)　48 [W]
(5)　48 [W]
問 10.2　(1)　C_1V [C]
(2)　$\{C_2C_3/(C_2+C_3)\}V$ [C] $(=q_3)$
(3)　$\{C_2{}^2C_3/2(C_2+C_3)^2\}V^2$ [J]
問 10.3　電流：0.2 [A]，電圧：2 [V]
消費電力：1.2 [W]
総合問題
[1]　(1)　0.30 [A]
(2)　6.0 [V]
(3)　0.20 [A]
(4)　1.8 [W]，3.6 [W]，0.60 [W]，1.2 [W]
(5)　略
[2]　(1)　$(2/3)CV$，$(1/3)CV$，$(1/3)CV$
(2)　$(1/6)CV$，$(1/6)CV$
(3)　$(11/8)CV$，$(7/18)CV$，$(2/9)CV$
[3]　(1)　V/R
(2)　CV
(3)　$QV = CV^2$
(4)　$(1/2)CV^2$
(5)　$\varepsilon_r CV$
(6)　$(1/2)\varepsilon_r CV^2 - (1/2)CV^2 = (\varepsilon_r - 1)\cdot(1/2)CV^2$
[4]　(1)　$V = ri + V_0$
(2)　$(E - V_0)/(R + r)$

第11講

問 11.1　$mg\tan\theta/Bl$
電流の向きはフレミング左手則より，M → N
問 11.2　(1)　B_0ab
(2)　B_0ab/t_0
(3)　B_0ab/Rt_0，コイルを上から見て時計回りの電流となる.
問 11.3　(1)　qV
(2)　$(eBR)^2/2m$

総合問題

[1]　(1)　$H_1 = I/(2\sqrt{2}\cdot\pi d)$

(2)　$H_A = I/2\pi d$，y 軸負方向

(3)　$F = \mu_0 Ii/2\pi d$，z 軸正方向

(4)　$H_0 = 0$

(5)　$H_B = 2I/3\pi d$

[2]　(1)　コイルを貫く⊙向きの磁束が増加するので，これを妨げようと⊗向きの磁束を作るような電流となる．

∴ PQRS の向き

(2)　Blv/R

(3)　コイルの移動を妨げようとするので，左向き．

(4)　B^2l^2v/R

(5)　$B^2l^2v^2/R$

(6)　0

(7)　0

[3]　(1)　E/R

(2)　BEl/R

(3)　$E = mgR\tan\theta/Bl$

(4)　$mg\tan\theta/Bl$

(5)　$E' = Blv\cos\theta + mgR\tan\theta/Bl$

第 12 講

問 12.1　略

問 12.2　(1)　×　比例する

(2)　○

(3)　×　2 乗の平均

(4)　○

問 12.3　(1)　略

(2)　6.0×10^2 [m/s]

(3)　2.9×10^2 [K]

総合問題

[1]　(1)　$P_B = P$，$P_C = P/2$

(2) 略

[2]　(1)　4.0 [mol]

(2)　B : 600 [K]，C : 600 [K]

(3)　温度一定のときは，B → C は双曲線となる．これと比較すると，B → C の間では，直線となっているので，600 [K] から徐々に温度が上昇し，途中から下降して，C で再び 600 [K] となることがわかる．

[3]　(1)　6.5×10^2 [kg]

(2)　59 [kg]

[4]　(1)　$2mv\cos\theta$

(2)　$2r\cos\theta$

(3)　$2r\cos\theta/v$

(4)　$v/2r\cos\theta$

(5)　mv^2/r

(6)　$P = nN_A\cdot mv^2/4\pi r^3$

(7)　$V = 4/3\pi r^3$

(8)　$P = nN_A\cdot mv^2/3V$

(9)　$T = N_A mv^2/3R$

[5]　(1)　A : $(3/2)n_ART_A$，B : $(3/2)n_BRT_B$

(2)　$(n_AT_A + n_BT_B)/(n_A + n_B)$

第 13 講

問 13.1　(1)　$W = (3/2)PV$

(2)　$\Delta U = (9/2)PV$

(3)　$Q = 6PV$

問 13.2　(1)　10/3 倍

(2)　2 倍

(3)　13/4 倍

問 13.3　(1)　傾きの大きさが大きい方であるから②．

(2)　P - V グラフの面積を考えると①．

(3)　過程②が断熱なので　$Q_② = 0$．一方，過程①は，$Q_① = 0 + W_①$，$W_① > 0$ であるから $Q_① > Q_②$．　∴ ①

総合問題

[1]　(1)　A : PV/nR，B : $2PV/nR$

(2)　C : $6T_A$，D : $3T_A$

(3)　$Q_{AB} = (3/2)PV$，$\Delta U_{AB} = nC_V\Delta T = (3/2)PV$，$W_{AB} = 0$

(4)　$Q_{BC} = 10PV$，$\Delta U_{BC} = 6PV$，$W_{BC} = 4PV$

(5)　$Q_{CD} = -(9/2)PV$，$\Delta U_{CD} = -(9/2)PV$，$W_{CD} = 0$

(6)　$Q_{DA} = -5PV$，$\Delta U_{DA} = -3PV$，$W_{DA} = -2PV$

(7)　略

(8)　約 17%

[2]　P - V グラフを描いて面積を考えればよい．それぞれの変化を表す線と V 軸との囲む面積を考えて，① > ② > ③．

[3]　(1)　$Q_{AB} = (3/2)R(T_B - T_A)$

(2)　$Q_{CA} = (5/2)R(T_A - T_C)$

(3)　$Q_{BC} = W_{BC}$

(4)　略

[4]　(1)　熱力学の第 1 法則より，

$0 = \Delta U + W$，$W > 0$ (∵膨張)

∴　$\Delta U < 0$ であるから，絶対温度は下がる．

∴　$T_B < T_A$

(2)　$\Delta U = nC_V(T_B - T_A)$

(3)　$W = -nC_V(T_B - T_A)$

[5]　$T = (n_AT_A + n_BT_B)/(n_A + n_B)$

第 14 講

問 14.1　(1)　i_0/e [個]

(2)　A

(3)　D

(4)　C

(5)　B

問 14.2　(1)　−3.40 [eV]

(2)　4/9 倍

(3)　2.55 [eV]

問 14.3　(1)　$2d\sin\theta = n\cdot h/mv$

(2)　$V = n^2h^2/8med^2\sin^2\theta$

総合問題

[1]　(1)　①光量子説　②光子（または光量子）　③$h\nu$　④hc/λ (∵$c = \nu\lambda$)　⑤E/c　⑥$h\nu/c$　⑦h/λ

(2)　⑧ド・ブロイ波（または物質波）　⑨h/p　⑩h/mv

[2]　(1)　阻止電圧

(2)　2.4×10^{-19} [J]
(3)　1.0×10^{13} [個/s]
[3]　(1)　5.5×10^{14} [Hz]
(2)　2.2 [eV]
(3)　3.5×10^{-19} [J]
(4)　6.4×10^{-34} [J·s]
[4]　(1)　$m \cdot v^2/r = ke^2/r^2$
(2)　$2\pi r = (h/mv) \cdot n$
(3)　$r = (h^2/4\pi^2 kme^2) \cdot n^2$
(4)　$E = (-2\pi^2 k^2 me^4/h^2) \cdot 1/n^2$
(5)　$2\pi^2 k^2 me^4/h^2 \cdot (1/n^2 - 1/n'^2)$
(6)　$R = 2\pi^2 k^2 me^4/h^3 c$
[5]　(1)　$2d \sin\theta_1 = 1 \cdot \lambda$
(2)　$v_1 = h/2md \sin\theta_1$
(3)　$v_2 = h/md \sin\theta_2$
(4)　$v_2/v_1 = 2\sin\theta_1/\sin\theta_2$

第 15 講

問 15.1　(1)　$hc/(E_l - E_n)$
(2)　$\Delta E_2/\Delta E_1 = \lambda_1/\lambda_2$
問 15.2　(1)　$N_0\{1 - (1/2)^{t/T}\}$
(2)　①$^{14}_{6}\mathrm{C} \to {}^{14}_{7}\mathrm{N} + {}^{\ 0}_{-1}\mathrm{e}$
② 17100 [年]
問 15.3　(1)　$^{2}_{1}\mathrm{H} + {}^{2}_{1}\mathrm{H} \to {}^{3}_{2}\mathrm{He} + {}^{1}_{0}\mathrm{n}$
(2)　エネルギーが放出される分だけ反応後の方が軽くなる．よって，重いのは反応前．
(3)　$\{2m - (M + m_e)\}c^2$

総合問題

[1]　(1)　高い
(2)　最小値
(3)　特性 X 線
(4)　γ 線
(5)　電子
(6)　電磁波
(7)　陽子数
[2]　(1)　1/8 倍
(2)　崩壊量は 35 [g]
(3)　$^{223}_{88}\mathrm{Ra} \to {}^{219}_{86}\mathrm{Rn} + {}^{4}_{2}\mathrm{He}$
[3]　(1)　陽子数 92，質量数 238，中性子数 $238 - 92 = 146$
(2)　8 [回]
(3)　6 [回]
[4]　(1)　$^{2}_{1}\mathrm{H} + {}^{3}_{1}\mathrm{H} \to {}^{4}_{2}\mathrm{He} + {}^{1}_{0}\mathrm{n}$
(2)　$\{(m_2 + m_3) - (m_4 + m_1)\}c^2$
[5]　(1)　$E_{\mathrm{Li}} = \{(3m_p + 4m_n) - m_{\mathrm{Li}}\}c^2$
(2)　$E_{\mathrm{He}} = \{(2m_p + 2m_n) - m_{\mathrm{He}}\}c^2$
(3)　$E = \{(m_{\mathrm{Li}} + m_p) - 2m_{\mathrm{He}}\}c^2$
(4)　$2E_{\mathrm{He}} - E_{\mathrm{Li}} = \{(4m_p + 4m_n - 2m_{\mathrm{He}}) - (3m_p + 4m_n - m_{\mathrm{Li}})\}c^2 = (m_p - 2m_{\mathrm{He}} + m_{\mathrm{Li}})c^2 = \{(m_{\mathrm{Li}} + m_p) - 2m_{\mathrm{He}}\}c^2 = E$

索　引

著者略歴

為近和彦（ためちか かずひこ）

1958年，山口県に生まれる．東京理科大学理工学部物理学科卒業，同大学院理工学研究科修士課程修了．11年間の高校教師を経て，代々木ゼミナールの講師となる．現在は，予備校での授業の他，教育講演，執筆を中心に活動．
主な著書：「ビジュアルアプローチ 力学」，「ビジュアルアプローチ 熱・統計力学」(以上，森北出版)，「理系なら知っておきたい物理の基本ノート 力学編」，「理系なら知っておきたい物理の基本ノート 電磁気編」，「理系なら知っておきたい物理の基本ノート 物理数学編」(以上，KADOKAWA 中経出版)，「為近の物理基礎&物理 合格へ導く 解法の発想とルール【パワーアップ版】」(学研プラス) など．

ここからスタート 物理学

2018年 11月25日 第1版1刷発行

検印省略

定価はカバーに表示してあります．

著作者 為 近 和 彦
発行者 吉 野 和 浩
発行所 東京都千代田区四番町 8-1
電 話 03-3262-9166 (代)
郵便番号 102-0081
株式会社 裳 華 房
印刷所 中央印刷株式会社
製本所 株式会社 松 岳 社

社団法人
自然科学書協会会員

ISBN 978-4-7853-2264-9